抗感染药物兽医临床应用

新疆畜牧科学院兽医研究所　组编

陈世军　黄炯　杨会国　武坚　袁燕　主编

中国农业出版社

北　京

主　编　陈世军　黄　炯　杨会国　武　坚
　　　　袁　燕

副主编　王小民　杨新忠　马卫为　张学根
　　　　刘福元

编　者（按姓氏笔画排序）

马　健　　马卫为　　马建文　　王　杰
王小民　　艾沙江　　吐尔洪　　吕春华
伊力哈木　刘庭玉　　刘福元　　李凤德
李建红　　杨　润　　杨会国　　杨新忠
何宗霖　　沈辰峰　　张　婕　　张学根
张赵杰　　陈　智　　陈世军　　陈发喜
武　坚　　金映红　　参都哈西　赵　兴
赵　慧　　祖丽菲亚　袁　燕　　夏　俊
郭会玲　　海里且木　黄　炯　　龚新辉
韩　涛　　喻昌盛　　舒　展　　樊　华
薛　晶

本书有关用药的声明

　　兽医科学是一门不断发展的学科。用药安全注意事项必须遵守，但随着最新研究的发展及临床经验的积累，知识也不断更新，因此治疗方法及用药也必须或有必要做相应的调整。建议读者在使用每一种药物之前，要参阅厂家提供的产品说明以确认推荐的剂量、用药方法、所需疗程及禁忌等。医生有责任根据经验和对患病动物的了解决定用药量及选择最佳治疗方案，出版社和作者对任何在治疗中所发生的对患病动物和 / 或财产所造成的损害不承担任何责任。

中国农业出版社

序

近年来，我国食品动物和伴侣动物饲养总量快速增长，很多动物品种的养殖数量居于世界前列。在动物饲养过程中，科学合理使用药物已成为确保动物源性食品卫生安全和保障人民生命健康安全的大事。

病原微生物耐药性的出现与抗感染药物的使用直接相关。病原微生物本无耐药性，因人类使用抗感染药物、高频率使用药物、不正确使用药物，使得致病微生物和寄生虫产生了抗性或加速了耐药性的出现，其结果是降低了药物在兽医临床使用中的效果，并破坏了人类抗感染药物的可用资源。由于病原微生物和寄生虫在自然界的传播无国界，产生抗性部分所及的范围也就不固定，所以，耐药性问题是全球性问题。又由于使用到动物上的药品和使用到人体的药品有交叉、共用或结构类似，所以从保护人类医疗资源出发，合理使用抗感染药物，需要卫生部门和兽医卫生部门、人医临床和兽医临床工作者共同协作。据估计，人类生产的抗感染药物有一半以上被用于畜牧业和水产养殖业，因此，兽医是全球遏制抗感染药物耐药性产生的重要组成部分。

《抗感染药物兽医临床应用》一书针对我国药物在兽医临床使用中的实际情况和存在的问题，从明确兽医临床使用抗感染药物的目的、防止病原微生物和寄生虫耐药性产生、保障动物源性食品卫生安全、保护人类医疗资源等方面，系统介绍了抗感染药物的基本概念和分类、作用机制、代谢动力学、联合应用与配伍、兽医临床合理应用，以及防止抗感染药物不良反应、抗感染治疗策略等知识。相信这本书的出版发行可为我国兽医技术人员合理应用抗感染药物提供有益的帮助。

张仲秋

2013 年 9 月

　　临床兽医在诊疗工作中，需要首先确立一个正确的工作思路，即哪些病（确定类症疾病）→哪个病（实施疾病诊断或鉴别诊断）→怎么办（制订防治处理方案）。以这个思路为基础，可将动物疾病诊疗的操作流程分成以上三个步骤。也就是说，处理一个临床病例，首先要明确诊断，然后要正确处理和用药。在长期的动物疾病诊疗实践中，我们发现处理动物疾病时，使用最多的是抗感染药物。据统计，新疆畜牧科学院动物医院在动物疾病预防与治疗中，抗感染用药占总用药金额的 80％ 左右（2010 年第四季度为 85.1％；2011 年全年为 83.9％；2012 年上半年为 78.7％）。由此可以管窥合理应用抗感染药物在兽医诊疗工作中的重要性，也由此可以理解编写这本书的必要性。

　　临床兽医要合理应用抗感染药物，首先要做到"知己知彼"。所谓"知己"，就是临床兽医要通晓动物抗感染的药物学知识；而"知彼"，就是要了解兽医病原学知识，即兽医微生物学和兽医寄生虫学知识。

　　精通抗感染药物学知识有时可以弥补诊断技术手段的不足。如动物的下呼吸道感染由细菌或支原体引起的概率较大，虽然很多临床兽医没有条件进行咽拭子涂片镜检或细菌分离培养鉴定，但根据所掌握的病原学知识和临床经验也可以判断最有可能的致病原，然后利用所掌握的药物学知识，选择针对性较强的抗感染药物并以正确的给药方法进行治疗，往往是奏效的。而即使具备实验室条件，且已分离到病原，如链球菌感染，但不知道氨基糖苷类药物对链球菌效果不好而选用之，也往往会延误病情。再如，临床上正确诊断为支原体引起的急性呼吸系统感染，选择药物也是正确的（大环内酯类），但给药途径错误，如口服给药（正确的应为静脉注射），往往也是不能收到预期的抗感染治疗效果的。即便是选择药物和给药途径都正确，但不遵守红霉素静脉滴注药液的终浓度限制，也很有可能造成不良后果。因此，临床兽医如果不掌握必要的抗感染药物学知识，即便诊断工作做得非常到位，也很难制订出最佳抗感染治疗方案。

合理应用抗感染药物的目标不仅仅是控制感染，一个有责任心的医务工作者还需考虑防止细菌产生耐药性的问题，而兽医还要多一份责任，就是考虑如何保障动物产品的食品卫生安全问题。因此，要实现这些目标，学习和掌握抗感染的药物学知识是非常必要的。

了解抗感染的药物学知识，除了学习药物学基础知识外，还需经常性地学习和了解抗感染药物学的最新进展。而抗感染药物最新的研发成果基本都是最先应用于人医的，因此兽医要掌握抗感染药物发展的新动态，就必须借鉴人医的研究成果。正因为如此，在撰写本书时，我们参考了大量的人医抗感染药物学方面的专著，在叙述中，保留了不少人用而食品动物禁用的药物。这样做的目的无非是为了保持理论叙述的完整性，尽量给读者展示抗感染药物理论及发展的全貌。

临床兽医要合理合法地使用抗感染药物，不仅要学习抗感染药物学知识，还需了解国家颁布的相应法规。为便于查阅，本书在附录中收录了国家颁布的部分兽药生产、经营、使用管理方面的法规。临床兽医在使用抗感染药物时，应该首先了解并遵守这些规定。

在本书编写过程中，引用了大量的文献资料；王力俭研究员和王进成研究员为本书的编写工作提供了多方面的帮助和支持，在本书付梓之际，我们对这些付出艰辛劳动和聪明才智的专家学者们表示由衷的感谢！

目前，临床兽医还缺乏抗感染药物合理应用方面的专著，本书的编写就是为了尝试着在这方面做点有益的工作，希望能够对广大临床兽医有所帮助。但由于编者水平所限，书中一定会有不少错漏和不妥之处，希望广大读者对本书提出宝贵意见和批评，使之能够得到提高和改进。

编　者

2013 年 9 月于乌鲁木齐

目 录

第 一 章
概　论

感染性疾病的罹患与康复是微生物与机体相互斗争的过程。病原微生物在疾病的发生、发展过程中无疑起着重要作用，但并不能决定疾病的全过程，动物机体的反应性、免疫状态和防御功能对疾病的发生、发展与转归也有重要作用。当机体防御功能占主导地位时，就能战胜病原微生物，使其不能致病或发病后迅速康复。

抗感染药物的抑杀病原体作用是阻止疾病发展与促进机体康复的外来因素，为机体彻底消灭病原体和促进疾病痊愈创造有利条件。在某种条件下，病原体可产生耐药性，而使药物失去效果；在治疗中，药物也可产生不良反应，或用药不当，而影响治疗效果，使治疗失败，甚至产生药源性疾病。因此，临床兽医要合理使用抗感染药物，就须首先明确抗感染药物应用的目标：

（1）控制感染。

（2）防止产生病原耐药性。

（3）保障食品卫生安全，即控制肉、蛋、奶等供人食用的畜禽产品中抗菌药物的残留量，避免残留药物超标。

第一节　基本概念与常用术语

【动物感染性疾病】动物感染性疾病（animal infectious disease）指由病原微生物和寄生虫侵入动物机体内引起局部组织和全身性炎症反应而导致的疾病。其中，病原微生物包括病毒（含朊病毒）、细菌和真菌，寄生虫包括原虫、蠕虫和外寄生虫等。

感染性疾病包括普通感染（如非传染性的外伤感染）和疫病。疫病包括传染病（由病原微生物引起）和寄生虫病（由寄生虫引起）。

【感染和传染】感染和传染是两个不同的概念。感染（infection）指病原微生物侵入机体后，在一定条件下它们会克服机体的防御机能，破坏机体内部环境的相对稳定性，在一定部位生长繁殖，引起不同程度的病理过程。传染（contagion）指病原体（传染病的病原微生物）从有病的生物体侵入其他生物体的过程。

【**抗感染药物**】抗感染药物（antiinfective agents）指具有选择性抑制或杀灭各种病原微生物和寄生虫作用的，可以口服、肌内注射、静脉注射等全身给药的各种天然或化学合成物质。按其用途可分为抗细菌药、抗真菌药、抗病毒药和抗寄生虫药，临床所说的抗菌药物指前两者。

消毒防腐剂，如氢氧化钠、甲醛、75％乙醇、过氧乙酸等亦可抑制或杀灭各种病原微生物和寄生虫，但不能全身给药，因其作用选择性差，在抑杀病原体的同时，对动物机体组织细胞亦有杀伤作用（毒性），因而不能算作抗感染药物。

【**抗微生物药物**】抗微生物药物（antimicrobial agents）基本同抗感染药物，但不包括抗寄生虫药物。

【**抗生素**】狭义的抗生素是指微生物（细菌、真菌、放线菌等）在代谢过程中产生的对其他特异性微生物具有抑制、杀灭作用的次级代谢产物。

广义的抗生素指在低浓度下能选择性地抑制和杀灭或杀伤他种微生物（细菌、真菌、放线菌等，如青霉素、两性霉素 B、灰黄霉素等）、寄生虫（如伊维菌素、马杜拉霉素等）或肿瘤细胞（如新生霉素、博莱霉素、平阳霉素、丝裂霉素等）的微生物次级代谢产物（天然抗生素）以及采用微生物学等方法制成的同类化合物与结构修饰物（半合成抗生素，如氨苄西林、头孢唑林、米诺环素、利福平、阿米卡星等）。

微生物在生长过程中为了生存竞争的需要，能产生抑制或杀灭其他微生物的化学物质——抗生素（antibiotics）。

【**化学合成抗菌药**】化学合成抗菌药（synthetic antimicrobial agents）指那些非微生物代谢产物、完全由人工合成的、具有杀菌或抑菌活性的各种化学合成的抗菌药物，也称全化学合成抗菌药物。包括磺胺类、硝基咪唑类、喹诺酮类、硝基呋喃类、噁唑烷酮类及其他药物（如乌洛托品）等。

【**抗菌药物**】抗菌药物（antibacterial agents）指具有选择性的杀菌或抑菌活性的各种药物，包括抗生素和化学合成抗菌药。抗菌药物的范畴远广于抗生素。

抗菌药物不包括因毒性强（选择性差）不可内服或注射、仅供局部使用的药物，或消毒环境、用具、器械及动物体表的消毒杀菌剂（如煤酚皂、硝酸银、碘酊、利凡诺等）。

【**化学治疗药物**】化学治疗药物（chemotherapeutic agents）指应用于临床的一切具有化学结构（含尚未阐明者）的药物的统称，但化学治疗（简称化疗）目前已成为抗感染药物治疗和抗肿瘤药物治疗的专用名词。因此，化疗药物指具有抗感染和抗肿瘤作用的各种药物。其目的是研究和应用对病原体有选择毒性（即强大杀灭作用），而对宿主或正常细胞无害或少害的药物，以防治病原体或肿瘤细胞所引起的疾病。因此，化疗不是仅指抗肿瘤化疗。

化学治疗涉及机体、病原体和药物的三方关系。机体是病原体和化学药物作用的总环境，是化疗的核心，一方面病原体在特定情况下可使机体致病，另一方面机体本身有对病原体的抵抗力，特别在化疗药物作用下更容易消灭病原体。化疗药物可杀灭或抑制病原体，而病原体也会对药物产生耐药性，抵制化疗药物的杀灭或抑制作用；化疗药物杀灭或抑制病原体可使机体康复，但也会产生某些不良反应，同时，机体要对体内的药物进行处理。

【化疗指数】理想的化疗药物一般必须具有对宿主体内病原微生物有高度选择性的毒性，而对宿主无毒性或毒性很低，最好还能促进机体防御功能并能与其他抗感染药物联合应用消灭病原体。化疗指数（chemotherapeutic index，CI）指抗感染药物的动物半数致死量（LD_{50}）与抗感染药物的治疗病原体所致感染动物半数有效量（ED_{50}）之比，即 $CI=LD_{50}/ED_{50}$；也可用 5％致死量（LD_5）与 95％有效量（ED_{95}）的比来衡量。一般来说，CI 愈大，表明抗感染药物的毒性愈小，疗效愈大，临床应用的价值愈高。但化疗指数高并不等于绝对安全，如毒性很小的青霉素仍有引起过敏性休克而致死的可能。

【抗菌谱】抗菌谱（antibacterial spectrum）指抗菌药物抑制或杀灭病原微生物的范围。凡仅用于单个菌种或某属细菌者称为窄谱（narrow spectrum）抗菌药，如青霉素、链霉素等。凡抑制或杀灭细菌范围广泛者称广谱（broad spectrum）抗菌药，如四环素类，酰胺醇类，第三、四代氟喹诺酮类，广谱青霉素类（如哌拉西林、替卡西林等），广谱头孢菌素及部分氨基糖苷类（如庆大霉素）等。抗菌药物的抗菌谱是临床选药的基础。

【抗菌活性】抗菌活性（antibacterial activity）指抗菌药物抑制或杀灭病原微生物的能力。一般可用体外与体内两种方法来测定。体外抗菌试验对于临床用药具有重要意义，其评价指标是最低抑菌浓度（MIC）和最低杀菌浓度（MBC）。

【抑菌药和杀菌药】抑菌药（bacteriostatic drugs）指具有抑制微生物生长和繁殖能力的药物，判定抑菌能力的指标为最低抑菌浓度。抑菌药的最低抑菌浓度远小于最低杀菌浓度，其临床使用剂量对病原体的生长繁殖具抑制作用但无杀灭作用，如大环内酯类、四环素类、磺胺类抗菌药物。

杀菌药（bacteriocidal drugs）指具有杀灭微生物能力的药物，判定杀菌能力的指标为最低杀菌浓度。杀菌药的最低抑菌浓度和最低杀菌浓度接近，其临床使用剂量对病原体不仅具有抑制生长繁殖的作用，而且具有杀灭作用，如青霉素类、头孢菌素类、氨基糖苷类、安莎类、喹诺酮类和硝基咪唑类等抗菌药物。

杀菌药和抑菌药的概念是相对的，高浓度的抑菌药对敏感菌可起到杀菌作用，而低浓度的杀菌药对非敏感菌也只能起到抑菌作用，足量药物及其良好的组织穿透力是维持杀菌效能的关键。

【抗菌药物的附加损害】抗菌药物的附加损害（collateral damage of antibiotics）指由于抗菌药物治疗引起的细菌生态学损害及不良反应，主要包括选择出耐药菌株（包括多重耐药菌株）、造成体内菌群失调和二重感染。可造成附加损害的药物主要有第三代和第四代头孢菌素、碳青霉烯类、氟喹诺酮类及四环素类等广谱抗菌药物。

【耐受性和耐药性】耐受性（tolerance）指机体对药物反应性降低的一种状态，必须用较大剂量才能产生应有的药物作用，如某些动物个体对镇痛药和麻醉药物耐受；反之，动物对某些药物特别敏感，称之为高敏性。

耐药性（resistance）又称抗药性，指病原体对抗感染药物反应性降低甚至消失的一种状态。这是由于长期应用抗菌药物，用量不足或用药方法不当时，病原体通过产生使药物失活的酶、改变膜通透性阻滞药物进入、改变药物作用靶位结构或原有的代谢过程、产生生物被膜或主动外排机制而形成的。

【交叉耐药性】交叉耐药性（cross resistance）指病原体对某种药物耐药后，对于结构近似或作用性质相同的药物也显示耐药的特性。

【微生物间的抗生现象】自然界微生物所产生的抗生素是一种抗生物质，用来抑制自身的蛋白质合成和酶功能活动，以降低生长期那种迅速、旺盛的代谢过程，节约能量消耗，为进入静止期做好准备，同时也用其来杀灭其他微生物以保证自己的生存。微生物为了不被其他微生物所产生的抗生物质侵入与杀灭，还必须不断加强自身耐受这些抗生物质的能力。这就是自然界微生物间存在的抗生现象。

因为致病菌和条件致病菌接触到的抗生素不但种类多而且花样翻新，使得其不得不增加生物合成，改变生物合成路线，以加强防御功能来抵抗外来侵犯。而人类为了对付这些变得越来越难治的耐药致病菌引起的感染，也不得不加强抗生素的研究，制造出能杀灭各种耐药菌的新抗生素。这样就形成了由人类制造的抗生素与微生物间的抗生现象，使耐药菌越来越多，耐药程度也不断增加，并且出现对多种抗生素耐药的多重耐药菌。

【缓释制剂和控释制剂】缓释制剂（sustained - release preparation）是近年来新发展起来的一类用药后可缓慢地非恒速释放的制剂。它和普通片剂成分区别不大，只是这种药片外部包有一层半透膜，口服后形成了一定渗透压，在一定时间内非恒速排出。

控释制剂（controlled - release preparation）指用药后可缓慢地恒速或近似恒速释放的一种新剂型。

以上两种剂型的特点是不受胃肠蠕动和 pH 影响，易吸收，对胃肠刺激和损伤小，药物副作用小。

【非处方药和处方药】非处方药（over the counter drugs，OTC drugs）指应用安全（即毒性较低、不易引起蓄积中毒；在正常用法和正常剂量下，不产生不良反应，或者虽有一般的不良反应，但患者可以耐受，并且属于一过性，停药后可迅速自行消退；用药前后不需要特殊的试验；不容易引起依赖性、耐药性；不掩盖病情的发展与诊断），质量稳定（即不容易变质、失效），疗效确实，不需要医师处方在药店即可买到的药物。购买者参考药品说明书就可使用。

处方药（prescription drugs）是需要凭医师处方方可购买，并在医师指导下方可使用的药品。

非处方药和处方药为目前人医药物管理中使用的专用名词。

【药品的有效期和失效期】有效期（period of validity）指药品在一定的贮藏条件下，能够保持质量的期限。药品有效期从药品的生产日期（以生产批号为准）算起，药品标签应列出有效期的终止日期。超过有效期的兽药不得再用。

失效期（expiry date）指药品在规定的贮藏条件下，到有效期的终止日期时其质量可能达不到原定标准的要求。

【药品的批号】药品的批号（drug batch number）指在规定的限期内具有同一性质和质量，并在同一连续生产周期中生产出来的一定数量的药品为一批，其编号被称为该药品的药品批号。药品批号常以六位数表示，前两位数表示年份，中间两位数表示月份，末两位数表示日期。

【药品贮藏条件的规定】

遮光：指用不透明的容器包装，如棕色容器或黑色包装材料包裹的无色透明、半透明容器。

密闭：指将容器密闭，以防止尘土及异物进入。

密封：指将容器密封，以防止风化、吸潮、挥发或异物进入。

熔封或严封：指将容器熔封或用适宜的材料严封，以防止空气与水分的侵入并防止污染。

阴凉处：指不超过20℃的贮藏条件。

凉暗处：指避光并不超过20℃的贮藏条件。

冷处：指2～10℃，但对生物制品的贮存温度严格要求为2～8℃。

常温：指10～30℃。凡是贮藏项未规定贮存温度的是指常温。

【慎用、忌用和禁用】慎用（should be used with caution）指使用药物时要小心谨慎，留心观察用药动物有无不良反应发生，如果有应立即停药，没有则可继续使用。

忌用（do not administer to 或 do not use on）比"慎用"更进一步，已达到了不适宜使用或应避免使用的程度。标明忌用的药，说明其不良反应比较明确，发生不良后果的可能性很大，但因动物个体差异大而不能一概而论，故用"忌用"一词警示。

禁用（forbidden）是对药物的最严厉的警告，就是禁止使用。如对某种药物过敏的动物不能再使用这种药物；患青光眼的动物绝对不能使用阿托品。

【药物的不良反应】用药的目的是为了治疗疾病，但某些药物的作用是多方面的，凡不符合用药目的，给动物带来痛苦或不利的反应称为不良反应（untoward reaction），包括副作用（side effect）、毒性反应（toxicity reaction）、变态反应（allergic reaction）、继发性反应（secondary reaction）、后遗效应（residual effect）和致畸作用（teratogenic effect）等几个方面。

【首过效应】亦称首关效应（first‐pass effect），药物到达血液循环前，任何部位对药物的破坏都可造成吸收下降。胃肠道黏膜和肝脏是破坏药物的主要器官。药物经胃肠道吸收后，首先进入肝门静脉系统，某些药物在通过肠黏膜及肝脏时，部分药物被代谢，从而使进入血液循环的原形药量减少的现象，也称第一关卡效应。

【首剂效应】亦称首次接触效应（first expose effect），指抗菌药物在初次接触细菌时可产生强大的抗菌效应，再度接触或连续与细菌接触，并不明显地增强或再次出现这种强大的抗菌效应，需要间隔相当时间（数小时）以后，才会再起作用。氨基糖苷类抗生素有明显的首剂效应。

【医用缩写】兽医在临床实践中常用拉丁文缩写下医嘱和书写处方来表达临床用药的一些含义，既可提高临床兽医的病历和处方的书写速度，提高工作效率，又能减少产生歧义的可能，是值得临床兽医重视和推广应用的。临床兽医常用符号与缩写见表1-1。

表 1-1　临床兽医常用符号与缩写表

长度单位		临床医嘱常用符号及缩写	
千米	km	静脉注射	iv
米	m	静脉滴注	iv gtt
厘米	cm	肌内注射	im
毫米	mm	皮下注射	sc/ih
微米	μm	皮内注射	id
纳米	nm	口服（灌服）	po
质量单位		单位/国际单位	U/IU
吨（1 000 千克）	t	立即（只1次）	st
千克	kg	1天1次	qd
克	g	1天2次	bid
毫克	mg	1天3次	tid
微克	μg	1天4次	qid
纳克（毫微克）	ng	每4小时1次	q4h

（续）

容量单位		每 15 天 1 次	q15d
升	L	1 天 1 次，连用 3 天	qd×3d
毫升	mL	1 天 3 次，连用 5 天	tid×5d
微升	μL	8 小时 1 次，连用 5 天	q8h×5d
时间单位		隔日 1 次	qod
年	y	每周 1 次	qw
月	mon	每周 2 次	biw
日	d	葡萄糖水	GS
小时	h	生理盐水	NS
分钟	min	葡萄糖盐水	GNS
秒	s	皮试	AST

说明：静脉滴注，1 天 2 次，连用 5 天，可写成：iv gtt bid×5d；肌内注射，1 天 3 次，连用 3～5 天，可写成：im tid×3～5d；口服，1 天 1 次，连用 7 天，可写成：po qd×7d。

第二节　兽医临床常见的病原

临床兽医要合理地使用抗感染药物，有效地控制感染，就必须对抗感染用药的控制对象——动物感染原（即病原体）有所了解。

一、微生物

动物生活在一个到处都有微生物存在的世界里，动物自出生 1～2h 后即可从体内分离出细菌；凡与外界接触或相通的部位皆有微生物的存在。动物微生物种类繁多、数量巨大，通过多种方式影响机体，同时又受到多种内外因素的影响，形成一个复杂的系统。

1. 病毒　病毒（viruses）是一类结构简单，只含一种核酸（DNA 或 RNA）、对抗生素不敏感、营严格寄生生活、非细胞形态的最微小生物。

病毒一般以病毒颗粒或病毒子的形式存在，具有一定的形态、结构及传染性。病毒颗粒的测量单位为纳米（nm，$1\mu m = 1\,000nm$）。最大的病毒为痘病毒，约 300nm；最小的圆环病毒仅 17nm。

国际病毒分类委员会（ICNV）第七次报告（1999），将所有已知的病毒根据核酸类型分为以下八大类群。

（1）DNA 病毒——单股 DNA 病毒　如细小病毒及圆环病毒等。

（2）DNA 病毒——双股 DNA 病毒　如痘病毒、黏液瘤病毒、伪狂犬病毒、牛传染性鼻气管炎病毒、马立克氏病病毒、禽传染性喉气管炎病毒、鸭瘟病毒、产蛋下降综合征病毒及犬传染性肝炎病毒等。

（3）DNA 与 RNA 反转录病毒　如山羊关节炎/脑脊髓炎病毒、马传染性贫血病毒及禽白血病病毒等。

（4）RNA 病毒——双股 RNA 病毒　如蓝舌病病毒及传染性法氏囊病病毒等。

（5）RNA 病毒——单链、单股 RNA 病毒　如口蹄疫病毒、狂犬病病毒、日本脑炎病毒、猪瘟病毒、猪传染性胃肠炎病毒、猪繁殖与呼吸综合征病毒、猪水疱病病毒、牛病毒性腹泻病毒、小反刍兽疫病毒、禽流感病毒、新城疫病毒、禽传染性支气管炎病毒、鸭肝炎病毒、兔出血热病毒及犬瘟热病毒等。

（6）裸露 RNA 病毒

（7）类病毒　类病毒是当今所知道的只含 RNA 一种核酸的最小的、专性细胞内寄生的分子生物。现仅在高等植物中发现。

（8）亚病毒因子　包括卫星病毒和 prion（朊病毒或传染性蛋白质颗粒，如羊痒病病毒、牛海绵状脑病病毒等）。

这个报告认可的病毒约 4 000 种，设有 3 个病毒目、64 个病毒科、9 个病毒亚科、233 个病毒属，其中 29 个病毒属为独立病毒属。亚病毒因子类群，不设科和属。一些属性不很明确的属称暂定病毒属。

病毒在自然界分布广泛，可感染细菌、真菌、植物、动物（包括人），常引起宿主发病。但在许多情况下，病毒也可与宿主共存而不引起明显的疾病。

2. 细菌　是一类具有细胞壁和核质的单细胞原核细胞型微生物，个体微小，经染色后光学显微镜下可见。细菌细胞结构简单，无成形的细胞核，也没有完整的细胞器，形态和结构相对稳定。细菌大小介于动物细胞和病毒之间，以微米（μm）为测量单位。

细菌的个体形态基本可分为球状、杆状和螺形三种，分别称为球菌、杆菌和螺形菌。

所有细菌都具有的细胞结构称为基本结构，包括细胞壁、细胞膜、细胞质和核体等。某些细菌还具有一些特殊结构，如鞭毛、菌毛、荚膜和芽孢等。

细菌是微小且无色半透明的生物，需要染色后才能在明视野的光学显微镜下清楚地观察其形态和结构。细菌的染色方法较多，可分为单染色（如美蓝染色法、瑞氏染色法）和复染法［如革兰氏染色法、抗酸染色法和特殊染色法（如芽孢染色、异染颗粒染色）］。复染法是用两种或两种以上的染料进行染色，可将细菌染成不同颜色，除可观察细菌的大小、形态外，还能鉴别细菌的不同染色性，故又称鉴别染色法。其中革兰氏染色法意义重大，可根据细菌着色不同将其分为革兰氏阳性（G^+）菌（紫色）和革兰氏阴性（G^-）菌（红色）。

　　临床常见的病原菌包括球菌、非发酵糖革兰氏阴性杆菌、肠杆菌科细菌、革兰氏阳性大杆菌、非典型病原体、真菌等。

　　球菌是细菌中的一大类，革兰氏阳性球菌有葡萄球菌属、链球菌属、肠球菌属等，革兰氏阴性菌有奈瑟菌属和摩拉菌属等。葡萄球菌属是一群革兰氏阳性球菌，通常排列成不规则的葡萄串状。多为条件致病球菌，正常动物皮肤和鼻咽部可携带致病菌株。链球菌属种类繁多，广泛分布于自然界及动物肠道和鼻咽部，大多数不致病。根据溶血现象可分为甲型溶血性链球菌（草绿色链球菌，条件致病菌）、乙型溶血性链球菌（溶血性链球菌，致病力强）和丙型链球菌（多不致病）。肠球菌是动物肠道的正常菌群，常见于腹部和盆腔部位感染所分离出的混合菌株中。奈瑟菌属中的淋病奈瑟菌、脑膜炎奈瑟菌和摩拉菌属中的卡他摩拉菌属是主要的致病菌。

　　非发酵糖革兰氏阴性杆菌是指一大群不发酵葡萄糖或以氧化形式利用葡萄糖的需氧或兼性厌氧、无芽孢的革兰氏阴性杆菌，多为条件致病菌。主要有假单胞菌属中的铜绿假单胞菌等。

　　革兰氏阳性大杆菌是一类通过产生外毒素致病的强致病菌，主要有厌氧梭菌（如破伤风梭菌、肉毒梭菌、魏氏杆菌、腐败梭菌、诺唯氏菌等）和需氧或兼性厌氧菌（如炭疽杆菌）。

　　肠杆菌是栖息在动物肠道内的一大群形态、微生物学特性相似的革兰氏阴性杆菌。广泛分布在自然界中，多数是动物肠道正常菌群的重要成员，在机体的其他部位相对较少。同时肠杆菌包括致病较强、能引起传染病的埃希菌属、志贺菌属、沙门氏菌属、耶尔森菌属及条件致病菌（枸橼酸杆菌属、克雷伯菌属、肠杆菌属、沙雷菌属、变形杆菌属等）。另有许多细菌既是肠道的正常菌群，也是条件致病菌。在一定的条件下，如机体抵抗力下降、寄居部位改变或肠道菌群失调时能引起机体感染或二重感染。

　　非典型病原体包括支原体、衣原体、脲原体、立克次氏体、军团菌属等，其中支原体是一类没有细胞壁结构的原核细胞型微生物，比细菌小，是目前所知在无生命培养基上生长繁殖的最小的微生物。常定植于动物的呼吸道、泌尿道生殖器官黏膜，包括肺炎支原体、解脲支原体、生殖支原体等。衣原体是一群与革兰氏阴性菌有密切关系的真核细胞内寄生的原核细胞型微生物。主要有沙眼衣原体、鹦鹉热衣原体等。立克次氏体是一类严格细胞内寄生的原核细胞型微生物。大部分立克次氏体对动物不致病，可在节肢动物生活周期的某一部分看到立克次氏体，从而可经卵传播或在哺乳动物间水平传播。军团菌属属于军团菌科，现有45 种细菌、60 多个血清群，超过一半的细菌与动物疾病有关。

按照传统的以形态和革兰氏染色分类方法，兽医临床常见致病菌包括以下几种。

（1）**革兰氏阳性球菌** 金黄色葡萄球菌（不产酶株、产酶株、耐甲氧西林株）、链球菌（化脓性链球菌、猪链球菌、绿色链球菌等）、粪链球菌、厌氧性链球菌（消化链球菌）、肺炎链球菌（肺炎球菌、耐青霉素株）及肠球菌等。

（2）**革兰氏阴性球菌** 卡他球菌和脑膜炎球菌（脑膜炎奈瑟菌）。

（3）**革兰氏阳性杆菌** 炭疽杆菌、产气荚膜杆菌（魏氏梭菌）、破伤风杆菌、难辨梭状芽孢杆菌、棒状杆菌、肉毒梭菌、腐败梭菌、李氏杆菌及丹毒丝菌等。

（4）**革兰氏阴性杆菌**（包括非典型病原体） 大肠杆菌、克雷伯菌（肺炎杆菌）、沙雷菌、拟杆菌、螺旋杆菌、嗜血杆菌、布鲁氏菌、铜绿假单胞菌（绿脓杆菌）、马鼻疽杆菌（鼻疽伯氏菌）、土拉伦菌（土拉杆菌）、梭杆菌、巴氏杆菌、坏死杆菌、军团菌、嗜麦芽窄食单胞菌、耶尔森菌、结核杆菌、放线菌（以色列放线菌、奴卡菌）、衣原体、支原体、立克次氏体、螺旋体、弯曲菌及噬皮菌等。

3. 真菌 真菌（fungus）是一种真核生物，具有真核和细胞壁，为异养生物。低等真菌的菌丝无隔膜（称之为无隔菌丝），高等的有隔膜（有隔菌丝）。真菌细胞壁中含有特征性的甲壳质和纤维素。真菌细胞有细胞器（线粒体、微体、核糖体、液泡、溶酶体、泡囊、内质网、微管和鞭毛等），常见的内含物有肝糖、晶体和脂体等。

根据生长特性与形态差异，可将真菌简单分为酵母、真菌和蕈（蘑菇）。现在已经发现了7万多种真菌，估计只是自然界真正存在真菌的一小半。目前，真菌在分类学上已独立为界，与动物界、植物界、原核生物界和原生生物界平行。真菌具有坚固的细胞壁和真正的细胞核，不含叶绿素，是异养性的，以寄生或腐生方式生存，典型者兼有有性生殖和无性生殖，产生各种形态的孢子。其中对动物有致病性的真菌有300多种。除新型隐球菌和蕈外，医学上有意义的致病性真菌几乎都是霉菌。根据侵犯动物机体部位的不同，临床上将致病真菌分为浅部真菌（包括浅表真菌病和皮肤真菌病）和深部真菌（包括皮下组织真菌病和系统性真菌病）。禽曲霉菌病即属于深部真菌病。浅部真菌（癣菌）仅侵犯皮肤、被毛和蹄甲，而深部真菌能侵犯皮肤、黏膜、深部组织和内脏，甚至引起全身性感染。

（1）**浅部真菌感染** 主要侵犯皮肤、被毛、蹄甲、口腔、泌尿生殖道黏膜等，发病率高。主要病原有毛癣菌属、小孢子菌属和表皮癣菌属。

（2）**深部真菌感染** 是除表皮、被毛、蹄甲外，侵犯到内脏、皮下组织、皮肤角质层以下和黏膜的真菌感染。深部真菌感染危害最大，临床症状体征无特异性，缺乏有效诊断工具，病程进展快，预后差。近年来，随着免疫抑制剂、广谱抗菌药物、肾上腺皮质激素等应用的增多，全身性真菌感染的发病率逐渐增高。

根据致病性，真菌可分为：

（1）**致病性真菌** 主要有组织胞浆菌、球孢子菌、类球孢子菌、皮炎芽生菌、着色真菌、足分枝菌和孢子丝菌属等。可通过孢子吸入或皮肤损伤处进入动物机体而导致感染。此类真菌所致感染多呈地方流行性。

（2）**条件致病性真菌** 如念珠菌、隐球菌、曲霉、毛霉、放线菌和奴（诺）卡菌等。这些真菌毒力低，仅使免疫力低下的动物发病。条件致病性真菌在深部真菌感染中占重要地位。

动物常见真菌的感染部位见表1-2。

表1-2 动物常见真菌的感染部位

感染部位	动物常见真菌种类
呼吸系统	念珠菌属、曲霉、隐球菌、组织胞浆菌、球孢子菌、芽生菌（马拉色菌）、毛霉菌可引起急慢性真菌性肺炎或肺空腔，放线菌和奴卡菌可形成肺脓肿和胸壁脓肿、瘘管
中枢神经系统	隐球菌、球孢子菌属常见，可引起真菌性脑膜炎；念珠菌属、曲霉、孢子丝菌、组织胞浆菌、放线菌和奴卡菌也可引起真菌性脑膜炎或脑脓肿
皮肤、被毛、蹄甲	着色真菌、孢子丝菌、足分枝菌引起局部感染，念珠菌、隐球菌、毛霉菌等可引起皮肤局部和全身感染
消化系统	念珠菌属最常见，可引起口腔和肛门感染；孢子丝菌、隐球菌、毛霉菌、组织胞浆菌也可引起真菌性肠道感染
泌尿生殖系统	念珠菌属、曲霉可引起真菌性肾盂肾炎、膀胱炎和阴道炎
心血管系统	念珠菌属、曲霉可引起真菌性心内膜炎
骨-关节	孢子丝菌、放线菌常见，引起真菌性骨髓炎；芽生菌、球孢子菌、隐球菌和曲霉也可引起真菌性骨髓炎
眼、耳、鼻	念珠菌属、曲霉、毛霉菌、芽生菌（马拉色菌）可引起局部感染

二、寄生虫

寄生虫是指暂时或永久地生活在宿主体内或体表，并从宿主身上取得它们所需营养物质的动物。

（一）按照系统分类

1. 原虫 常见的有球虫、锥虫、梨形虫（如泰勒焦虫、巴贝斯焦虫）、疟原虫、新孢子虫、隐孢子虫、肉孢子虫、阿米巴原虫、贾第氏鞭虫、弓形虫、利什曼虫、猪小袋纤毛虫、毛滴虫、组织滴虫及住白细胞虫等。

2. 蠕虫

（1）线虫　主要有蛔虫、钩虫、捻转血矛线虫、奥斯特线虫、马歇尔线虫、类圆线虫、毛圆线虫、细颈线虫、古柏线虫、仰口线虫、食道口线虫、夏伯特线虫、棘头虫及毛首线虫（又称毛尾线虫、鞭虫）等消化道线虫，以及肺线虫、猪肾虫（冠尾线虫）、犬恶丝虫和旋毛虫等。

（2）绦虫　主要有细粒棘球绦虫（包括棘球蚴）、多头绦虫（包括脑多头蚴，即脑包虫）、猪带绦虫（包括囊尾蚴，即猪囊虫）、莫尼茨绦虫、曲子宫绦虫及无卵黄腺绦虫等。

（3）吸虫　主要有大片吸虫、肝片吸虫、双腔（岐腔）吸虫、东毕吸虫、胰阔盘吸虫及姜片吸虫等。

3. 外寄生虫　主要有疥螨、痒螨、蠕形螨、虱、蚤、库蠓、蚊、蝇、蜱、羊鼻蝇蛆（羊狂蝇蛆）、马胃蝇蛆、牛皮蝇蛆、骆驼喉蝇蛆及伤口蛆等。

（二）其他分类方法

1. 内寄生虫与外寄生虫　从寄生虫的寄生部位来分，寄生在宿主体内的称为内寄生虫，如消化道线虫、绦虫、吸虫等；寄生在宿主体表的称为外寄生虫，如寄生于体表的蜱、螨、虱等。

2. 单宿主寄生虫与多宿主寄生虫　从寄生虫的发育过程来分，发育过程中仅需要一个宿主的称为单宿主寄生虫（土源性寄生虫），如蛔虫、钩虫等；发育过程中需要多个宿主的称为多宿主寄生虫（生物源性寄生虫），如绦虫和吸虫等。

3. 长久性寄生虫与暂时性寄生虫　从寄生时间来分，某一个生活阶段不能离开宿主体，否则难以成活的，称为长久性寄生虫，如蛔虫、绦虫等；只在采食时才与宿主接触的称为暂时性寄生虫，如蚊子、虻等。

4. 专一宿主寄生虫与非专一宿主寄生虫　从寄生虫寄生的宿主范围来分，有些寄生虫只寄生于一种特定的宿主，对宿主有严格的选择性，称为专一宿主寄生虫，如鸡球虫只感染鸡、猪蛔虫只感染猪等。有些寄生虫能够寄生于多种宿主，即非专一宿主寄生虫，如肝片吸虫可以寄生于牛羊等多种动物和人。一般来说，多宿主寄生虫是最缺乏选择性的寄生虫，最具流行性，危害也最为广泛，其防制难度也大。非专一宿主寄生虫中有一些既感染动物又感染人的称为人兽共患寄生虫，如日本血吸虫、弓形虫、旋毛虫、包虫（棘球蚴）、猪囊尾蚴等。

第三节　抗感染治疗的基本思路

抗感染治疗的疗效主要取决于及时正确的诊断、有效的治疗、发病动物的全身状况及病情的严重程度。

正确的诊断是抗感染治疗的基础。感染的正确诊断包括定位和定性，即哪个系统、哪个器官或组织、哪个部位发生感染，是由何种病原引起的及其对药物的敏感性或耐药情况。

1. 感染定位　临床兽医首先需要具备感染定位的本领，通常根据患病动物的临床症状和体征进行判断。患病动物的临床症状最能敏感地提示感染的部位，但需要临床兽医细心有效地收集这些临床信息。例如，咳嗽、咳痰、呼吸困难、肺部啰音提示呼吸系统感染。通过人工诱咳，可以初步判别是上呼吸道感染还是下呼吸道感染；胸部疼痛敏感提示胸膜炎；尿频尿急、尿痛、尿淋漓提示下尿路感染；血尿、蛋白尿等提示肾脏感染；腹痛、呕吐提示上消化道感染；腹痛、腹泻提示下消化道感染；腹泻次数不多，便量大、稀薄，腹中部疼痛提示小肠炎症；腹泻次数多，便量少、带黏液或脓血，甚至里急后重，提示大肠炎症；患病动物高热、寒战、血象改变提示严重的全身感染，若同时缺乏系统感染征象，或波及多系统病变表现的，应考虑血行性感染的可能。

当动物运动障碍，如步履拘谨、腹壁紧张，此时要考虑腹腔内感染，具体定位较为困难，需要借助临床实验室检查，如X光检查可确定明显的器质性病变，如肠梗阻、尿结石等；在上腹部疼痛时，血清生化检查变化具有重要的临床意义，γ-谷氨酰转移酶（GGT）升高提示肝胆占位性病变（胆道感染或胆结石、肝肿瘤），血清淀粉酶（AMY）或血清脂肪酶（Lipase）升高提示胰腺炎，丙氨酸氨基转移酶（ALT）、天门冬氨酸氨基转移酶（AST）和乳酸脱氢酶（LDH）升高提示肝脏实质受损等。

必须强调的是，认真的病史调查和全面、规范的临床检查，辅以合理的实验室检查是临床兽医明确诊断最基本的方法。

2. 感染定性　在明确感染部位后，不应急于处理用药，而应尽早确定致病原，特别是中度和重度感染，这符合处理感染和合理应用抗感染药物的基本原则。确定致病原主要考虑如下途径：

（1）规范地收集相应的临床病料进行病原分离鉴定和药敏试验，根据阳性结果选择针对性强、抗菌作用优的抗菌药，以有效地控制感染。涂片、染色、镜检常能及时获得有价值的病原诊断结果，应予重视。细菌培养、分离、鉴定这个途径最可靠，但需要花费时间，常需数日后才可获得结果。临床上抗感染处理有时需要抓紧时间，越早处理，效果越显著，损失越小，因此要根据临床上的实际情况妥善处理。

（2）根据某些病原引起感染的临床表现特征来判断致病原的性质和种类。如脓汁带荧光的绿色，提示铜绿假单胞菌（绿脓杆菌）感染；禽剖检见包心包肝、气囊炎症，提示大肠杆菌感染；牛羊急性死亡，剖检见大叶性肺炎伴豌豆至胡桃大小化脓灶,脾脏不大,提示多杀性巴氏杆菌感染;而脾脏肿大明显则提示链球菌感染;若此时肺病变为单侧性,胸水多且遇空气易凝结为胶冻样,提示支原体感染。由此可见,要迅速准确地确定病原,需要临床兽医在实践中不断学习和积累判断病原性质的本领和经验。

(3)在未获得病原培养结果前,或培养阴性,或病情危重时,临床兽医应参考经典权威著作介绍的经验疗法,根据感染部位、临床症状和特点,结合本地区病原流行病学资料与耐药情况,并根据自己临床实践中积累的用药经验,针对最可能的致病原,决定首选药、次选药等。如果用药 2~3d 效果不佳或不显效时,可考虑换药,或在细菌培养、药敏试验获得阳性结果后根据情况调整药方案。这是目前合理应用抗感染药物最实用也最常用的途径。

例如羊的呼吸道感染,可能的致病菌有巴氏杆菌、克雷伯菌、绿脓杆菌、嗜血杆菌、葡萄球菌、链球菌、梭菌及支原体等。根据发生率可先选用头孢噻呋和氨基糖苷类联用覆盖前 5 个病原;若 2d 无效,则应考虑换用林可霉素或联用氨基糖苷类覆盖葡萄球菌、链球菌和梭菌,也可考虑换用大环内酯类抑制支原体。

3. 有效的治疗 抗感染治疗的关键是选择合适的抗菌药物,有些临床兽医在长期的临床实践中摸索出了一些经验,形成了自己的抗感染治疗用药习惯,可能也会取得一定的效果,但大多不是最佳方案,遇到危重病例,很可能会丧失治疗与抢救的最佳时机。

临床抗感染用药最合适的用药选择应该考虑如下问题:

(1)从抗菌作用来看,对致病原具有独特的抗菌活性,而非虽有作用但作用不是最强者。

(2)抗菌药物在感染部位可以达到足够高的有效药物浓度,并可维持足够长的时间。

(3)从患病动物的生理、病理状态考虑,选用不良反应小、发生率低、对患病动物比较安全的药物品种。

确定抗感染治疗的药物后,还应根据药物的药效学和药物代谢动力学特点来制订科学的给药方案,包括合适的剂量、给药途径、给药次数、疗程等以保证疗效。有经验的临床兽医在动物临床实践中已经了解到哪些厂家生产的药物质量可靠,同时也会考虑疾病防治的用药成本、给药方法的可操作性、如何降低细菌产生耐药性的概率及减少畜禽产品中药物残留量以保障食品卫生安全等方面,合理使用抗菌药物。

抗感染治疗的过程实际上就是处理好病原、药物和动物三者之间的关系。最关键是确定致病原(菌),即病原种类、对药物的敏感度或耐药性等,这是抗感染治疗成功与否的关键。临床兽医应该通晓病原学知识,掌握利用临床症状、流行病学特点、病理变化特点及实验室检验结果等临床信息来判断致病原性质的本领。临床兽医还应通晓相关药物学知识，在尚未获得病原（细菌）培养和药物敏感试验结果的情况下，学会根据感染的部位、性质，估计是由哪一类细菌引起，以及该类细菌可能对哪些抗菌药敏感，从而选择制订最佳治疗方案（即经验疗法），选用针对致病原抗菌作用强、疗效优良而安全的药物品种。而对于患病动物，临床兽医必须考虑不同群体或个体特殊的生理病理状态，实行个体化给药（即个体疗法）。

临床兽医除了掌握兽医学理论和临床操作技能外，还应不断地借鉴人医临床抗感染诊疗技术理论、标准和实践经验，了解其发展动态，借鉴其先进经验，学习其新技术、新方法，这也不失为一条快速提高临床兽医抗感染治疗技术水平的捷径。

抗感染治疗基本思路见图 1-1。

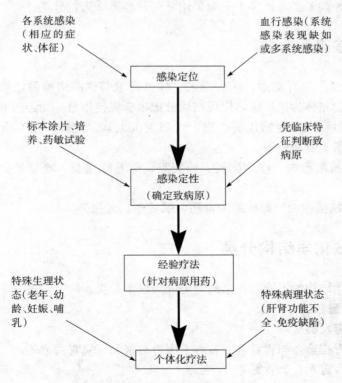

图 1-1　抗感染治疗基本思路

第 二 章

抗菌药物的分类、作用机制和
药代动力学

第一节　抗菌药物的分类

抗菌药种类繁多，医学上一般采用下列几种方法进行分类。

一、按来源分类

1. 抗生素　如青霉素、庆大霉素、林可霉素等。严格地讲，只有来自微生物的天然产物才称为抗生素，但现在通常把半合成抗生素（即经过化学改造的天然来源的抗生素或微生物代谢产物）也归为抗生素。此外，还有全合成的抗生素，如磷霉素、氨曲南等。

2. 合成抗菌药物　喹诺酮类、磺胺类、硝基咪唑类、喹噁啉类、硝基呋喃类等。

3. 天然抗菌植物　即抗菌中草药，如黄连、大蒜等。

二、按化学结构分类

根据化学结构的不同，抗菌药物可分为以下几类。

1. β-内酰胺类

(1) 青霉素类

①天然青霉素：如青霉素、普鲁卡因青霉素和苄星青霉素等。

②苯氧青霉素：如青霉素 V 钾。

③半合成耐酶的新青霉素类：如苯唑西林、氯唑西林和双氯西林等。

④氨基青霉素：如氨苄青霉素和阿莫西林等。

⑤广谱青霉素类：如羧苄西林、哌拉西林和替卡西林等。

⑥主要作用于 G⁻ 菌的青霉素类：如美西林和匹美西林等。

(2) 头孢菌素类　根据药物对 β-内酰胺的耐受性，可分为以下几类。

①第一代头孢菌素：如头孢氨苄、头孢唑啉和头孢拉定等。

②第二代头孢菌素：如头孢呋辛和头孢克洛等。

③第三代头孢菌素：如头孢噻呋、头孢克肟、头孢地秦、头孢曲松和头孢他定等。

④第四代头孢菌素：如头孢匹罗、头孢吡肟和头孢克定等。

大多数头孢类药物禁用于食品动物，尤其是第三代和第四代头孢菌素。

（3）**碳青霉烯类** 如亚胺培南和美罗培南等，为抗菌作用最强、抗菌谱最广、最有发展前景的 β-内酰胺类抗生素，禁用于食品动物。

（4）**头霉素类** 如头孢西丁和头孢美唑等，禁用于食品动物。

（5）**氧头孢烯类** 如拉氧头孢和氟氯头孢等。

（6）**单环菌素类** 如氨曲南和卡芦莫南等。

（7）**β-内酰胺酶抑制剂** 如克拉维酸钾、舒巴坦和他唑巴坦等。

2. 氨基糖苷类 如链霉素、庆大霉素和阿米卡星等。

3. 大环内酯类 包括 14 元环（红霉素、克拉霉素）、15 元环（阿奇霉素）和 16 元环（螺旋霉素、交沙霉素、麦迪霉素和醋酸麦迪霉素等）。

4. 四环素类 如四环素和多西环素等。

5. 酰胺醇（氯霉素）类 如甲砜霉素和氟苯尼考等。

6. 林可胺（林可霉素）类 有林可霉素等。

7. 多肽类 如多黏菌素类和杆菌肽等。

8. 糖肽类 如万古霉素和替考拉宁等，此类兽医禁用。

9. 安莎类 如利福平和利福霉素等。

10. 膦酸类 如磷霉素。

11. 多糖类 如黄霉素、阿维拉霉素等。

12. 多烯类 如制霉菌素和两性霉素 B 等。

13. 喹诺酮类 如诺氟沙星、氧氟沙星和环丙沙星等。

14. 磺胺类 如磺胺嘧啶、磺胺异噁唑和磺胺甲基异噁唑等。

15. 甲氧苄啶类 有三甲氧苄氨嘧啶（TMP）、二甲氧苄氨嘧啶（DVD）等。

16. 硝基呋喃类 如呋喃坦啶等。

17. 硝咪唑类 如甲硝唑和地美硝唑等。

18. 喹噁啉类 如乙酰甲喹和喹乙醇等。

19. 噁唑烷酮类 如利奈唑胺（人医三线药物，兽医禁用）。

20. 吡咯类 如酮康唑、氟康唑和咪康唑等。

三、按对微生物作用方式分类

1. 繁殖期杀菌药（Ⅰ） 包括 β-内酰胺类、糖肽类、喹诺酮类、磷酸类、杆菌肽和硝基咪唑类。

2. 静止期杀菌药（Ⅱ） 包括氨基糖苷类和多黏菌素类等。

3. 速效抑菌药（快效制菌剂）（Ⅲ） 包括大环内酯类、四环素类、酰胺醇类和林可胺类。

4. 慢效抑菌药（慢效制菌剂）（Ⅳ） 包括磺胺类（包括甲氧苄啶类）和环丝氨酸。

此分类方法的临床意义主要是指导联合用药。

四、按抗菌谱/用途分类

1. 主要作用于革兰氏阳性菌 有青霉素类、大环内酯类、万古霉素、林可胺类、杆菌肽及噁唑烷酮类等。

2. 主要作用于革兰氏阴性菌 有氨基糖苷类、单环菌素类及多黏菌素类等。

3. 广谱抗菌药 有头孢菌素类、氨基青霉素类、广谱青霉素类、四环素类、安莎类、酰胺醇类、磷酸类、喹诺酮类、磺胺类及甲氧苄啶类等。

4. 抗真菌类 有制霉菌素、两性霉素 B、灰黄霉素、克念菌素、克霉唑、酮康唑、咪康唑、氟康唑、伊曲康唑、伏立康唑、美帕曲星、特比萘芬、水杨酸及大蒜素等。

5. 抗结核杆菌类 如异烟肼、利福平、乙胺丁醇、利福喷丁和利福霉素等，兽医临床基本不用。

6. 抗肿瘤抗生素 如丝裂霉素、放线菌素 D 和阿霉素等。

7. 抗寄生虫抗生素 如伊维菌素、阿维菌素、越霉素 A、潮霉素 B、海南霉素、盐霉素、马杜霉素和莫能菌素等。

以上是人医对抗菌药物的分类系统，有一些抗生素是动物专用的，包括头孢噻呋、杆菌肽、泰乐菌素、替米考星、泰妙菌素、维吉尼霉素及离子载体类抗生素盐霉素和莫能菌素等。

五、按抗菌作用机制分类

根据抗菌药物的作用靶位或抗菌药物在靶位上的作用，可将抗菌药物分为以下几类。

1. 作用于细菌细胞壁的抗菌药　有β-内酰胺类、糖肽类、单环菌素类、膦酸类、多糖类和杆菌肽，以及抗真菌的棘白菌素类和吡咯类。

2. 作用于蛋白质合成的抗菌药　与细菌核糖体50s或30s亚基结合的抗生素，有酰胺醇类、林可胺类、大环内酯类、四环素类、氨基糖苷类、噁唑烷酮类及泰妙菌素等。

3. 作用于细胞质代谢过程的抗菌药　磺胺类及甲氧苄啶类。

4. 影响细胞膜通透性的抗菌药　有氨基糖苷类、多肽类、四环素类、多烯类及糖肽类等。

5. 作用于核酸（DNA和RNA）的抗菌药　有喹诺酮类、呋喃类、硝基咪唑类、杆菌肽、安莎类及糖肽类。

目前，在我国可供兽医临床选择的各类抗感染药物约有150余种（按抗病原体谱或抗菌谱、作用或作用机制、药物来源、化学结构甚至代次的综合分类），所生产的抗感染制剂则更多，基本上可以满足兽医临床治疗各种感染性疾病的需要。

兽医临床常用抗感染药物分类及名录见表2-1。

表2-1　兽医临床常用抗感染药物分类及名录

药物类别				药物名称
抗微生物药物	抗生素类	β-内酰胺类	青霉素类	天然青霉素：青霉素、普鲁卡因青霉素、苄星青霉素 苯氧青霉素：青霉素V钾 半合成耐酶的新青霉素：苯唑西林、氯唑西林、苄星氯唑西林、双氯西林、氟氯西林 氨基青霉素：氨苄青霉素、阿莫西林、海他西林 广谱青霉素：羧苄西林、哌拉西林、替卡西林 主要作用于G⁻菌的青霉素：美洛西林、匹美西林
			头孢类	第一代头孢菌素：头孢氨苄、头孢噻吩、头孢拉定、头孢唑啉、头孢羟氨苄 第二代头孢菌素：头孢呋辛、头孢克洛、头孢西丁 第三代头孢菌素：头孢噻呋、头孢克肟、头孢哌酮、头孢噻肟、头孢他啶、头孢曲松 第四代头孢菌素：头孢匹罗、头孢克定、头孢吡肟
			碳青霉烯类	亚胺培南、美罗培南、帕尼培南
			头霉素类	头孢西丁、头孢美唑
			氧头孢烯类	拉氧头孢、氟氯头孢
			单环菌素类	氨曲南、卡芦莫南
			β-内酰胺酶抑制剂	克拉维酸钾、舒巴坦、他唑巴坦

（续）

药物类别			药 物 名 称
抗微生物药物	抗生素类	氨基糖苷类	链霉素、双氢链霉素、卡那霉素、庆大霉素、庆大-小诺霉素、新霉素、阿米卡星、壮观霉素、妥布霉素、核糖霉素、阿普拉霉素
		四环素类	土霉素、四环素、金霉素、多西环素、米诺环素
		酰胺醇类	甲砜霉素、氟苯尼考、氯霉素
		大环内酯类	红霉素、泰乐菌素、泰万菌素、替米考星、吉他霉素、罗红霉素、螺旋霉素、交沙霉素、泰拉霉素、克拉霉素、阿奇霉素、泰利霉素
		林克胺类	林可霉素、吡利霉素、克林霉素
		多肽类	杆菌肽、多黏菌素、维吉尼霉素、恩拉霉素、那西肽
		糖肽类	万古霉素、去甲万古霉素、替考拉宁（兽医禁用此类）
		安沙类	利福平、利福喷丁
		膦酸类	磷霉素
		多糖类	阿维拉霉素、黄霉素
		其他	泰妙菌素、赛地卡霉素
	化学合成抗菌药	磺胺类	磺胺噻唑、磺胺嘧啶、磺胺二甲嘧啶、磺胺甲噁唑、磺胺异噁唑（菌得清、净尿磺、SIZ）、磺胺间甲氧嘧啶、磺胺对甲氧嘧啶、磺胺二甲氧嘧啶、磺胺氯达嗪、磺胺甲氧嗪、磺胺邻二甲氧嘧啶（周效磺胺、SDM'）、磺胺喹噁啉、磺胺氯吡嗪、磺胺脒、琥珀酰磺胺噻唑、酞磺酰噻唑、肽磺醋酰、磺胺嘧啶银、磺胺醋酰、磺胺米隆、氨苯磺胺
		喹诺酮类	诺氟沙星、环丙沙星、恩诺沙星、沙拉沙星、达氟沙星、二氟沙星、氧氟沙星、培氟沙星（甲氟哌酸）、洛美沙星、麻保沙星、依巴沙星、奥比沙星、可林沙星、氟甲喹、萘啶酸、吡哌酸
		甲氧苄啶类	甲氧苄啶、二甲氧苄啶、二甲氧甲基苄啶
		硝基呋喃类	呋喃妥英、呋喃西林、呋喃唑酮、呋喃肼、呋喃苯烯酸钠
		硝基咪唑类	甲硝唑、地美硝唑、奥硝唑（氯丙硝唑、氯醇硝唑）、替硝唑
		喹噁啉类	乙酰甲喹、喹乙醇、喹胺醇、喹烯酮
		噁唑烷酮类	利奈唑胺
		其他	乌洛托品、次水杨酸铋、洛克沙胂、氨苯胂酸
	抗真菌药	多烯类	制霉菌素、两性霉素 B
		吡咯类 咪唑类	酮康唑、咪康唑、克霉唑、益康唑
		三唑类	氟康唑、伊曲康唑、伏立康唑
		嘧啶类	氟胞嘧啶
		棘白菌素类	卡泊芬净、米卡芬净
		其他	灰黄霉素、特比萘芬、水杨酸、硫酸铜

（续）

药物类别		药 物 名 称
抗微生物药物	抗菌中草药	小檗碱、鱼腥草素钠、穿心莲、板蓝根、大蒜素、金荞麦、苦参等
	抗病毒药	黄芪多糖注射液、聚肌胞、干扰素、替洛隆
抗寄生虫药	抗蠕虫药 驱线虫药	左旋咪唑、阿苯达唑、氧阿苯达唑、芬苯达唑、奥芬达唑、氧苯达唑、氟苯达唑、噻苯达唑、康苯达唑、甲苯达唑、非班太尔、哌嗪、吩噻嗪（硫化二苯胺）、阿维菌素、伊维菌素、乙酰氨基阿维菌素、多拉菌素、赛拉菌素、氰乙酰肼、双羟萘酸噻嘧啶、越霉素 A、潮霉素 B、美贝霉素肟、枸橼酸乙胺嗪、硫肿胺钠、美拉索明、碘硝酚、精制敌百虫、碘溶液
	抗蠕虫药 驱绦虫药	硫双二氯酚、丁萘脒、吡喹酮、伊喹酮、氯硝柳胺、氢溴酸槟榔碱、南瓜子
	抗蠕虫药 抗吸虫药	双酰胺氧醚、硝碘酚腈、三氯苯咪唑、硫双二氯酚、硝氯酚、溴酚磷、硝硫氰胺、碘醚柳胺、氯氰碘柳胺、溴氰碘柳胺、六氯对二甲苯、吡喹酮
	抗原虫药 抗球虫药	磺胺喹噁啉、磺胺氯吡嗪钠、氯羟吡啶、盐酸氨丙啉、盐酸氨丙啉·乙氧酰胺苯甲酯、癸氧喹酯、盐酸氯苯胍、托曲珠利、地克珠利、莫能菌素钠、二硝托胺、尼卡巴嗪、马杜霉素铵、盐酸霉素钠、甲基盐霉素、拉沙洛西钠、海南霉素钠、赛杜霉素钠、氢溴酸常山酮
	抗原虫药 抗血孢子虫（梨形虫）药	三氮脒、硫酸喹啉脲、双脒苯脲、间脒苯脲、青蒿琥酯、锥黄素、台盼蓝
	抗原虫药 抗锥虫药	萘磺苯酰脲、喹嘧胺、氯化氮氨菲啶、新胂凡纳明、锥虫胂胺、溴乙菲啶
	抗原虫药 抗组织滴虫药	甲硝唑、地美硝唑、奥硝唑
	抗原虫药 其他	葡甲胺锑酸盐、巴龙霉素、阿的平、乙胺嘧啶、硫酸铜
	杀虫药	敌百虫、敌敌畏、巴胺磷、蝇毒磷、倍硫磷、氧硫磷、二嗪农、甲基吡啶磷、皮蝇磷、马拉硫磷、辛硫磷、乐果、林丹、杀虫脒（氯苯脒）、氯芬新、双甲脒、除虫菊、氯菊酯、溴氰菊酯、氯氰菊酯（灭百可）、氰戊菊酯、丙酸菊酯、环丙氨嗪、烯啶虫胺、比普塞芬、非泼罗尼、氯苯脒、西维因、烟叶、升华硫黄

注：此表按照抗感染药物的作用、来源和化学结构综合分类。

第二节　抗菌药物的作用机制

一、共性作用机制

目前，人们已经从分子水平较为详细地阐明了各类抗菌药物的作用机制。概括起来，抗菌药物的作用机制主要包括抑制细菌细胞壁的合成、抑制细菌蛋白质的合成、抑制细菌核酸的合成以及扰乱细菌细胞膜的通透性四个方面。

1. 抑制细胞壁的合成 细菌和真菌的细胞壁位于最外层，它不但能保持细菌一定的外形，还可以抵抗细胞内外较大的渗透压差，使自身免受渗透压改变的损害，维持细胞的正常功能。细菌细胞壁的基本成分是胞壁黏肽，由 N-乙酰葡糖胺与十肽相连的 N-乙酰胞壁酸重复交叉联合而成。其生物合成始于胞浆内，经细胞膜而终于细胞膜外。多种抗菌药物影响细菌细胞壁生物合成的不同环节。

磷霉素和环丝氨酸阻碍胞浆内黏肽前体的形成。磷霉素主要阻止 N-乙酰胞壁酸的形成，环丝氨酸则通过抑制 D-丙氨酸的消旋酶和二肽合成酶而阻碍 N-乙酰胞壁酸五肽的合成。万古霉素在细胞膜上阻止 N-乙酰葡糖胺和 N-乙酰胞壁酸五肽的聚合物与 5 个甘氨酸结合形成十肽聚合物，或阻止此十肽聚合物转运至细胞膜外与受体结合而发挥作用。

杆菌肽的伯氨喹通过抑制焦磷酸酶来阻碍十肽聚合物的焦磷酸化合物脱磷酸化作用，从而影响细胞膜中的磷脂循环。

棘白菌素类则是特异性地抑制真菌细胞壁的组成成分——β（1，3）-D-葡聚糖的合成。

青霉素类和头孢菌素类抗生素则主要作用于细胞膜上的靶点青霉素结合蛋白（PBPs），抑制转肽酶的转肽作用，阻止 N-乙酰葡糖胺和 N-乙酰胞壁酸十肽聚合物的交叉联结，阻碍黏肽的最终合成。

上述药物作用终将导致细菌细胞壁缺损，而受菌体内高渗透压的影响，水分由外界不断渗入，致使菌体膨胀、变形，在自溶酶的影响下，菌体破裂溶解而死亡，从而起到抑菌、杀菌的作用。

2. 影响细胞膜的通透性 细菌的细胞膜是由类脂质和蛋白质分子构成的一种半透膜，具有渗透屏障、运输物质及催化重要生化代谢过程的作用。影响细胞膜功能的抗菌药主要有作用于革兰氏阴性菌的多肽类抗菌药（多黏菌素）、抗真菌的多烯类（两性霉素 B、制霉菌素）和吡咯类（克霉唑、酮康唑、氟康唑等）抗菌药，四环素类、氨基糖苷类、糖肽类等也可间接地影响细胞膜的通透性。

多黏菌素分子具亲脂性，能选择地结合革兰氏阴性菌细胞膜中的磷脂。

两性霉素 B、制霉菌素等多烯类抗菌药则主要与细胞膜上的麦角甾醇结合，破坏其正常机能。

吡咯类高度选择性地抑制真菌细胞麦角甾醇合成，使其细胞膜合成受阻。

这些药物最终影响细菌或真菌细胞膜的稳定性，使细胞膜的通透性增加，菌体内的重要物质（钾离子、核苷酸及氨基酸等）外漏而导致菌体死亡。

3. 影响胞浆内生命物质的合成

（1）影响细菌蛋白质的合成 蛋白质的合成包括起始、延长和终止三个阶段。细菌核糖体的沉降系数为 70s，其生理、生化功能与哺乳动物的 80s 核糖体不同。抗菌药对细菌的核糖体具有高度的选择性作用，从而抑制细菌的蛋白质合成，而对哺乳动物核糖体的功能无影响。

氨基糖苷类抗生素能阻止核糖体 30s 和 70s 亚基始动复合物的形成及阻止蛋白质合成的终止因子进入 30s 亚基 A 位，从而抑制蛋白质的合成，起杀菌作用。

四环素类抗生素主要是与细菌核糖体 30s 亚基在 A 位特异性结合，阻止氨基酰- tRNA 进入 30s 亚基在该位置的结合，从而阻止肽链延伸和细菌蛋白质的合成。此外，四环素类还可改变细胞膜通透性，使细胞内的核苷酸和其他成分外漏，从而抑制 DNA 的合成。

大环内酯类、酰胺醇类和林可胺类抗生素则是与核糖体 50s 亚基的 L27 和 L22 蛋白质结合，在肽链延长阶段促使肽酰- tRNA 从核糖体上解离出来，抑制蛋白质的合成。

（2）抑制细菌核酸的合成　磺胺类和甲氧苄啶类药物可分别抑制二氢叶酸合成酶和二氢叶酸还原酶，阻碍叶酸的代谢，从而抑制细菌的繁殖和生长。叶酸是合成核酸的前体物质，细菌不能利用环境中的叶酸，必须在菌体内合成叶酸后参与核苷酸和氨基酸的合成。

喹诺酮类抗菌药可抑制 DNA 回旋酶，使 DNA 合成受阻，导致 DNA 降解及细菌死亡。

安莎类抗生素能特异性地与依赖 DNA 的 RNA 聚合酶形成稳定的化合物，抑制后者的活性，阻碍转录过程，从而影响 mRNA 的形成。

不同种类的抗菌药物的作用机制（图 2-1）不同，有些不在上文概括的范围内。抗菌作用机制与药物种类的关系具体如下：

1. 抑制细菌细胞壁合成　有 β-内酰胺类、糖肽类、膦酸类、多糖类、单环菌素类、特比萘芬、棘白菌素类、杆菌肽及环丝氨酸等。

2. 作用于细菌核糖体 30s 亚基，抑制和干扰蛋白质合成　有氨基糖苷类、四环素类。

3. 作用于细菌核糖体 50s 亚基，阻断转肽作用和 mRNA 位移　有大环内酯类、林可胺类、酰胺醇类、噁唑烷酮类及泰妙菌素。

4. 破坏细胞膜结构，增大细菌细胞膜通透性　有多肽类、多烯类、吡咯类（包括咪唑组和三唑组），还有氨基糖苷类、四环素类、糖肽类和特比萘芬。

5. 抑制细菌 DNA 依赖性 RNA 多聚酶，阻止细菌 RNA 合成　有安莎类、糖肽类、氟胞嘧啶。

6. 抑制细菌 DNA 合成　有喹诺酮类、呋喃类、氟胞嘧啶、喹噁啉类。

7. 作用于二氢叶酸合成酶及还原酶，阻止叶酸合成　有磺胺类和甲氧苄啶类。

8. 通过亚硝基及羟胺衍生物的细胞毒作用杀菌，破坏 DNA　有硝基咪唑类。

9. 抑制真菌细胞麦角甾醇合成，使鲨烯在真菌细胞内蓄积而起杀菌作用
有特比萘芬。

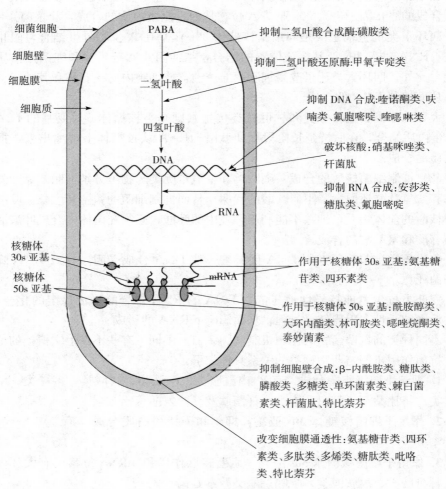

图 2-1　抗菌药物作用机制示意图
PABA. 对氨基苯甲酸　DNA. 脱氧核糖核酸　RNA. 核糖核酸　mRNA. 信使核糖核酸

二、个性作用机制

（一）抗生素类

1. β-内酰胺类药物　β-内酰胺类为高效杀菌药，对动物机体的不良反应较小（除过敏性休克）。β-内酰胺类抗生素主要是阻碍细菌细胞壁的合成，导致细胞壁缺损。因细菌细胞内处于高渗透压状态，所以造成胞外水分内渗，菌体肿胀、破裂、死亡。哺乳动物真核细胞无细胞壁，故不受影响。

细菌具有特定的细胞壁合成所需要的合成酶，即青霉素结合蛋白（penicillin binding proteins，PBPs）。当β-内酰胺类抗菌药与PBPs结合后，PBPs便失去转肽酶活性，使细胞壁的合成受到阻碍，最终造成细胞溶解、死亡。不同细菌具有不同的PBP，而不同的β-内酰胺类药物可结合不同的PBP并具有不同的结合力，故表现出不同的抗菌谱和杀菌效力。

革兰氏阳性菌与革兰氏阴性菌具有不同的包膜，前者在质膜外侧有较厚的细胞壁，后者细胞壁薄，但具有起通透屏障作用的细菌外膜。细胞壁主要含有黏肽（肽聚糖，peptidoglycan），它是氨基糖（N-乙酰葡糖胺和N-乙酰胞壁酸）与叉状多肽交叉连接所形成的聚状网层结构。细菌转肽酶（即PBPs）的功能就是催化这种交叉连接的形成。

β-内酰胺抗生素为转肽酶、羧肽酶的有效抑制剂。细菌细胞含有一些能水解细胞壁结构的酶类，这些酶被称为自溶素（autolysin）。当细菌受到β-内酰胺抗生素的作用，并存在有活性的自溶素时，细菌会自溶死亡，故β-内酰胺抗生素被作为杀菌药。要是细菌缺乏自溶素（如β-内酰胺抗生素与PBPs结合后，蛋白质合成受到抑制，停止产生自溶素），β-内酰胺抗生素则对细菌呈现抑菌作用，细菌不会溶解、死亡。

β-内酰胺类抗生素的抗菌活力，由其与PBP亲和性的强弱和对PBP及其亚型的选择性来决定。同是β-内酰胺类抗生素的青霉素、头孢菌素和碳青霉烯类，对PBP的亲和性是不同的。如青霉素与肺炎链球菌的PBP2b亲和性较强；碳青霉烯类对流感嗜血杆菌和大肠埃希氏菌等革兰氏阴性菌的PBP2的亲和性较强，能使细菌很快变成球形而破坏死亡，因而内毒素释放少，其对革兰氏阳性菌的作用点是PBP1和PBP2；第四代头孢菌素对肺炎链球菌的PBP2x有较强的亲和性，对流感嗜血菌则以PBP3a及PBP3b有较强的亲和性。β-内酰胺类抗生素通过与这些PBPs的结合阻碍其活性而显示抗菌活性。MIC值可间接反映抗生素与PBPs的亲和性。

β-内酰胺抗生素的另一作用特点是对处于生长状态的细菌具有活性。若细菌不在生长期，细胞不需要额外的细胞壁，抑制转肽酶则不会影响细菌。这一重要特点可用于选药参考。例如，青霉素类不宜与抑菌药（如四环素）合用，因为后者可抑制青霉素类的抗菌作用。

2. 氨基糖苷类药物　氨基糖苷类属广谱杀菌抗生素，主要用于革兰氏阴性菌所致的感染。因其具有浓度依赖性快速杀菌作用、与β-内酰胺类产生协同作用、细菌的耐药性低、临床有效和价廉等优点，是兽医临床常用药物，广泛用于革兰氏阴性杆菌所致的败血症、系统感染和其他严重感染。氨基糖苷类在结构上有共同特征，如含有一个或多个糖基与一个链霉胍，极易溶于水，在溶液中也很稳定，在碱性环境中的抗菌作用强于酸性环境。

氨基糖苷类通过抑制细菌细胞膜蛋白质的合成并改变膜结构的完整性，引起细菌细胞内的钾离子、腺嘌呤、核苷酸等重要物质外漏，导致细菌迅速死亡而发挥强有力的杀菌作用。氨基糖苷类通过与细菌核糖体30s亚基结合，抑制细菌蛋白质的合成，尤其是蛋白质合成的起始步骤〔即阻止信使核糖核酸（mRNA）与核糖体的结合〕。抑制细菌蛋白质合成本来不同于扰乱细胞膜，不会导致细菌的死亡。但是，氨基糖苷类与核糖体的结合力极强，形成不可逆性结合，故能导致细菌死亡而成为杀菌药。氨基糖苷类与其他抑制细菌蛋白质合成的抗生素不同，如四环素、氯霉素等与核糖体的亲和力较强，但不及氨基糖苷类，因而被作为抑菌药。

氨基糖苷类抗生素可被看作是多价阳离子抗生素，在较高浓度下与革兰氏阴性细菌外膜的脂多糖结合而破坏细菌外膜，也可破坏哺乳动物细胞的细胞膜，对哺乳动物呈现一定毒性。

氨基糖苷类药物经被动弥散通过细胞外膜的孔蛋白，然后经Ⅰ期转运系统通过细胞膜而被摄入细胞内（此为能量依赖、速率有限的摄入过程，可被钙、镁离子，高渗透压，低氧和酸性环境等因素所阻断）。当药物在细胞膜核糖体的高亲和力30s亚基聚集时，引起能量依赖性Ⅱ期转运系统的参与，导致大量药物在细胞内的迅速积聚，影响正在进行的肽链延长过程，造成遗传密码错读，将错误的氨基酸引入蛋白质中，合成异常蛋白质。近年的研究发现，氨基糖苷类抗生素导致细菌合成异常蛋白质与其杀菌作用无明显关系，这与过去的解释是有出入的。

氨基糖苷类抗生素分子大量进入细菌细胞的过程是一个需氧耗能的过程，在缺氧的情况下这一过程受到抑制。这与该类药物对厌氧菌作用差相关。

也有研究指出，氨基糖苷类药物可能的作用靶位是核糖体RNA而不是核糖体蛋白。同时氨基糖苷类快速杀菌作用提示，某些细菌致死因素可能在抑制其蛋白质合成作用之前产生，如庆大霉素能破坏铜绿假单胞菌的外膜，并在其细胞壁上形成膜孔，这一作用并不依赖它对核糖体的抑制作用。

3. 大环内酯类药物　大环内酯类抗生素以红霉素为代表，主要对革兰氏阳性球菌与杆菌有效，也可用于抗支原体、衣原体等。某些新型大环内酯类，如克拉霉素、罗红霉素还可用于抗某些分枝杆菌。

大环内酯类抗生素能抑制细菌蛋白质的合成，作用靶位是可逆性地与核糖体50s亚基结合，通过阻止转移核糖核酸（tRNA）进入给位（donor site）和/或mRNA位移而抑制细菌蛋白质合成，发挥速效抑菌作用，有时对某些微生物也表现杀菌作用。革兰氏阳性菌蓄积红霉素的量为革兰氏阴性菌的100倍，且非离子型药物更易于穿透细胞膜，在碱性环境下（此时，碱性的大环内酯类多呈非解离状态）药物抗菌活性增强，其临床疗效往往高于实验室药敏结果。

红霉素主要通过结合于肽链延伸移位的通道入口处，阻碍多聚肽移位时出通道，并促使未成熟肽链自肽酰 tRNA 脱离，从而抑制肽链的延伸以发挥抗菌作用。此外，红霉素在蛋白质合成的早期还抑制核糖体的组装。其他半合成 14 元环大环内酯类（罗红霉素、克拉霉素）和 15 元环的阿奇霉素作用机制与红霉素相同，存在交叉耐药，且都具有诱导耐药性。16 元环大环内酯类（吉他霉素、交沙霉素等）与细菌核糖体的结合区域与 14 元环的大环内酯相同，并且以更直接的方式抑制肽键的形成，但不具耐药诱导性。

4. 四环素类　四环素与氯霉素作为抑菌性广谱抗生素，用于抗革兰氏阳性菌与阴性菌及其他非典型性细菌性感染。

四环素类药物的作用机制：①作用于核糖体 30s 亚基，抑制 70s 核糖体复合物的形成；②抑制氨基酰- tRNA 与信使核糖核酸（mRNA）-核糖体复合物的受位（acceptor site，A 位）结合，抑制肽链的延伸；③在终止期阻止释放因子 R 进入核糖体，阻止已经形成的肽链脱落，导致蛋白质合成受阻。

四环素类还可使细菌细胞膜的通透性发生改变，使细胞内的核苷酸和其他重要成分外泄，抑制 DNA 合成，因此，在高浓度时会对某些细菌产生杀菌作用。

仅少量四环素类药物与核糖体相结合，属可逆性结合，去除药物后，四环素类的抑菌作用也随之消失。高浓度的四环素类药物可抑制哺乳类细胞的蛋白质合成，因而产生毒性作用。

5. 酰胺醇类　也称氯霉素类，抑制细菌的蛋白质合成，并在一定程度上抑制真核细胞蛋白质的合成。在细菌，酰胺醇类主要通过可逆性地与 70s 核糖体的 50s 亚基结合，抑制转肽酶，使肽链延长受阻，从而抑制菌体蛋白质的合成。

酰胺醇类能以活性型进入细胞内发挥作用，故对伤寒沙门氏菌、布鲁氏菌等胞内菌有效。

酰胺醇类的结合位点靠近于大环内酯类抗生素的作用靶位，所以这些具有相似作用位点的药物彼此产生竞争性拮抗作用。

酰胺醇类也可抑制哺乳动物细胞线粒体的蛋白质合成，这是因为线粒体的核糖体与细菌核糖体近似，均为 70s，而哺乳动物细胞的质膜核糖体为 80s。哺乳类造红细胞干细胞对氯霉素尤为敏感。

6. 林可胺类　虽然林可霉素与克林霉素化学结构不同于大环内酯类或氯霉素类，但其作用机制一样，也是作用于细菌核糖体 50s 亚基，通过抑制肽链的延伸而抑制蛋白合成。此外，克林霉素还可清除细菌表面的 A 蛋白和绒毛状外衣，使细菌易于被吞噬和杀灭。

林可胺类主要用于抗革兰氏阳性菌和厌氧菌。

7. 糖肽类与杆菌肽　万古霉素系糖肽类杀菌抗生素，作用于许多革兰氏阳性细菌，如链球菌、葡萄球菌、梭状芽孢杆菌、空肠弯曲杆菌及李斯特菌等。万古霉素对肠球菌也有抑制作用。万古霉素严重的不良反应限制了其临床应用，因而主要用于在其他抗菌药物无效情况下的严重感染病例，如耐甲氧西林葡萄球菌（methicillin - resistant staphylococcus aureus，MRSA）。多种多重耐药 MRSA 对万古霉素敏感，故许多情况下，万古霉素仅限用于 MRSA 的治疗。目前已经出现耐万古霉素葡萄球菌（VRSA），需要引起各方面的重视。

万古霉素通过与细胞壁合成的前体物质，如丙氨酰-丙氨酸二肽结合而抑制细胞壁的合成；也可抑制细菌核糖核酸（RNA）合成并损害细菌质膜。细菌对万古霉素与其他抗菌药物有交叉耐药性。

杆菌肽（bacitracin）作为多种多肽的混合性抗菌药物（主要含杆菌肽 A），抑制细胞壁的合成及损害细胞质膜，对革兰氏阳性细菌有抗菌活性。但是，杆菌肽有极强的肾毒性，人医仅限作外用。

8. 多黏菌素类 多黏菌素类为多肽类抗生素，主要代表为多黏菌素 B 和多黏菌素 E。多黏菌素类作用于细菌细胞膜，干扰细胞膜通透性而发挥抗菌作用。这类药物的分子结构含亲水与疏水基团，蓄积于胞内，其疏水性脂肪酸部分能穿插于质膜磷脂疏水区，多肽环与细胞外膜磷脂上的磷酸相结合形成复合物，因而解聚细胞膜结构，导致膜通透性增加，细菌细胞内的核苷酸、氨基酸等重要物质外漏，抑制胞内生理生化过程，造成细菌死亡。另外，多黏菌素进入细胞质后，也影响核质和核糖体的功能。因对哺乳动物细胞也有一定的作用，故不良反应较严重。

9. 安莎类 也称利福霉素类，以利福平为代表。安莎类抑制细菌 DNA 依赖性 RNA 多聚酶活性，阻止转录反应，从而干扰菌体核糖核酸（RNA）的合成。能迅速杀灭细胞内外繁殖期和静止期的结核杆菌。

10. 膦酸类 主要有磷霉素，是迄今为止分子质量最小的抗生素之一，属繁殖期快速杀菌剂，通过竞争性抑制细菌细胞壁的基质-肽聚糖合成的催化酶（磷酸烯醇丙酮酸转移酶），阻断细菌细胞壁的早期合成，导致其死亡。磷霉素还有其他重要作用，如可破坏和抑制大肠埃希氏菌、铜绿假单胞菌等细菌产生的生物被膜（biofilm）；抑制 IgE 介导的 Ⅰ 型变态反应时的组胺释放；具有免疫调节功能，有助于免疫功能低下的动物的恢复；可减轻氨基糖苷类、多肽类、糖肽类抗生素及抗癌药物的毒副反应，如肾毒性、耳毒性、骨髓抑制及胰岛细胞损伤等。

（二）全化学合成抗菌药物

1. 喹诺酮类 喹诺酮类药物主要通过抑制细菌细胞 DNA 拓扑异构酶抑制 DNA 的合成，从而发挥抑菌和杀菌的作用。

细菌 DNA 拓扑异构酶有 Ⅰ、Ⅱ、Ⅲ、Ⅳ，其中拓扑异构酶 Ⅱ 又称 DNA 促旋酶，参与 DNA 超螺旋的形成；拓扑异构酶Ⅳ则参与细菌子代染色质分配到子代细菌中。喹诺酮类主要作用靶位是 DNA 促旋酶和拓扑异构酶Ⅳ。革兰氏阴性菌中 DNA 促旋酶是喹诺酮类的第一靶位，而革兰氏阳性菌中拓扑异构酶Ⅳ是第一靶位。拓扑异构酶Ⅰ和Ⅲ对喹诺酮类药物不敏感。

　　DNA 促旋酶通过暂时切断 DNA 双链，促进 DNA 复制转录过程中形成的超螺旋松解，或使松弛 DNA 链形成超螺旋空间构型。喹诺酮类药物通过嵌入断裂 DNA 链中间，形成 DNA-拓扑异构酶-喹诺酮类三者的复合物，阻止 DNA 拓扑异构变化，妨碍细菌 DNA 复制、转录，以达到繁殖期杀菌目的。

　　2. 磺胺类和甲氧苄啶类　磺胺类和甲氧苄啶通过抑制核酸合成所需前体物质四氢叶酸的合成，间接影响核酸合成。磺胺类作为对氨基苯甲酸的竞争性拮抗物，干扰二氢叶酸的生物合成；甲氧苄啶类则通过抑制二氢叶酸还原酶的活性而阻止四氢叶酸的合成。

　　3. 硝基咪唑类　主要有甲硝唑、奥硝唑等，作用于厌氧菌的生长期。作用机制是其硝基可被厌氧菌细胞内的铁硫蛋白还原，其还原产物是细胞毒性物质，可破坏细菌 DNA 链或抑制其合成而使厌氧菌死亡。

　　抗原虫作用机制在于选择性地进入原虫体内，抑制原虫的氧化还原反应，使原虫的氮链发生断裂而死亡。具有广谱杀原虫作用。

　　4. 硝基呋喃类　通过干扰细菌氧化还原酶系统而影响细菌 DNA 合成，致细菌代谢紊乱而死亡。广谱抗菌，但对革兰氏阴性菌作用更强些，对毛滴虫、贾第氏鞭虫也有活性。

　　细菌对本类药物不易产生耐药性，与其他抗菌药物的交叉耐药性也不明显。

　　5. 喹噁啉类　抑制菌体的 DNA 合成，为广谱抗菌药，对革兰氏阴性菌作用更强些，对密螺旋体也有效。

　　6. 噁唑烷酮类　主要有利奈唑胺。通过结合在细菌细胞核糖体 50s 亚基上的某一点阻断 70s 起始复合物的形成，从而抑制菌体蛋白质合成。其抗菌机制与其他抗菌药物不同。

　　噁唑烷酮类抗菌作用与万古霉素相似，对革兰氏阳性菌有强大的抗菌活性。

（三）抗真菌药物

　　1. 多烯类　与敏感真菌细胞膜上的固醇（主要是麦角甾醇）结合，增加了细胞膜的通透性，导致细胞内钾离子、核苷酸和氨基酸等重要物质的外泄，从而破坏了真菌细胞的正常代谢，造成死亡。由于此类药物可造成真菌细胞膜通透性升高，故可使其他抗真菌药物如氟胞嘧啶更易于进入细胞而起协同抗真菌作用。

　　本类药物亦可与哺乳类动物细胞膜中的固醇（主要是胆固醇）结合，而造成较大的毒性。

2. 吡咯类 为广谱抗真菌药。药物进入真菌细胞壁的壳质，直接损伤细胞膜或抑制麦角甾醇的合成，增加细胞膜的通透性，致使真菌摄取的营养物质和胞质内物质外泄而死，呈现杀菌作用。

3. 嘧啶类 如氟胞嘧啶，为抑菌剂，高浓度具有杀菌作用。其作用机制是药物通过真菌细胞的渗透酶系统进入细胞内，转换为氟尿嘧啶，进入真菌的DNA 中，从而阻断其核酸合成。

4. 棘白菌素类 通过特异性地抑制真菌细胞壁的组成成分 β（1，3）- D-葡聚糖的合成，破坏真菌细胞结构，使之溶解死亡。因哺乳动物细胞中不存在 β（1，3）- D-葡聚糖，故此类药物对真菌具有较强的选择性抑制作用，而对动物的毒性较小。

5. 特比萘芬 为丙烯胺类抗真菌药，能使真菌细胞内的角鲨烯聚集，从而干扰真菌细胞膜的功能和细胞壁的合成，起杀菌作用。

了解抗菌药物的作用机制，对于解释抗菌药物联合应用时药物间的相互作用意义重大。

第三节 抗菌药物的代谢动力学基本概念

抗菌治疗的根本目标是针对特定的细菌感染，选择合适的抗菌药物，以较为精确的剂量、给药时间间隔和合理的给药方法来达到期望的治疗目的。

药物进入机体后，在机体的影响下可发生一系列运动和体内过程。

1. 转运 药物的吸收、分布、排泄，是药物在体内的位置变化，而没有结构的变化，被称为转运（transportation）。

2. 消除 药物在代谢与排泄过程中被清除，称为消除（elimination），是一种不可逆的药物从体内清除的过程。消除分为两个过程，即药物的代谢与排泄。

3. 处置 发生于吸收过程之后的另一体内过程，这个过程包括分布与消除，即分布、代谢和排泄过程称为处置（disposition）。

4. 转化 药物的化学结构变化，即药物的转化（transformation），又称生物转化，为狭义的药物代谢。

药物的转运和转化可引起药物在体内量和浓度（血浆内、组织内）的变化，这一变化是随用药后时间的推移而发生动态变化的，而药物对机体和病原体的作用或效应是依赖于药物体内浓度的。因此，了解抗菌药在体内的吸收、分布、代谢和消除的过程，即药物代谢动力学（又称药代动力学、药物动力学、药动学）特点，对制订合理的抗菌药物给药方案、提高疗效、减少不良反应及评估药物相互作用具有重要意义。

一、药物的体内过程

1. 吸收　药物从给药部位转运至血液的过程称为吸收（absorption）。药物吸收的速度和难易程度可受许多因素影响。

（1）**药物本身的理化性质**

①脂溶性药物可溶于生物膜的类脂质中而扩散，故较易吸收。

②小分子水溶性物质可自由通过生物膜的膜孔扩散而被吸收。

③非解离型药物可被转运，故酸性有机药物在酸性的胃液中不离解，呈脂溶性，故可在胃中吸收；而碱性有机药物，在胃液中大部分被离解，故难吸收，到肠道碱性环境中才被吸收。改变吸收部位环境的 pH，使脂溶性药物不离解部分的浓度升高时，吸收就会增加，如口服碳酸氢钠使胃液 pH 升高时，可使碱性药物（如红霉素、阿奇霉素等）在胃肠道中的吸收增加，而酸性药物（如氨基青霉素、四环素类等）的吸收则减少。

（2）**给药的途径**　在组织不破损无炎症的情况下，除了静脉注射给药（直接进入血流）外，药物吸收由快到慢的给药途径顺序如下：肺泡（气雾吸入）＞肌内注射＞皮下注射＞黏膜给药（包括口服、舌下、直肠给药）＞皮肤给药。

（3）**药物浓度、吸收面积及局部血流速度等**　一般来讲，药物浓度大，吸收面积广，局部血流快，可使吸收加快。胃肠道瘀血时，口服药物吸收就会减慢。

药物从给药部位通过细胞膜进入循环有三种转运模式：

①被动扩散：药物由高浓度向低浓度转运，此时，药物按简单的扩散或滤过通过生物膜。该过程不消耗能量，扩散速度取决于膜两侧的药物浓度和扩散系数。

②主动转运：药物逆浓度差通过细胞膜转运，需要消耗能量，具有竞争抑制及饱和现象。

③促进扩散：药物从低浓度向高浓度转运，不消耗能量。

多数药物以被动转运（包括简单的扩散和滤过）的形式吸收，包括脂溶性药物、未解离的弱酸弱碱药物及分子质量，小（通常小于 100u）的水溶性的极性或非极性药物；药物很少以促进扩散的形式吸收；主动转运与药物在体内的不均匀分布和自肾脏排泄关系较大，与药物吸收的关系较小。

抗菌治疗的目的是根除特定感染部位的微生物致病菌，通过达到和维持一定抗菌药物浓度来实现。药物浓度要达到或超过最低抑菌浓度（MIC），在某些特定时间达到致病菌的最小杀菌浓度（MBC）。不同抗菌药物的吸收程度和吸收速度不同。一般口服 1～2h，肌内注射后 0.5～1h 药物吸收入血并达到峰值浓度。

口服吸收完全的抗菌药物有阿莫西林、头孢呋辛、氯霉素、克林霉素、利福平、多西环素、部分喹诺酮等，口服后一般均可吸收给药量的 80%～90%。许多抗菌药物吸收不完全或很差，不能达到有效的血药浓度。例如：青霉素类易被胃酸破坏，口服吸收率很低；口服氨苄西林、苯唑西林类可被胃酸破坏，吸收率可达 60%；氨基糖苷类、头孢菌素类的大多数品种、多黏菌素类、糖肽类、两性霉素 B 等，口服吸收率低，仅为给药量的 0.5%～3%。因此，在治疗轻、中度感染时，可选用病原菌对其敏感、口服易吸收的抗生素；而对较重的感染宜采用静脉注射，以避免口服或肌内注射时多种因素对药物吸收的影响。

2. 分布　药物进入血液后随血液循环向全身各组织、器官或者体液转运的过程称为分布（distribution）。吸收与分布过程虽同时发生，但速率并不相同。影响药物分布的因素有药物 pKa（酸度系数，又称酸离解常数）、脂/水分配系数、药物浓度、膜的厚度及药物与血浆或组织蛋白的结合率等。

药物通过生物膜扩散时，脂溶性越大，扩散越容易。由于非解离型药物脂溶性大，因此易于扩散。如已知药物的 pKa 和体液的 pH，则可预估药物的分布程度。脂溶性药物，可分布于整个身体组织；而非脂溶性药物（通常为解离型），则分布面很窄。

分布亦受血浆蛋白结合影响。药物在血液中，以游离型和结合型处于动态平衡状态，仅游离型药物能穿过细胞膜发挥药理作用。能与血浆蛋白高度结合的药物，在其他组织分布相对较少。例如，磺胺嘧啶与血浆蛋白结合率低，可分布到脑脊液中的量较多，故可用于治疗脑部感染。

如果药物对血浆蛋白的结合部位相同，则亲和力大者可取代亲和力小的药物。当某一药物被取代，其游离型药量将增加，并可作用于受体部位。在临床上，还常见疾病状态可影响药物的蛋白结合。如尿毒症患病动物，因尿素与血浆蛋白结合的亲和力比一些药物大，可从血浆蛋白结合部位取代出药物，使游离型增加；低蛋白血症患病动物，因蛋白结合能力降低，血浆中总的药物浓度也就低，甚至低于治疗水平，但在受体部位的游离药物却足以引起治疗效应。血中游离型药物增加，不仅影响药理活性，也可增加药物的代谢与排泄。

不同抗菌药的分布特点不同。进入血液循环的药物迅速分布至组织和除血液以外的体液，并到达感染部位。一般肝、肺、肾等血液供应丰富的组织中药物浓度较高，而血液供应差的部位（如脑、骨、前列腺等组织）浓度较低。某些部位存在生理屏障，如血脑屏障，使大部分药物在脑脊液中的浓度较低。

3. 代谢　多数药物（并不是所有药物）在吸收过程或进入体循环后，受肠道菌群或体内酶系统的作用，结构发生程度不同的转变，此过程称为代谢（metabolism）或生物转化（biotransformation）。主要方式有氧化、还原、分解和结合等。多数药物经过代谢后，其药理作用可被减弱或完全丧失，也有少数药物只有经过体内代谢后才能发挥作用，如头孢呋辛酯、琥乙红霉素、乌洛托品、环磷酰胺等。

药物代谢有赖于酶的催化，体内有两类催化酶，专一性的如单胺氧化酶（氧化单胺类药物）；非专一性的主要是肝微粒体混合功能酶系统，又称肝药酶或简称为 P_{450}。P_{450} 是一个大家族，大部分药物被其代谢。此酶系统个体差异较大，受遗传因素的影响，在遗传学上有快型与慢型之分。快速代谢者，要达到治疗血浓度，可能需要较大的剂量；慢速代谢者，用正常治疗量又可发生中毒。此外，某些药物（酶促剂）可增强其活性；也有些药物（酶抑剂）可抑制其活性，它们在药物相互作用方面很重要。

大部分药物主要经肝代谢，有些药物也能在肠道、肺、肾脏等部位进行生物转化。因此，肝功能不全时，药物代谢必然受到影响，容易引起中毒。基于此，对肝功能不全或受损的患病动物用药时，必须特别注意药物的选择，并控制剂量。

部分抗菌药可在体内代谢，其代谢物的抗菌活性减弱或消失，也可保持原有活性。如氯霉素在肝内与葡萄糖醛酸结合失去抗菌活性；头孢噻肟在体内代谢生成去乙酰头孢噻肟，与药物原型共同存在于体内，去乙酰头孢噻肟亦具抗菌活性，但较原型低。代谢物可与原型药物同时自肾脏（通过尿液）排泄或自肝胆系统（通过胆汁自粪便）排泄。

4. 排泄 药物或其代谢产物排出体外的过程称为排泄（excretion）。

各种药物的排泄速度极不一致。一般来说，水溶性药物比非水溶性药物排泄快，挥发性药物比不挥发性药物排泄快。

肾脏是药物排泄的主要途径。一般酸性药物在碱性尿液中排泄较多，碱性药物在酸性尿中易于排出。这一规律可用于某些药物的中毒治疗，如用碳酸氢钠碱化尿液，或用氯化铵酸化尿液。

排泄是原型药物不可逆的丢失，除了大多数抗菌药经肾脏排泄外，药物也通过其他途径排泄。如挥发性药物主要通过呼吸道排泄。口服未吸收的药物通过粪便排泄。

有些药物尚可通过涎液、泪液、支气管分泌物、痰液、乳汁等途径排泄。因此，哺乳动物用药时，要注意药物会通过乳汁传给仔畜而产生不良影响。另外，奶牛在产奶期间应尽量避免使用药物，否则，就需要严格执行国家规定的所用药物的弃奶期。

5. 药物与蛋白结合 药物与蛋白结合是影响药物分布和消除的重要因素。药物的蛋白结合是可逆的，是药物储藏的一种形式。只有游离的药物才有药理活性，才能在体内分布和消除。药物在血浆内与血浆蛋白结合，在血细胞内与血红蛋白结合，在组织内与组织蛋白结合。血浆中与药物结合的蛋白主要是白蛋白。弱酸性药物及许多中性药物与白蛋白结合；碱性药物主要是与 α-酸性糖蛋白

（AAG）结合。球蛋白对甾体化合物（如泼尼松）有特异性的结合作用。γ-球蛋白主要同抗原结合，基本上不与药物结合。

由于抗菌药体内处置过程的差异，在治疗各类感染时应根据感染部位和病情轻重选择药物。采用常规剂量治疗感染时，无论何种途径给药，在血液、浆膜腔和血液供应丰富的组织和体液中，各种抗菌药均可达到有效浓度，但脑组织、脑脊液、骨组织、前列腺、痰液中均难以达到有效浓度。因此，治疗感染性疾病选择药物和制订给药方案时，不仅要考虑致病菌的差异性，还应考虑感染器官的差异性。

二、药动学名词术语

1. 半衰期 药物半衰期（half‑life 或 half‑time，$t_{1/2}$）可分为分布半衰期（$t_{1/2\alpha}$）和消除半衰期（$t_{1/2\beta}$）。通常是指消除半衰期，指药物在体内分布平衡后从体内消除一半的量，即血浆药物浓度在体内减少 50% 所需的时间。

$t_{1/2}$ 是显示药物在体内消除快慢的重要参数。一般来说，正常的同种动物的 $t_{1/2}$ 基本相同，但当动物个体的药物消除器官功能发生变化时，$t_{1/2}$ 也会改变。如动物肾功能、肝功能受损时，其药物的 $t_{1/2}$ 就会明显延长。$t_{1/2}$ 对兽医临床制订给药方案和调整给药方案意义重大，如有助于设计最佳给药时间间隔、预计停药后药物从体内消除的时间、预计连续给药后达到稳态血药浓度的时间，以及指导肝肾功能受损时调整给药方案。

2. 表观分布容积 表观分布容积（apparent volume of distribution，V_d）是假设药物在体内充分分布的情况下，全部药物按血中浓度溶解时所需的体液总容积。可以设想为体内的药物浓度等于血浆中的药物浓度时，体液的总容积是多少。多数情况下，表观分布容积并非真实的容积，也没有生理学意义。从某种药物所求出的 V_d 值，通过与动物血浆量的比较，可以了解药物的体内分布程度。V_d 值越大，表示药物分布越广泛；V_d 小，表示分布有限。

3. 清除率 清除率（clearance，CL）是指药物从体内消除的速度，可用总清除率和肾清除率表示。在单位时间内（一般用 min）清除的分布容积数，即能将多少体积（mL）血浆中所含某种药物完全清除出去，这个被完全清除了的某种药物的血浆容积（mL）就是该药物的清除率，单位是 mL/min。

清除率是一个抽象概念，肾清除率反映了肾脏对不同药物的清除能力，同时也反映了肾小球滤过率、肾血流量和推测肾小管转运功能。肾功能不全动物的肾血流量、肾小球滤过率及肾小管分泌功能均明显降低，使药物的清除率减少，易导致不良反应的发生。测定药物的肾清除率在临床上可以用来调整给药方案。

4. 吸收率 静脉给药后药物立即进入循环系统，但口服或肌内注射给药后，药物在到达循环系统之前要涉及多过程，包括药物制剂的分解、活性成分溶出、药物向吸收部位转运和进入循环系统，药物才真正被吸收。

药物的吸收速率主要取决于药物的物理、化学性质和剂型。口服给药时，吸收速率还受是否空腹、摄入食物类型、摄入量以及胃肠结构和影响胃排空的各种因素的影响。反映药物吸收程度的指标是生物利用度。在单胃动物，青霉素的口服吸收率仅为 $10\% \sim 30\%$，且可被胃酸破坏，故不宜口服给药。氨基糖苷类、糖肽类、多黏菌素、两性霉素 B 及多数 β-内酰胺类抗生素口服吸收差，生物利用度低。阿莫西林、氟氯西林、头孢氨苄、头孢拉定、头孢呋辛、头孢克洛、头孢地尼等，以及多数新大环内酯类、克林霉素、喹诺酮类、半合成四环素类、酰胺醇类、磺胺类等均有较好的生物利用度，口服吸收率达 $60\% \sim 90\%$ 或以上，临床上口服给药用于感染的预防或轻中度感染的治疗。

大多数抗菌药物空腹给药吸收完全，但酯型前体药（如头孢呋辛酯）宜摄食后给药。

5. 生物利用度　生物利用度（bioavailability，F）指药物剂型中能被吸收进入体循环的程度（药物相对分量）和速度，一般用吸收百分率或分数来表示，是吸收速率和吸收程度的一种量度。可分为绝对生物利用度（absolute bioavailability），以静脉注射制剂为参比；相对生物利用度（relative bioavailability），即剂型之间或同种剂型不同制剂之间的比较，以吸收最好的剂型或制剂为参比。

6. 稳态血药浓度　稳态血药浓度（steady state concentration）在临床治疗中，多数药物都是按照一定剂量、一定给药间隔，多次重复给药，直至达到期望的血药浓度并保持在一定浓度范围之内，这个浓度范围称为稳态血药浓度。达到稳态血药浓度需要一定的时间。在多次重复给予一定剂量的过程中，每一次给药时，体内总有前面给予剂量的残留量。随着给药次数的增加和体内药量逐渐累积，直到在每一个给药间隔时间内，药物在体内的消除速率等于给药速率时，体内药量或血药浓度才达到动态平衡，此时血药浓度在平衡状态的平均浓度上下波动，即达到了稳态浓度。

7. 蛋白结合率　蛋白结合率（protein binding ratio）抗菌给药的目的是在某些特定组织部位或机体体液中根除对宿主致病的病菌，这就需要在感染部位具有活性（即游离型）的抗菌药物达到足够浓度。与蛋白结合的药物（结合型）难以穿透组织达到作用部位。因此，一般与血清蛋白结合率越低的抗菌药物，其组织药物浓度就越高。但这并不是说蛋白结合率高的药物临床效果差，因为蛋白结合率高的抗菌药物，通过肾小球滤过的消除减少，可维持较高血清浓度，使更多药物分布到组织中去，且药物具有较长的半衰期。

8. 房室模型　房室模型（compartment model）为了分析药物在体内运动（转运和转化）的动态规律，并以数学方程式加以表示，就需要建立一个模型来模拟身体（动力学模型），基于此，将身体视为一个系统，并将这个系统内部按动力学特点分为若干个房室［隔室（compartment）］。也就是说，机体的模型是由一些房室组成，房室是模型的组成单位，而房室是从动力学（速率）上彼此可以区分的药物"贮存处"。

应当注意的是，房室是根据药物在体内转运速率不同而将机体划分出来的，其在解剖学上并不存在。而身体中解剖位置上不同的各组织器官，只要药物在其间的转运速率相同，则被归纳成为一个房室。然而房室概念又是与体内组织器官的解剖生理学特性（如血流速度、膜通透性等）具有一定联系的。

房室模型是根据药物代谢动力学特性，将房室数目分作一室（单室）、二室乃至多室模型。

一室模型是指给药后，药物一经进入血液循环，即均匀分布至全身，因而把整个身体视为一个房室。

二室模型是把身体分为二个房室，即中央室与周边（外周）室。房室的划分与体内各组织器官的解剖生理学特性相联系，即中央室往往是药物首先进入的区域，除了血浆外通常还有细胞外液以及心、肝、脾、肺、肾、脑等血管丰富、血流量大的组织，药物可以在数分钟内分布到整个中央室，而且药物的血浆浓度和这些组织中的浓度可以迅速达到平衡，并且维持于平衡状态。周边室一般是血管稀少、血流缓慢的组织（如脂肪组织、静止状态的肌肉及骨骼等），药物进入这些组织的速度缓慢。

对于一个具体药物是属于哪个房室模型的，要根据试验数据来具体分析。体内的主要隔室一般不多于 3 个，临床药动学中应用最多的是一室模型。

第 三 章

细 菌 的 耐 药 性

第一节 细菌耐药性的产生

自 1928 年发现青霉素以来，在对抗生素的研究和应用过程中，人们发现了抗生素和细菌相互作用的两个现象：①某些抗菌药物对某些菌种没有活性，如青霉素对大肠埃希氏菌；②某些抗菌药物在使用过程中，对某些菌种的活性逐渐降低，临床治疗由有效逐渐至无效，如青霉素对金黄色葡萄球菌。这两种现象称为耐药。

一、细菌耐药性的变迁

耐药作为一个自然现象，在人类应用抗菌药之前就已经存在，有一个自然进化的过程。而人类对抗菌药的应用作为选择压力，加速了细菌耐药的进化。同时，因人类对抗菌药的应用作为选择压力已经部分地改变了微生物的生态（包括对自发突变的选择、在单个细菌菌体内累积耐药基因、耐药亚群在该菌种整个菌株中比例的改变等）。因此，抗菌药的发展史也就是细菌对其耐药性的发展史。伴随着抗菌药强大的抗感染疗效的同时，细菌等病原体对抗菌药的耐药问题也日渐显露。

二、细菌耐药性的产生动因

细菌耐药性是细菌产生对抗生素不敏感的现象，产生原因是细菌在自身生存过程中的一种特殊表现形式。天然抗生素是微生物产生的次级代谢产物，是一种用于抵御其他微生物、保护自身安全的化学物质。人类将微生物产生的这种物质制成抗菌药用于杀灭感染的微生物，微生物接触到抗菌药，也会通过改变代谢途径或制造出相应的灭活物质来抵抗抗菌药。

与抗菌药的接触（抗菌药压力）是细菌产生耐药的主要原动力，人们发现了以下 7 个方面的证据。

（1）引起医院感染的微生物的耐药性比引起社会感染的微生物的耐药性更多见。

（2）医院中耐药菌感染者使用的抗菌药比敏感菌感染或定植者使用的抗菌药多。

（3）抗菌药使用情况的变化会引起细菌耐药情况的变化，如投入或停用某种抗菌药常与其耐药性的消长有关。

（4）抗菌药使用愈多的区域，耐药菌分布愈多。

（5）抗菌药应用时间越长，耐药菌定植的可能性越大。

（6）抗菌药剂量越大，耐药菌定植或感染的机会越多。

（7）抗菌药对自身菌群有影响并有利于耐药菌生长。

目前认为，抗菌药只要使用了足够时间，就会出现细菌耐药性，如使用青霉素 25 年后出现了耐青霉素肺炎球菌、使用氟喹诺酮类 10 年后出现了肠杆菌耐药。而且耐药性是不断进化的，随着抗菌药的应用，耐药也从低度耐药向中度、高度耐药转化；对一种抗菌药耐药的微生物可能对其他抗菌药也耐药；细菌耐药性的消亡很慢；使用抗菌药治疗后，患病动物容易携带耐药菌。

三、天然耐药性和获得性耐药性

细菌耐药性可以是天然的，也可以是获得性的；既可在细菌间传播，也可通过人、动物或环境进行传播。

1. 天然耐药性　也称固有耐药性（intrinsic resistance），是某个菌种或菌属中所有菌株所表现的内在特性，由染色体介导，是由细菌染色体基因决定而代代相传的耐药，通常垂直传播到子代细胞，很少或不通过水平传播。如肠道杆菌对青霉素的耐药。

2. 获得性耐药　获得性耐药性（acquired resistance）是细菌与药物反复接触后对药物的敏感性降低或消失，大多由质粒介导其耐药性，但亦可由染色体介导。获得性耐药性发生在一个菌种或菌属中的部分菌株，发生比例随时间变化而改变，反映了这部分菌株获得了其野生株所缺少的一种或多种耐药机制。获得性耐药通常由可转移的 DNA（质粒或转座子）介导并可水平传播，甚至有时可以在不同菌种间传播，导致"基因流行"。由染色体介导的垂直传播通常也可发生，但在缺少抗菌药的选择压力下，其耐药性有时会消失。前者更具临床意义，如金黄色葡萄球菌对青霉素的耐药。

四、细菌耐药性的传播

耐药性的传播可分三个层次，即菌株、质粒、基因。

1. 菌株传播　又称克隆传播。如耐甲氧西林金黄色葡萄球菌（MRSA）的传播。有研究表明，金黄色葡萄球菌获得耐药基因在自然界可能只发生一次，亦即目前世界范围流行的 MRSA 菌株可能都是一个克隆的传播结果。而动物的流动和接触以及抗菌药物的使用对克隆传播起重要作用。

2. 质粒或基因水平传播 又称水平基因转移（horizontal gene transfer，HGT），对微生物的进化具有重要意义。

（1）质粒、接合性转座子、转化导致耐药基因在不同菌株间移动。

（2）转座子导致耐药基因在菌体内不同遗传位点间移动。

（3）整合子可以有效地整合不同耐药基因，形成多重耐药。

（4）耐药涉及的遗传片段有多种相互作用，使得耐药的散播机制趋于复杂。

细菌耐药基因借质粒、整合子、转座子在细菌间传播耐药性。完整耐药菌株可通过手、物品在人与人、人与动物、医院与社会各种环境之间传播。近期研究发现，猪、犬、猫等动物可携带耐药菌株并传播给人引起感染。

耐药基因问题是目前研究耐药性的热点。常见的基因转移方式有以下几种。

（1）**转导（transduction）** 以噬菌体及其含有质粒 DNA 为媒介，将供体菌的耐药基因转移到受体菌内。

（2）**结合（conjugation）** 细菌间相互沟通，将遗传物质从供体菌转移给受体菌。

（3）**转化（transformation）** 少数细菌可从周围环境中摄取游离 DNA，并将其掺入到细菌染色体中。当此 DNA 中含有耐药基因时，细菌则转变为耐药菌。

第二节　细菌的耐药机制

一、细菌的耐药机制

细菌在对抗抗菌药的过程中，为了免遭伤害，形成了多种防卫机制，由此产生的耐药菌才得以存活和繁殖。很多细菌对某种或多种抗菌药具有耐药性，且具有多种耐药机制。

细菌对不同抗菌药的多种耐药保护机制及细菌本身基因结构的多样性与可移动性，使其能进化产生新的耐药机制，以适应抗菌药的作用。因此，合理地应用抗菌药以最大限度地减少细菌耐药性发生及传播，延长抗菌药的使用寿命，是人类所面临的长期挑战。

目前，细菌对抗菌药产生耐药性的可能机制主要有：细菌产生水解酶和钝化酶；药物作用靶位的改变；细菌细胞膜渗透性改变；细菌主动药物外排；细菌改变代谢途径；细菌生物被膜的产生等。

（一）细菌产生水解酶和钝化酶

细菌产生一种或多种水解酶或钝化酶，水解或修饰进入细菌细胞内的抗菌药，使之失去生物活性。细菌产生的灭活酶有水解酶和合成酶。

1. 水解酶　如 β-内酰胺酶，可将青霉素类和头孢菌素类药物分子结构中的 β-内酰胺环打开使药物失效。

2. 合成酶（钝化酶）　如乙酰化酶、磷酸化酶、核苷化酶等，可将相应的化学基团结合到药物分子上使药物灭活。如氨基糖苷类抗菌药物钝化酶、氯霉素乙酰转移酶和 MLS（大环内酯类-林可胺类-链阳菌素类）类抗菌药的钝化酶。

（二）抗菌药物作用靶位的改变

药物作用靶位是抗菌药物与细菌结合并发挥抗菌效果的作用位点。靶位结构或数量的改变，可阻止药物的结合和作用，使抗菌药物失效或活性减弱，从而导致细菌对药物耐药。目前已经发现细菌以这种机制对 β-内酰胺类、糖肽类、安莎类和喹诺酮类抗菌药物产生耐药。

抗菌药作用靶位（如核糖体和核蛋白）发生突变或被细菌产生的某种酶修饰，可使抗菌药无法发挥作用；抗菌药的作用靶酶（如青霉素结合蛋白和 DNA 回旋酶）结构发生改变，使之与抗菌药的亲和力下降，也可使抗菌药无法发挥作用。改变药物作用靶位的方法包括以下几种。

（1）耐药的细菌可改变靶蛋白结构使药物不能与靶蛋白结合，如细菌对利福霉素的耐药。

（2）增加靶蛋白的数量，如金黄色葡萄球菌对甲氧西林耐药。

（3）生成新的对抗生素亲和力低的耐药靶蛋白，如耐甲氧西林金黄色葡萄球菌对 β-内酰胺类抗生素产生的耐药。

（三）细菌细胞膜渗透性的改变

抗菌药物首先要通过细胞壁、细胞膜进入细菌细胞内，方能产生杀菌或抑菌作用。改变细菌细胞膜的渗透性而使抗菌药无法进入细胞内，可使细菌产生耐药性。如细菌对 β-内酰胺类抗生素、四环素、氯霉素等的耐药，是由于细菌外膜结构改变，孔蛋白构型改变或缺失，细胞膜的通透性降低，从而导致药物不易渗透至菌体内。

（四）依赖于能量的药物主动外排机制

即有些耐药的细菌具有主动转运泵，它能够将已经进入细菌胞内的药物泵至胞外。药物外排系统（efflux pump system）所需能量由氢离子药物反转运体逆

转 H^+，形成 H^+ 浓度差而产生的势能所提供。这是获得性耐药的重要机制之一。这种耐药机制与四环素类、大环内酯类、酰胺醇类、β-内酰胺类、TMP、新霉素、喹诺酮类等抗菌药物的耐药性有关。

（五）细菌改变代谢途径

如细菌对磺胺类药的耐药，是通过产生大量的对氨基苯甲酸（PABA），或直接利用叶酸生成二氢叶酸而产生的。

（六）细菌生物被膜

细菌生物被膜（bacterial biofilm，BBF）是细菌为了适应自然环境、有利于生存而特有的生命现象，是指细菌吸附于惰性物体如机体黏膜表面后分泌多糖基质、纤维蛋白、脂蛋白等多糖蛋白复合物，使细菌相互粘连并将其自身克隆聚集缠绕其中形成的膜样物，为细菌躲避抗菌药作用提供场所。

由细菌生物被膜导致的相关感染有如下特点：①通常有相互转化的静止期和发作期；②抗菌药物治疗起初可能有效，但之后的治疗往往失败；③致病菌主要来自皮肤或周围环境，主要有金黄色葡萄球菌、大肠埃希氏菌属、假单胞菌属、表皮葡萄球菌等。由于生物被膜保护细菌抵御抗菌药物的杀伤和逃逸宿主的免疫，故导致其相关感染的难治性。

小剂量的大环内酯类（主要是红霉素、克拉霉素、罗红霉素、阿奇霉素）可抑制生物被膜的合成，促进抗菌药物的渗透，有时米诺环素、林可胺类、妥布霉素亦有此作用，因此可小剂量与对感染菌敏感的抗菌药物配合使用治疗细菌生物被膜相关感染。

耐药性也可以是以上几种机制的组合。其中（一）和（二）具有很强的专一性，即这些细菌仅对某种或某一类抗菌药物产生耐药性；而（三）和（四）是非专一性的，即具有这两种耐药机制的细菌对不同结构类别或不同作用机制的抗菌药都能产生耐药性。

二、几种主要抗菌药物的耐药机制

（一）β-内酰胺类药物的耐药机制

1. 产生 β-内酰胺酶　针对这一耐药机制，临床上目前应用的药物有两类：具有对 β-内酰胺酶稳定的化学结构的药物，包括甲氧西林、苯唑西林、氯唑西林、双氯西林、氟氯西林、异噁唑青霉素等半合成青霉素，以及亚胺培南、美洛培南等碳青霉烯类。β-内酰胺酶抑制剂克拉维酸、舒巴坦、他唑巴坦等与 β-内酰胺类药物联用，如阿莫西林-克拉维酸钾、氨苄西林-舒巴坦等，对产酶菌有很强的增效作用。

超广谱 β - 内酰胺酶（extended spectrum β - lactamases，ESBLs）主要由肠杆菌科细菌如肺炎克雷伯菌、大肠埃希氏菌等细菌产生，其治疗的有效药物仅有碳青霉烯类、头霉素类、氧头孢烯类、β-内酰胺酶抑制剂复合制剂等。

2. 药物作用的靶蛋白改变 β-内酰胺类抗菌药物的作用靶位为青霉素结合蛋白（PBP）。PBP 发生改变，使之与药物的亲和力降低，或是出现新的 PBP，均可使细菌产生耐药。这种耐药机制在金黄色葡萄球菌、表皮葡萄球菌、肺炎链球菌、大肠埃希氏菌、铜绿假单胞菌和流感嗜血杆菌等耐药菌中已得到证实。

3. 细胞外膜渗透性降低 一些具有高渗透性外膜的对抗菌药敏感的细菌，可以通过降低外膜的渗透性产生耐药性。细胞膜和细胞壁结构的改变，使药物难以进入细菌体内，引起细菌细胞内药物摄取量减少而使细胞内药物浓度降低。细菌可因此对抗菌药产生很高的耐药性。

4. 主动外排 细菌的能量依赖性主动外排机制能将已经进入细菌细胞内的抗生素泵出细胞外，降低抗生素吸收速率或改变转运途径，从而导致耐药性的产生。

（二）氨基糖苷类药物的耐药机制

1. 产生钝化酶 对氨基糖苷类耐药的细菌，其主要耐药机制是产生各种不同的钝化酶。

2. 核糖体结合位点发生改变 临床分离到的许多对氨基糖苷类产生耐药性的细菌主要是通过细菌产生的各种钝化酶的修饰作用来实现的。但结核分枝杆菌对链霉素的耐药是由于链霉素的作用靶位 16s 核糖体的某些碱基发生了突变，或是与核糖体结合的核蛋白 16s 的某些氨基酸发生了突变而造成的。

链霉素作用于核糖体 30s 亚基，导致基因密码的错读，引起 mRNA 翻译起始的抑制和异常校读。大量研究表明，编码 S12 核糖体蛋白的 rplS 基因及编码 16srRNA 的 rrs 基因突变都会使核糖体靶位点改变，使细菌对链霉素产生显著耐药。

3. 药物摄取的减少 药物摄取的减少主要是由于膜的通透性降低所引起的，而基因突变可导致膜的通透性降低，可使能量代谢如电子转运受到影响而减少氨基糖苷类药物的吸收；也可使药物的转运系统缺损而减少药物的摄取量。

4. 主动外排 主动外排系统作为细菌耐药机制之一，存在于许多细菌中。细菌的主动外排系统主要分为四大类：①主要易化超家族（major facilitator superfamily，MFS），与哺乳动物的葡萄糖异化转运器具有同源性；②耐药结节分化家族（resistance - nodulation division family，RND），包括能够泵出钴、镉和镍离子的转运蛋白；③葡萄球菌多重耐药家族（staphylococcal multidrug resistance family，SMR），由比较小的含有 4 个跨膜螺旋的转运器组成；④ATP 组合盒（ATP - binding cassette，ABC）转运器，包括两个跨膜区和两个 ATP 结合亚单位。Edger 等从大肠埃希氏菌中克隆到一个 MDR 基因 mdfA，它可编码 410 个氨基酸残基的推定膜蛋白 MdfA，这种新的多药转运蛋白属于 MFS 型转运蛋白，由质子（H^+）电化学梯度驱动，具有排出新霉素、卡那霉素的活性。

（三）大环内酯类药的耐药机制

大环内酯类药物安全、有效，已在临床上应用 40 余年，占据口服抗生素的主导地位。但随着大环内酯类药物的广泛使用，细菌对其耐药的情况也日趋严重。细菌对大环内酯类药物的耐药机制主要有：①erm 基因编码靶位点甲基化修饰；②药物的主动外排机制；③核糖体突变；④抗生素灭活酶的产生等。

因大环内酯类抗菌药物、林可霉素及链阳菌素的作用部位相仿，所以耐药菌对上述三类抗菌药物常同时耐药，称为 MLS（macrolide，lincosamide，streptogramins）耐药。

1. erm 基因介导靶位点修饰 对临床分离得到的耐红霉素肺炎链球菌的研究发现，耐药性的产生是由一种质粒介导的甲基化酶的产生所致，从而使进入胞内的抗菌药物不能与之结合而失去作用。erm 基因编码核糖体甲基化酶，可使细菌 23s rRNA A2058 位点的腺嘌呤残基 N26 位二甲基化。A2058 是红霉素结合于细菌核糖体的关键位点，此位点的修饰可显著降低红霉素与细菌的结合力。由于林可霉素、链阳菌素复合物、大环内酯类三类抗生素与细菌 rRNA 的结合位点存在较大的重叠区域且关键位点均为 A2058，因此 erm 基因不仅能影响大环内酯类抗生素，还可同时导致细菌对林可霉素、链阳菌素复合物等抗生素交叉耐药，这种现象称为大环内酯、林可霉素、链阳菌素 B 类（MLSB）耐药表现。

2. 主动外排机制 20 世纪 80 年代末在对红霉素抗表皮葡萄球菌及金黄色葡萄球菌研究中，发现了一种新的耐药模式，称 MS 耐药表型。该耐药模式由编码主动外排系统的 msrA 基因介导，msrA 泵属于 ATP 结合盒转运（ATP - binding cassette transporter，ABC）超家族，以 ATP 为动力，对 14 元环、15 元环的大环内酯药物及链阳菌素 B 专一性耐药。

3. 核糖体突变导致的耐药 核糖体基因变异最早在幽门螺杆菌、鸟型分枝杆菌中有报道，变异主要发生在大环内酯类药物结合密切相关的 23s rRNA Ⅴ区、Ⅱ区及蛋白质 L22 及 L4 的高度保守序列中。该型耐药导致细菌对红霉素、泰利霉素、16 元环大环内酯类高度耐药，对克拉霉素、克林霉素等中度耐药，但对链阳菌素敏感，该表型称之为 ML 耐药型（大环内酯、林可霉素耐药型）。

4. 灭活酶的产生 肠杆菌科细菌由 ereA、ereB 基因编码的红霉素酯酶或 mph 基因编码的大环内酯 2'-磷酸转移酶，能破坏 14 元环大环内酯类抗生素的内酯环（但不能破坏 16 元环大环内酯类抗生素的结构）导致细菌对该类抗生素耐药。

（四）喹诺酮类药物的耐药机制

目前认为喹诺酮类抗菌药的耐药机制主要有：①作用的靶分子——Ⅱ型拓扑异构酶变异；②细菌细胞膜通透性改变；③主动外排。

（五）其他抗菌药的耐药机制

1. 四环素类的耐药机制　细菌对四环素类药物产生耐药性的一个重要原因是由于细菌能够产生一种被称为 TetM 的蛋白，而这种蛋白能够保护靶核糖体免受药物的作用。

2. 利福霉素类的耐药机制　对利福霉素类药物产生耐药的葡萄球菌、肠球菌、链球菌、肠杆菌和假单胞菌属等的耐药机制研究表明，由于降低了 RNA 聚合酶对这类抗菌药的亲和力，从而导致细菌耐药。

3. 糖肽类耐药机制　糖肽类抗菌药是治疗耐甲氧西林金黄色葡萄球菌（MRSA）的首选药物。糖肽类中敏金葡球菌（GISA）由于细胞壁结构改变，细胞壁中未酰化氨基酸增加，使其结合万古霉素的能力增强，阻碍万古霉素进入胞质活性部位，故提出了"药物捕获"机制。

（六）抗真菌药的耐药机制

随着抗真菌药在临床上的大量应用，真菌耐药性不断出现且日趋严重。真菌耐药性也分固有耐药性和获得耐药性，还有一种耐药性称为临床耐药性。临床耐药性的产生与多种因素有关，包括机体免疫功能低下、药动学因素、药物剂量不合理及致病菌自身特征等。真菌高度耐药是多种耐药机制共同作用的结果。真菌对药物耐药的机制如下。

1. 菌体细胞内药物积聚减少　真菌产生耐药的一个重要机制是细胞内药物浓度降低。

2. 药物作用靶位改变　①靶酶基因突变；②靶酶基因过度表达；③靶位缺乏。

3. 膜甾醇合成通路发生变化

4. 真菌细胞壁组成的变化　真菌对药物的敏感性不仅与膜的变化有关，还与真菌细胞壁组成的变化有关。

5. 真菌产生生物被膜　生物被膜是指微生物分泌于细胞外的多糖蛋白复合物，将自身包裹其中于生物表面形成的膜状物。膜内菌细胞的形态常与浮游菌不同，且对药物的敏感性差。

第三节　细菌耐药性的防控

细菌对抗菌药物的耐药性是自然生物现象，每一种药物进入临床应用往往伴随着耐药性的发生。这种耐药性可能与整个种的特性有关，正常的敏感菌株也可通过变异或者基因转移而获得耐药性。不论是质粒还是染色体介导的耐药性，一般只发生在少数细菌内，只有当占绝对数量优势的敏感菌因抗菌药物的选择性作用被大量抑杀后，耐药菌才有机会得以繁殖并导致感染。因此，细菌耐药性的发生发展是抗菌药物广泛应用，特别是无指征滥用的结果。

抗菌药全部消耗量是耐药性出现的重要因素，特别是应用方式，如给药剂量、治疗周期、给药途径、给药间隔等。抗生素的不适当使用不但不能达到预期的治疗效果，反而会引起耐药性的出现。为此，要控制耐药性的出现和传播，改善抗菌药的使用方法是首要的。

细菌耐药性产生与临床抗菌药的广泛使用关系密切，不合理应用抗菌药直接影响药物疗效，诱导耐药菌产生。防止耐药现象恶化，控制耐药菌的进化速度，需要多个相关部门，包括医疗系统、农业部门、药物疫苗研发销售部门和决策机构等的共同协作。

兽医也是全球遏制抗菌药物产生耐药性力量的一个组成部分，与人医一样担负着重要的责任。

一、合理使用抗菌药物

（1）临床兽医必须首先严格掌握抗菌用药的适应证，用药前应尽量进行病原学检查，尽可能确定病原，有针对性地选用抗菌药物。如，在治疗动物肺部感染时，临床兽医常根据经验选用 β-内酰胺类或氨基糖苷类抗生素，但如果是支原体或衣原体感染，这些药物不仅无效，反而会诱使产酶菌出现。

（2）有条件者应做药敏试验，作为选择或调整用药的依据，同时也为抗菌经验疗法积累参考资料。

（3）掌握适当的抗菌药物用药剂量和疗程，要避免剂量过大造成药物浪费和出现毒副反应，又要注意由于剂量不足而致使病情迁延、转为慢性或复发及产生细菌耐药性。

（4）疗程应尽量缩短，一种抗菌药可以控制的感染则不任意采用多种药物联合使用，可用窄谱抗菌药物则不用广谱抗菌药物。

（5）严格掌握和遵守抗菌药物局部使用、预防用药和联合用药的临床指征及原则，避免滥用。

（6）对于细菌容易产生耐药性的抗菌药物，如大环内酯类、安莎类等应联合用药，以减少细菌耐药性的产生。

二、加强对细菌耐药性监测的宏观管理

1998 年世界卫生大会决议敦促各成员国采取措施，正确使用抗生素。遏制抗生素耐药性的全球战略的大部分责任将落实到各个国家，政府将扮演关键性的角色（如信息、监督、费用的有效性分析和组织协调工作）。创建行之有效的进行宏观管理的国家地方权力机构，被认为是执行和干预成功的关键。遏制抗生素耐药性成为国家的优先政策，国际约束与合作也是必要的。

（1）保证所有的医院都能建立感染控制程序，有效地管理抗微生物药物的耐药性。

（2）建立有效的医院感染和药品管理委员会，其职责是监督院内抗生素的使用，包括抗菌药使用环节（包括合理应用、遵从指南、减少或避免耐药）、感染控制措施（包括卫生、消毒、隔离）、应用疫苗等。

（3）制订并定期更新治疗和预防应用抗生素指南及医院抗生素处方集。形成防止和控制耐药的指南，并定期更新。有临床试验和数学模型支持：减少抗菌药使用和改变使用模式可以减少耐药的程度和频率。具体措施包括限制使用、轮转使用、改变处方模式。这些措施要求医师对抗菌药的使用要基于对病原比较准确的推测或明确的诊断，基于应用指南的经验治疗和药物敏感试验，有针对性治疗的同时要有意识地避免耐药。

（4）监测抗生素的使用（包括使用的数量和方式），将结果反馈给医师和实验室。

（5）保证微生物学实验室建立正确的诊断试验和质量保证体系，如细菌的鉴定、抗菌药物敏感试验及报告相关结果。

（6）及时检测临床标本及流行病学的报告（包括常见病原体的耐药方式和感染方式），及时反馈感染控制及其他相关部门。对耐药进行检测包括：①临床常规检测，即每日检测，及时发现耐药菌株；②小范围流行病学检测，如开展耐药基因检测及细菌耐药谱、质粒谱、染色体酶切图谱检测，一旦出现耐药株感染流行预警，积极寻找感染源；③大范围检测，参与地区、国家或全球耐药菌监测网；④动物检测，检测家禽家畜等动物抗菌药使用情况及耐药菌携带情况；⑤建立合适的检测系统对抗生素的使用和耐药同时检测。

（7）耐药性的监测。耐药性监测本身并不是遏制耐药性的措施，但检测在耐药性的数量和趋势及观察干预效果方面起到了提供信息的关键作用。根据检测数据采取措施，且措施因收集和分析数据的时间而不同。无论如何，由于抗生素耐

药性是全球性问题，耐药性数据的国际共享能起到有益的作用。观察细菌耐药性的现行方法可归纳为体内、体外和分子生物学方法。体内方法或者疗效试验是检查细菌耐药性的金标准，明白体外试验结果的意义并将其与临床治疗效果联系起来才具有实际作用。

三、开发新的抗菌药

开发研制新的高效、低毒、广谱的抗菌药是防治耐药性细菌感染的积极方法。在药物研发方面，1936—1962 年，平均每 3 年（最长间隔 9 年）有 1 种或几种抗生素进入临床，而 1962 年后有约 38 年没有新型抗生素进入临床，直到 2000 年利奈唑胺投入使用。由于细菌有强大的适应和进化能力，为降低耐药菌对人类的威胁，药物研发需要持续努力，包括开发新的抗菌药、针对耐药机制的酶抑制药等。对于由细菌产生灭活酶或钝化酶而导致的耐药，目前的研究方向主要是开发新的稳定性高的药物及新的酶抑制药；对于由细菌外排系统引起的耐药，可以克隆外排基因，提高阻遏蛋白水平，调控外排基因的表达，或者设计相应的阻滞药，封闭基因；或者开发临床有实用价值的能量抑制药等。鼓励工业和政府机构研究院所之间的合作，开发新的药物与疫苗；鼓励开发新药，寻求优化治疗方式。为工业提供激励机制投资研究新的抗生素；建立或利用快速通道，使新药能安全地进入市场；对抗生素的新处方和（或）适应证给予行政保护；保护知识产权，对新的抗生素和疫苗提供合适的专利保护。

四、遏制食用动物抗生素的耐药性

世界卫生组织的遏制食用动物抗生素耐药性的全球原则，已经被世界卫生组织的咨询委员会采纳。据估计人类生产的抗菌药超过 1/2 被作为动物治疗药物、促生长、杀虫药等应用于畜牧业和水产养殖业。后果是导致临床耐药，如阿伏霉素（又名阿伏帕星，avoparcin）在农业上广泛用作饲料添加剂和兽药，因其和万古霉素同属糖肽类抗生素，会引起后者耐药从而导致人医临床治疗失败。喹诺酮类药物自上市以后，在农业、养殖业的广泛应用，对其耐药性的迅速发展起到了推波助澜的作用。所以，必须依靠政府决策部门的立法和管理，以期有效控制抗菌药物在食用动物养殖业中的应用，包括抗菌药物流通和使用的规范、管理、检测，以及药物研发的政策倾向和引导等措施。

加强兽医药政管理，严格执行执业兽医师管理制度，严格开具处方的兽医师资质认定；加强兽医抗感染药物质量监督；应尽量避免用临床应用的抗菌药物作为动物生长促进剂或用于畜禽的治疗，以防止对医用抗菌药产生耐药性；提倡使用天然植物抗菌药物（中草药）和动物专用抗菌药（如杆菌肽锌、盐霉素、黄霉素等）；遵守休药期，控制畜禽产品中的药物残留；提倡和鼓励使用疫苗、消毒剂及采取其他综合防控措施来控制感染，尽量减少抗菌药物的使用。尤其注意发病动物隔离及其污染环境、物品及用品、排泄物、死尸、运输工具及接触人员等的消毒，而且要注意有针对性地、定期轮换并规范化使用多种消毒剂。

关于防止细菌耐药性的产生和发展方面，临床兽医责任重大，除了努力学习、精通业务、规范使用抗菌药物外，还应积极严格地遵守农业部《兽药管理条例》《食品动物禁用的兽药及其他化合物清单》《兽药停药期规定》及《兽药地方标准废止目录》等法规（详见本书附录），为防止细菌耐药性产生尽一份责任。

五、抗菌药物防细菌耐药突变浓度（MPC）理论及应用

（一）概念

1. 最小防突变浓度　最小防突变浓度（mutant prevention concentration，MPC）也称最小防耐药突变浓度，指防止耐药突变菌株被选择性富集扩增所需的最低抗菌药物浓度。

2. 突变选择窗　MIC 与 MPC 之间的抗菌药物浓度范围即定义为突变选择窗（mutant selection window，MSW），指致耐药突变菌株选择性扩增的抗菌药物浓度范围，即 MSW 是以 MPC 为上界，MIC 为下界的浓度范围。由于 MIC_{99} 能够更准确地被测定，因而在实际操作中适合作为 MSW 的下界。

（二）MPC 理论简介

琼脂扩散法测定 MPC 的试验结果表明，随着琼脂平板中抗菌药物浓度增加，平板中菌落数量出现 2 次明显下降。MIC_{99} 时抗菌药抑制或杀灭了大量野生型敏感菌，菌落数出现第一次下降；之后菌落数维持在一个相对稳定的平台期，此时生长的是耐药选择突变菌株（单次突变菌）；随着药物浓度进一步增加，菌落数出现第二次明显下降。药物浓度增高至某一限度时，琼脂中再无菌落生长，提示该浓度可抑制最不敏感的、发生单次突变菌株的生长，该浓度即为 MPC。药物浓度在 MIC 和 MPC 之间时，耐药突变菌株才被选择性富集扩增。MIC 和 MPC 之间的这个浓度范围就是 MSW。

传统药效学理论认为，在抗菌药物浓度低于 MIC 时会导致耐药；而 MSW 理论则认为，当药物浓度低于 MIC 时，由于药物浓度较低而未作用于耐药突变菌群，因此不会产生耐药，但也不能达到预期的治疗目的。当药物浓度高于 MPC 时，由于病菌必须同时产生两次或两次以上耐药突变才能生长，因此也不可能产生耐药。只有当药物浓度在 MIC 和 MPC 之间时，耐药突变菌株才被选择

性扩增。

细菌发生耐药突变并在菌群中获得选择性优势生长是细菌产生耐药的必需条件。细菌自发突变频率很低，仅为 10^{-7}（10^{-8}～10^{-6}）菌落形成单位（colony - forming unit，CFU），细菌数量达到 10^{14} CFU 时才可能出现同时发生二次耐药突变的菌株。当感染部位的菌群数量低于二次突变所需要的细菌数量基数时，耐药突变菌株发生第二次突变的可能性极低，根据小概率事件原理可视为不可能。临床上人体或中小型动物体感染部位细菌数量可达 10^{10} CFU，大型动物不会超过 10^{12} CFU，不可能达到 10^{14} CFU，因此不会出现二次突变菌株。MPC、MSW 理论（图 3 - 1）就是通过抑制最不敏感、已发生一次耐药突变菌株的选择性富集扩增来限制细菌耐药进一步发展的。

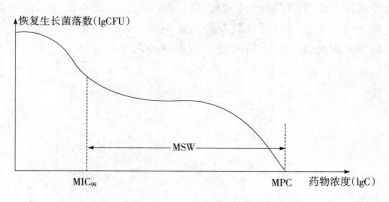

图 3 - 1　MPC 和 MSW 理论示意图

（三）临床价值

为了防止对耐药突变菌株选择性富集，减少耐药菌的产生，临床兽医应考虑以下几点。

（1）使用大剂量杀菌剂杀灭敏感菌，通过减少病原菌的数量可以抑制耐药菌的产生，同时也可使机体的防御系统更加有效地杀灭残余的突变菌株的后代。

（2）单药治疗时应尽量选择 MSW 窄的药物，针对药物的 MPC 足量用药，使给药浓度在治疗间隔内高于 MPC 的时间尽可能延长，最大限度地抑制单次耐药突变株的富集扩增，使细菌必须同时发生两次或更多次耐药突变才能生长，从而解决细菌耐药问题。

（3）某些 MPC 较高的药物，动物机体难以承受其高浓度下带来的不良反应。对于这些体内浓度达不到 MPC 的药物，应考虑药物动力学特点相同或相近而作用机制不同的联合用药，只要两药体内浓度均达到 MIC，即可关闭或尽量缩小 MSW，同时也减少了药物的不良反应。需要注意，联合用药的依从性（patient compliance/treatment compliance，也称顺从性、顺应性，指接受、同意并正确地执行治疗方案，这包括准确的用药时间、剂量和复诊时间，以及遵守个别药物的注意事项）要好，保证使抗菌药物浓度在 MIC 之上；另一方面是联合的抗菌药物的浓度分布时间不分散，以保证减少 MSW 的开放。

（4）对于严重耐药的，可选择耐药机制不匹配的拮抗型药物组合与协同性药物组合交替使用，分别杀死耐药菌与敏感菌。尚需更多的体内试验和动物试验来印证这个理论。

细菌耐药性是一个多因素问题，遏制它需要多管齐下，人医、药师、兽医、消费者、政策制定者，公共卫生和农业、职业社团和制药工业的相关人员都要积极参与。改善抗生素的使用必定是遏制耐药性的关键。然而，改善使用既需要改善获得途径又需要改变用药行为，如改变用药时间。在许多国家，这一遏制行动需要卫生系统的大力支持，而且其花费也是不容忽视的。但是，这一巨大的花费与将来控制细菌耐药性广泛传播的费用相比较一定是值得的。

第 四 章

兽医临床抗菌药物的合理应用

药物都具有两重性：治疗作用与不良反应。在抗菌药物中，不良反应突出的有毒性反应、过敏反应、二重感染、细菌产生耐药性等。如何使抗菌药物发挥最大的治疗作用同时发生最小的不良反应，是研究其合理使用的最终目的。合理使用抗菌药物指在明确指征下选用适宜的药物，并采用适宜的剂量和疗程以达到杀灭致病微生物和（或）控制感染的目的；同时采用各种相应措施以增强患病动物的免疫力和防止各种不良反应的发生。

为了控制感染，要考虑药物的生物有效性、生物利用度、组织分布和药效参数等药物方面的特点，还要考虑动物的病理生理特点及病原的性质和特点等。

第一节　抗菌药物临床应用的基本原则

一、"3R" 原则

"3R" 原则就是选择恰当的时机（right time）、合适的患病动物（right patient）、正确的抗菌药物（right antibiotic）。执行 "3R" 原则的目的就是为了提高治愈率，降低耐药菌产生的概率，降低用药成本。执行 "3R" 原则需要首先做到：

（1）掌握本地区或本养殖场/小区病原微生物种类、主要感染致病菌流行分布情况及其耐药状况。

（2）了解主要抗菌药物的抗菌活性、抗菌谱、药物代谢动力学、药效学特点、不良反应、主要制剂产品等，最大限度地发挥其作用。

（3）完善各类感染疾病感染程度界定，诊断不同程度的感染，合理选择应用不同的抗菌药物。

（4）严格遵守国家公布的兽药管理及动物防疫相关的各项法律法规。

（5）努力学习抗菌药物相关知识，提高临床兽医的业务水平。

（6）有条件的应对分离到的致病菌进行药物敏感试验，定期统计试验结果并向相关临床兽医工作人员公布。

二、诊断为细菌性感染的，方有指征应用抗菌药物

根据患病动物的临床症状、体征及实验室检查结果，初步诊断为细菌性感染的以及经病原检查确诊为细菌性感染的，方有指征应用抗菌药物；由真菌、支原体、衣原体、螺旋体、立克次氏体及部分原虫等病原微生物所致感染亦有指征应用抗菌药物。缺乏细菌及上述病原感染证据，诊断不能成立的及病毒性感染的，均无指征应用抗菌药物，即原则上不使用抗菌药物。

三、尽早对感染性疾病的病原作出明确诊断

在使用抗感染药物治疗前尽早查明感染病原，根据病原种类及细菌药物敏感试验结果选用抗感染药物对控制感染至关重要。

有条件的动物诊疗机构，应该在抗菌治疗前，先采取相应的样本，进行细菌培养，以尽早确定病原菌和药敏结果。由于大多数临床兽医不具备有效且达标的实验室条件，而有时实验室检验出的细菌不一定就是病原菌，例如皮肤、呼吸道等感染部位有不少定植菌存在，即使培养阳性，有时也不能排除定植菌的可能。况且，某些特殊病原，如支原体、衣原体、立克次氏体或军团菌等的分离培养十分困难，所以，要求临床兽医应当重视并不断提高根据临床症状和病理解剖变化综合判断病原的本领，并采取相应的经验疗法（表4-1）。

例如：严重的细菌感染出现迁移性脓肿，要考虑金黄色葡萄球菌感染；感染部位有气体产生，组织缺血坏死，脓液恶臭，常提示厌氧菌感染；脓液呈带荧光的黄绿色，提示铜绿假单胞菌感染；厌氧感染伴脓血性黄疸，应考虑产气荚膜杆菌（魏氏梭菌）感染；禽包心包肝的纤维蛋白附着，考虑大肠杆菌病；羊呼吸困难，大叶性肺炎或肺脓肿，脾脏不大，考虑羊巴氏杆菌病等。

表4-1　根据病原选择抗菌药物

微生物和疾病	首选药物	备用药物
革兰氏阳性球菌		
金黄色葡萄球菌		
不产酶株	青霉素G	第一代头孢菌素、林可胺类
产酶株	耐酶青霉素	第一代头孢菌素、林可胺类
耐甲氧西林株	万古霉素	万古霉素＋利福平、万古霉素＋庆大霉素或环丙沙星或磷霉素（注射）
骨髓炎	林可胺类	环丙沙星

（续）

微生物和疾病	首选药物	备用药物
化脓性链球菌	青霉素 G、氨苄青霉素	大环内酯类、第一代头孢菌素、万古霉素、林可胺类
猪链球菌	青霉素 G、氨苄青霉素	第三代头孢菌素、万古霉素、林可胺类
绿色链球菌	青霉素 G＋庆大霉素	第一代头孢菌素、万古霉素、林可胺类
粪链球菌		
心内膜炎等严重感染	氨苄青霉素＋庆大霉素、青霉素 G＋庆大霉素	万古霉素＋庆大霉素、林可胺类
单纯性泌尿道感染	氨苄青霉素、阿莫西林	呋喃妥因、庆大霉素
厌氧性链球菌（消化链球菌）	青霉素 G	林可胺类、第一代头孢菌素、大环内酯类
肺炎链球菌（肺炎球菌）	青霉素 G	大环内酯类、第一代头孢菌素、林可胺类、万古霉素、美罗培南
肺炎链球菌（耐青霉素株）	第三代头孢菌素、左氧氟沙星	
肠球菌		
尿路感染	阿莫西林	呋喃坦啶、氟喹诺酮类
败血症	氨苄青霉素或青霉素 G＋氨基糖苷类	万古霉素、去甲万古霉素
革兰氏阴性球菌		
卡他球菌	增效磺胺	大环内酯类、四环素类、头孢菌素类、氨苄青霉素＋舒巴坦
脑膜炎球菌（脑膜炎奈瑟菌）	青霉素 G＋磺胺嘧啶	酰胺醇类、头孢呋辛、头孢噻肟、头孢曲松
革兰氏阳性杆菌		
炭疽杆菌	青霉素 G、多西环素	环丙沙星
产气荚膜杆菌（魏氏梭菌）	青霉素 G	林可胺类、甲硝唑、四环素类
破伤风杆菌	青霉素 G＋破伤风抗毒素（TAT）	四环素类＋破伤风抗毒素、甲硝唑＋破伤风抗毒素
难辨梭状芽孢杆菌	甲硝唑、奥硝唑	万古霉素
棒状杆菌	大环内酯类	青霉素 G
肉毒梭菌	青霉素 G、四环素类	第一代头孢菌素
腐败梭菌	青霉素 G	链霉素、土霉素、磺胺类
李氏杆菌	氨苄青霉素、氨苄青霉素＋庆大霉素	四环素类、大环内酯类、增效磺胺
丹毒丝菌	青霉素 G	大环内酯类、林可胺类、第一代头孢菌素

（续）

微生物和疾病	首选药物	备用药物
放线菌		
以色列放线菌（放线菌病）	青霉素 G	四环素类
奴卡菌（诺卡菌）	增效磺胺、米诺环素	磺胺类＋米诺环素、磺胺类＋大环内酯类、磺胺类＋氨苄青霉素、阿米卡星、环丝氨酸
革兰氏阴性杆菌		
大肠杆菌	氨苄青霉素＋舒巴坦、阿莫西林＋克拉维酸钾	环丙沙星、庆大霉素、阿米卡星、哌拉西林、第三代头孢菌素
伤寒沙门氏菌	氯霉素	复方新诺明、氨基青霉素类、氟喹诺酮类、三代头孢菌素
其他沙门氏菌	三代头孢菌素、复方新诺明、氟喹诺酮类	氨基青霉素类、酰胺醇类
克雷伯菌（肺炎杆菌）	庆大霉素、四环素类	阿米卡星、哌拉西林、氧氟沙星、氨苄青霉素＋舒巴坦
沙雷菌	庆大霉素、增效磺胺	阿米卡星、哌拉西林＋他唑巴坦、第三代头孢菌素
拟杆菌		
口咽部杆菌	青霉素 G	甲硝唑、林可胺类
消化道菌株	甲硝唑、林可胺类	哌拉西林、氨苄青霉素＋舒巴坦
坏死杆菌	磺胺类	土霉素、金霉素、螺旋霉素
螺旋杆菌	大环内酯类、呋喃唑酮	四环素类、庆大霉素、诺氟沙星、小檗碱
嗜血杆菌	氨苄青霉素、阿莫西林、氨苄青霉素＋酰胺醇类	增效磺胺、四环素类、第二代或第三代头孢菌素、氨基糖苷、氟喹诺酮类
布鲁氏菌	四环素类、四环素类＋庆大霉素	增效磺胺＋庆大霉素、利福平＋庆大霉素
铜绿假单胞菌（绿脓杆菌）		
尿道感染	环丙沙星、庆大霉素	增效磺胺＋庆大霉素、利福平＋庆大霉素
其他感染	羧苄青霉素＋庆大霉素（或妥布霉素）、环丙沙星	阿米卡星、哌拉西林＋庆大霉素（或妥布霉素、阿米卡星）、第三代头孢菌素、多黏菌素类
其他假单胞菌		
马鼻疽病（鼻疽伯氏菌）	链霉素＋四环素类	链霉素＋酰胺醇类
类鼻疽病	增效磺胺	四环素类＋酰胺醇类、酰胺醇类＋卡那霉素（或庆大霉素、妥布霉素）

（续）

微生物和疾病	首选药物	备用药物
土拉伦菌（土拉杆菌）	链霉素、庆大霉素	四环素类、阿米卡星、酰胺醇类
梭杆菌	青霉素 G	硝基咪唑类、林可胺类、酰胺醇类
多杀性巴氏杆菌	氨基糖苷类、喹乙醇	四环素类、第一代头孢菌素、氟喹诺酮类、增效磺胺、酰胺醇类
军团菌	大环内酯类	大环内酯类＋利福平
嗜麦芽窄食单胞菌	头孢哌酮＋舒巴坦、哌拉西林＋他唑巴坦	环丙沙星
耶尔森菌		
鼠疫耶尔森菌	链霉素	四环素类、酰胺醇类、庆大霉素
肠道耶尔森菌	增效磺胺、庆大霉素	妥布霉素、阿米卡星、四环素类、第三代头孢菌素
结核杆菌	异烟肼＋链霉素、异烟肼＋利福平	乙胺丁醇、吡嗪酰胺、乙硫异烟胺
衣原体		
沙眼衣原体	四环素类（局部）	磺胺类（局部）、大环内酯类
鹦鹉衣原体	四环素类	酰胺醇类
支原体		
肺炎支原体	大环内酯类、四环素类	
立克次氏体（Q 热、附红体）	四环素类	酰胺醇类
螺旋体		
回归热螺旋体	四环素类	青霉素 G
钩端螺旋体	青霉素 G	四环素类、红霉素
弯曲菌病	链霉素、四环素	呋喃唑酮
噬皮菌	青霉素 G、链霉素	土霉素、螺旋霉素
真　菌		
白色念珠菌	两性霉素 B±5 - 氟胞嘧啶、制霉菌素	酮康唑、氟康唑、咪康唑、卡泊芬净、克霉唑
隐球菌属	两性霉素 B＋5-氟胞嘧啶	氟康唑、酮康唑、咪康唑、卡泊芬净＋特比萘芬
曲霉菌	两性霉素 B、伊曲康唑	制霉菌素、酮康唑、特比萘芬、卡泊芬净、克霉唑
毛霉菌属	两性霉素 B	
组织胞浆菌属	两性霉素 B	伊曲康唑、酮康唑、氟康唑

（续）

微生物和疾病	首选药物	备用药物
球孢子菌属	两性霉素 B	酮康唑、伊曲康唑、氟康唑
着色真菌	5-氟胞嘧啶＋两性霉素 B	酮康唑、咪康唑等
申克孢子丝菌（小孢子菌）	碘化钾	两性霉素 B、酮康唑、特比萘芬、伊曲康唑、咪康唑
皮炎芽生菌（马拉色菌）	两性霉素 B、酮康唑	伊曲康唑、咪康唑、特比萘芬

注："＋"示联用；"±"示联用或不联用。以下表注相同。

四、根据药物的药效学/药动学特点选择用药

药物、机体和病原菌构成了制订抗菌药物给药方案的三要素。药物代谢动力学（药动学，pharmacokinetics，PK）与药物效应动力学（药效动力学、药效学，pharmacodynamics，PD）是确定三者相互关系的重要依据。近年来，PK/PD 综合预测参数的研究理论已成为抗菌药物治疗学的热点，对抗菌药物的临床合理使用、临床药物研究及评价等方面均有着重要意义。

药动学研究的是体内药物浓度随时间变化规律的科学，可以准确地解释药物浓度和时间的关系，但却不能解释改变药物浓度对病原菌的影响。药效学是研究药物对机体作用规律的科学，常用量效关系和时效关系来阐明药物对机体的效应，其中抗菌药物体外数据 MIC（最小抑菌浓度）、MBC（最小杀菌浓度）、KCS（杀菌曲线）和 PAE（抗菌后效作用）虽能反应抗菌药物的活性，但因其是在体外固定抗菌药物浓度下测得的，而药物在体内的浓度是一个动态过程，因此，PD 参数不能够完全反应体内药物浓度变化与时或效的关系。只有将 PK/PD 综合起来，才能避免各自独立研究存在的缺陷，形成 PK/PD 综合预测参数来研究药物剂量与相应的时间或机体效应关系。研究的目的就是利用药物 PK/PD 综合预测参数的特点来制订最佳或优化给药方案，保证临床兽医合理用药。

（一）重要的 PK 参数

1. 一室模型血浆消除半衰期（$t_{1/2}$）

2. 二室模型血浆消除半衰期（$t_{1/2\beta}$）

3. 表观分布容积（Vd）

4. 清除率（CL）

5. 药-时曲线下面积（AUC）　指以时间为横坐标、以血药浓度为纵坐标绘

制的曲线与坐标轴之间围成的面积。可用于对同一种药物总吸收量的比较。

6. 达峰时间（T_{max}）　指药物在吸收过程中出现最大血药浓度的时间。

7. 达峰浓度（C_{max}）　指药物吸收过程中的最大血药浓度。

8. 生物利用度（F）

9. 消除速率常数（K_e）　指单位时间内消除药物的分数。

这些参数描述了药物浓度在体内的变化规律，反映了量-时关系，但不能反映量-效和时-效关系。

（二）重要的 PD 参数

1. 最小抑菌浓度　亦称最低抑菌浓度（minimal inhibitory concentration，MIC）指能够抑制培养基中细菌生长所需药物的最低浓度，即在 18～24h 内能够抑制培养基中病原体生长。通常以 MIC_{50} 和 MIC_{90} 来表示试验中某种抗菌药抑制 50％和 90％受试菌株生长所需的 MIC。同一细菌对不同药物的 MIC 值越小，说明越敏感，则药物的抗菌活性越强。

抗菌药的活性与体内浓度及细菌药敏有相关性。理想的抗菌药吸收后，应在体内达到杀灭细菌的有效浓度，但又不产生不良反应。抗菌药的有效浓度可用细菌药敏（最低抑菌浓度，MIC）作为指标。由于抗菌药在组织中的浓度低于血液浓度，如要使组织中达到有效浓度，则血液浓度应达到细菌的 MIC 的 2～10 倍。一般的临床微生物实验室采用高度敏感（S）、中度敏感（I）、耐药（R）来分别表示试验菌对抗菌药的敏感性。高度敏感表示某种药物治疗某种细菌引起的感染常用剂量就有效，或者说常规剂量达到的平均血药浓度超过该药对细菌的 MIC 的 5 倍以上；中度敏感表示用某种药物治疗某种细菌引起的感染仅在高剂量时才有效，或者说常规剂量达到的血药浓度相当于或略高于对细菌的 MIC；耐药表示药物对某一细菌的 MIC 高于治疗量时药物在血液或体液内可能达到的浓度，或细菌能产生灭活抗菌药的酶，无论其 MIC 值大小都应判定为耐药。

一般而言，$MIC_{90} < 1mg/L$ 为高敏；MIC_{90} 为 1～4mg/L 为中敏；MIC_{90} 为 4～32mg/L 为低敏；$MIC_{90} > 32mg/L$ 为耐药。

2. 最小杀菌浓度　亦称最低杀菌浓度（minimal bacteriocidal concentration，MBC）指能够杀灭培养基中细菌所需药物的最低浓度，是最初的试验活菌数减少 99.9％或以上所需要的最低抗菌药浓度，通常以 MBC_{50} 和 MBC_{90} 来表示实验室中某种受试菌株 50％或 90％能被抗菌药所杀灭。其值越小，则抗菌活性越强。

MBC 和 MIC 在衡量抗菌药的抗菌能力时是有用的，但有时其结果与体内的抗菌活性有出入，也不能说明抗菌活性持续时间的长短，及抗菌药物是否存在抗菌药后效应。

3. 抗菌药后效应　抗菌药后效应（postantibiotic effects，PAE）也称抗菌

后效作用或抗菌药后续效应，是指细菌与抗菌药短暂接触后，在撤药后抗菌药浓度低于 MIC 时，细菌仍受到持续的抑菌或杀菌效应。PAE 以细菌在撤去抗生素后恢复到对数生长期所需时间来衡量。PAE 机制与抗生素及细菌结合紧密度、引起不可逆损害和合成新酶需要一定时间有关，多见于抑制蛋白和核酸合成，呈浓度依赖性杀菌药。时间依赖性杀菌药一般无明显的抗菌药后效应。

目前已将抗菌药后效应 PAE 作为评价新的抗菌药药效学的重要指标，并作为给药方案设计的参考依据，指导临床合理用药。一般作用于细菌细胞核糖体抑制蛋白质合成的药物（如氨基糖苷类、大环内酯类、林可胺类、酰胺醇类、四环素类等）有明显的 PAE，抑制 DNA 旋转酶的氟喹诺酮类对革兰氏阳性球菌和革兰氏阴性杆菌的 PAE 也较长。设计给药方案时不必始终保持较高的血药浓度，可适当延长给药的间隔。如氨基糖苷类抗生素，目前的研究表明，每日 1 次的给药方案既可提高其疗效、增强抗菌作用，还可降低其不良反应，如肾、耳毒性。

4. 最小防耐药突变浓度 MPC

5. 突变选择窗 MSW

（三）抗菌药物的 PK/PD 综合预测参数及分类

1. PK/PD 综合预测参数　因抗菌药物作用靶位的药物浓度无法测定，而用 MIC 替代，并由此衍生出一系列 PK/PD 综合预测参数。

（1）AUC/MIC　指药-时曲线与曲线下面积图中，MIC 以上的 AUC 部分的比值，一般以 24h AUC 与 MIC 的比值表示。

（2）C_{max}/MIC　指抗菌药物峰值浓度（C_{max}）和 MIC 的比值。

（3）T＞MIC　指给药后，血药浓度大于 MIC 的持续时间。

（4）AUC＞MIC　指药-中时曲线与曲线下面积图中，MIC 以上的 AUC 部分。

2. 抗菌药物分类及其指导临床用药方案制订的作用　根据药物的抗菌作用与血药浓度或作用时间的相关性，可将抗菌药物大致分为时间依赖性且 PAE 较短者、时间依赖性且 PAE 较长者及浓度依赖性三类。由于各种抗菌药物的 PK/PD 特点不同，因此各有不同的临床适应证，而这种分类为不同药物给药方案优化设计提供了重要的科学依据。

（1）**时间依赖性且 PAE 较短的抗菌药物**　抗菌作用与同细菌接触的时间密切相关，与峰值浓度关系较小，即在体内的杀菌作用主要取决于药物在血或组织中浓度维持在 MIC 以上的时间。主要评价参数为 T＞MIC。包括的抗菌药物见表 4-2。

对于这类药物，浓度维持在病原菌 MIC 之上的时间，是决定能否清除病原菌的关键。当这类药物血药浓度在 MIC 的 4～5 倍时杀菌作用已处于饱和状态，继续增加给药剂量以提高血药浓度一般不能进一步改善疗效，而血清或组织浓度低于 MIC 时，细菌很快开始继续生长。

合理使用此类药物的用药方案目标是：尽量延长细菌暴露于药物的时间，即用药后，每 24h 内有 40%～60% 的时间，血清或组织药物浓度超过致病菌 MIC 时，抗菌效果最佳，因此，需要将每日的药量分多次给药或持续静脉滴注给药。如果随意延长给药时间间隔，将不能保证每 24h 内有 40%～60% 的时间血清或组织药物浓度维持在致病菌 MIC 之上，而使药物浓度长期处于亚致死状态，不但不能杀死病菌，反而造成耐药突变株细菌选择性富集，导致耐药菌株产生。

(2) **时间依赖性且 PAE 较长抗菌药物** 呈现很小的浓度依赖杀菌作用，并有一定的 PAE，同时也具有时间依赖性杀菌作用。主要评价参数为 AUC/MIC 或 T>MIC。包括的抗菌药物见表 4-2。

这类药物因具有较长的 PAE，故可以适当延长给药时间间隔；又因具有很小的浓度依赖性，故可通过增加给药剂量来提高临床抗菌效果。

这类药物的用药方案目标是：延长药物与病菌的接触时间，并允许药物浓度在给药间隔相当大的时间区间内低于 MIC。

表 4-2 各种抗菌药物作用特点与 PK/PD 评价参数

抗菌作用特点	评价参数	抗 菌 药 物
时间依赖性 （短 PAE）	T>MIC	青霉素类、头孢菌素类、氧头孢类、单环菌素类、部分碳青霉烯类、多数大环内酯类、林可胺类、磺胺类、甲氧苄啶类及氟胞嘧啶等
时间依赖性 （长 PAE）	T>MIC 或 AUC/MIC	四环素类、糖肽类、部分碳青霉烯类、阿奇霉素、噁唑烷酮类、链阳菌素、吡咯类抗真菌药等
浓度依赖性	AUC/MIC 或 C_{max}/MIC	氨基糖苷类、氟喹诺酮类、硝基咪唑类、多烯类（如两性霉素 B 等）、棘白菌素类等

(3) **浓度依赖性抗菌药物** 杀菌作用取决于峰值浓度，而与作用时间关系不密切。增加 C_{max} 可提高临床疗效，但不可超过最低毒性剂量。主要评价参数为 AUC/MIC 或 C_{max}/MIC。包括的抗菌药物见表 4-2。

这类药物用药方案目标是：在日剂量不变的情况下，单次给药可比多次给药获得更高的 C_{max}，使 C_{max}/MIC 比值更大，从而获得更好的抗菌活性和临床疗效。对于氟喹诺酮类抗菌药物，可通过提高日给药剂量来提高 AUC/MIC 比值，从而提高药物的抗菌活性和临床治疗效果，并有效地减少耐药菌的产生。

五、综合动物病情、病原菌种类及抗菌药物特点制订抗菌药物治疗方案

根据病原菌、感染部位及抗菌药物的特点制订抗菌药物治疗方案，包括抗菌药物的选用品种、剂量、给药次数、给药途径、疗程及联合用药等。在制订治疗

方案时应遵循以下原则。

（一）抗菌药物品种选择

1. 根据感染部位及病情选药 一般应根据病原菌种类及药敏结果选用抗菌药物，因此，在抗菌药物治疗前，应采集病理标本送检，进行病原体鉴定和药物敏感试验。但在兽医临床实践中，许多病例，尤其是危重病例在获知病原菌和药敏结果前，需要根据患病动物的发病情况、发病场所、原发病灶、症状、病理解剖等推断可能的病原菌，并结合当地细菌耐药状况先给予抗菌药物经验治疗（表4-3）。在获知细菌培养和药敏结果后，再对治疗效果不佳的病例及时调整给药方案。

表4-3 常见感染经验治疗的抗菌药物选择

感染性疾病	可能致病原	抗菌药物	
		首选药物	可选药物
皮肤软组织感染、疖、痈	金黄色葡萄球菌（甲氧西林敏感株）	苯唑西林或氯唑西林	第一代头孢菌素单用或加氨基糖苷类、林可胺类、红霉素
淋巴管炎、急性蜂窝织炎	A组溶血性链球菌	青霉素、阿莫西林	第一代头孢菌素、大环内酯类
外伤及手术创口感染	金黄色葡萄球菌（甲氧西林敏感株）	苯唑西林或氯唑西林	第一代或第二代头孢菌素、磷霉素、林可胺类
	金黄色葡萄球菌（甲氧西林耐药株）	糖肽类	磷霉素、复方磺胺甲噁唑
	大肠埃希氏菌、肺炎克雷伯菌等肠杆菌	氨苄西林＋舒巴坦、阿莫西林＋克拉维酸钾	氟喹诺酮类、第二代或第三代头孢菌素
	消化链球菌等革兰氏阳性厌氧菌	青霉素、林可胺类、阿莫西林	硝基咪唑类
	脆弱拟杆菌	硝基咪唑类	林可胺类、氨苄西林＋舒巴坦、阿莫西林＋克拉维酸钾
大面积烧伤、灼伤	葡萄球菌、铜绿假单胞菌、肠杆菌、化脓性链球菌等	糖肽类＋哌拉西林或头孢他啶或头孢哌酮	糖肽类＋氨基糖苷类、氟喹诺酮类注射剂＋氨基糖苷类、哌拉西林＋三唑巴坦、头孢哌酮＋舒巴坦、碳青霉烯类
牙周炎、牙周脓肿	厌氧菌、草绿色链球菌	阿莫西林、甲硝唑	大环内酯类、林可胺类
口腔黏膜真菌感染	白色念珠菌	制霉菌素局部应用	氟康唑
慢性肺部感染	肠杆菌、铜绿假单胞菌、金黄色葡萄球菌	哌拉西林＋氨基糖苷类、第二代或第三代头孢菌素＋氨基糖苷类	大环内酯类＋氨基糖苷类、林可胺类＋氨基糖苷类

（续）

感染性疾病	可能致病原	抗 菌 药 物	
		首选药物	可选药物
吸入性肺炎	口腔厌氧菌、肠杆菌、厌氧菌	大剂量青霉素、克林霉素、哌拉西林＋甲硝唑、氨苄西林＋舒巴坦、阿莫西林＋克拉维酸钾	庆大霉素＋林可胺类或甲硝唑、哌拉西林＋三唑巴坦、头孢哌酮＋舒巴坦、第二代或第三代头孢菌素＋甲硝唑或林可胺类
产科手术或流产、分娩后	脆弱拟杆菌、无乳链球菌、肠球菌属、大肠埃希氏菌	哌拉西林＋硝基咪唑类、氨苄西林＋舒巴坦、阿莫西林＋克拉维酸钾	氨基糖苷类＋林可胺类或甲硝唑、第二代或第三代头孢菌素＋甲硝唑
胆囊、胆管或肠道手术	肠杆菌、脆弱拟杆菌	哌拉西林或第三代头孢菌素＋甲硝唑	氟喹诺酮类＋甲硝唑
败血症、肺炎等严重感染	金黄色葡萄球菌、肺炎链球菌	苯唑西林或氯唑西林＋氨基糖苷类	第三代头孢菌素或氟喹诺酮类注射剂＋氨基糖苷类、糖肽类
静脉导管留置	葡萄球菌、铜绿假单胞菌、肠杆菌、念珠菌属	苯唑西林或氯唑西林＋氨基糖苷类	第三代头孢菌素＋氨基糖苷类、糖肽类
急性肾盂肾炎	大肠埃希氏菌、奇异变形杆菌、肠球菌属	氨苄西林＋舒巴坦、阿莫西林＋克拉维酸钾、头孢呋辛	头孢噻肟、头孢曲松、氟喹诺酮类、哌拉西林
反复发作的尿路感染	大肠埃希氏菌、变形杆菌、克雷伯菌、肠球菌	氨苄西林＋舒巴坦、阿莫西林＋克拉维酸钾	第三代头孢菌素、氟喹诺酮类、头孢克洛、头孢呋辛、磷霉素
复杂性尿路感染	肠杆菌、铜绿假单胞菌、肠球菌	阿莫西林＋克拉维酸钾、氨苄西林＋舒巴坦、氟喹诺酮类、头孢呋辛	第三代头孢菌素、哌拉西林＋三唑巴坦
前列腺炎（急性）	大肠埃希氏菌、肠杆菌、奈瑟菌、衣原体	氟喹诺酮类、头孢曲松＋多西环素	复方磺胺（如 SMM＋TMP 等）、多西环素、头孢呋辛、第三代头孢菌素
前列腺炎（慢性）	肠杆菌、肠球菌、铜绿假单胞菌	氟喹诺酮类	复方磺胺（如 SMM＋TMP 等）
附睾、睾丸炎	肠杆菌、衣原体、奈瑟菌	氟喹诺酮类、头孢曲松＋多西环素	氨苄西林＋舒巴坦、第二代或第三代头孢菌素
输卵管炎	拟杆菌、肠杆菌、链球菌、奈瑟菌、衣原体、支原体	氟喹诺酮类＋甲硝唑、头孢曲松＋甲硝唑	氨基糖苷类＋甲硝唑或林可胺类

（续）

感染性疾病	可能致病原	抗 菌 药 物	
		首选药物	可选药物
胆道感染	大肠埃希氏菌等肠杆菌、肠球菌、厌氧菌	氨苄西林＋舒巴坦、第三代头孢菌素或氟喹诺酮类＋甲硝唑或林可胺类	哌拉西林＋三唑巴坦、头孢哌酮＋舒巴坦
感染性腹泻	志贺杆菌、大肠杆菌、空肠弯杆菌、沙门氏菌	氨苄西林＋舒巴坦、阿莫西林＋克拉维酸钾、氟喹诺酮类	复方磺胺（如 SMM＋TMP 等）、磷霉素、红霉素
原发性腹膜炎	肠杆菌、肺炎链球菌、肠球菌	哌拉西林、头孢噻肟、头孢曲松	氟喹诺酮类
继发性（肠穿孔等）腹膜炎	肠杆菌、肠球菌、拟杆菌	第三代头孢菌素＋甲硝唑、氨苄西林＋舒巴坦	氟喹诺酮类＋甲硝唑或哌拉西林＋三唑巴坦、头孢哌酮＋舒巴坦，严重时用亚胺培南或美罗培南
直肠周围脓肿	肠杆菌、拟杆菌、肠球菌、假单胞菌	第三代头孢菌素＋甲硝唑或林可胺类	氨基糖苷类或氟喹诺酮类＋甲硝唑
乳腺炎或乳腺脓肿	金黄色葡萄球菌	苯唑西林、氯唑西林	头孢唑林、林可胺类
化脓性关节炎	金黄色葡萄球菌、奈瑟菌、化脓性链球菌、肠杆菌	苯唑西林或氯唑西林＋第三代头孢菌素	苯唑西林或氯唑西林＋氟喹诺酮类
急性骨髓炎	金黄色葡萄球菌、化脓性链球菌	苯唑西林、氯唑西林、第一代或第二代头孢菌素	林可胺类，如是 MRSA 感染可选用糖肽类
	金黄色葡萄球菌、肠杆菌、铜绿假单胞菌	苯唑西林或氯唑西林＋哌拉西林或氟喹诺酮类，或根据细菌药敏试验结果选药	林可胺类＋氨基糖苷类、糖肽类＋氟喹诺酮类
慢性骨髓炎	金黄色葡萄球菌、肠杆菌、铜绿假单胞菌	苯唑西林或氯唑西林＋哌拉西林或氟喹诺酮类，或根据细菌药敏试验结果选药	林可胺类＋氨基糖苷类、糖肽类＋氟喹诺酮类

　　一般来说，抗菌药物品种不宜频繁更换，一般用药后应观察 2～3d，重症感染观察 1～2d，再根据用药效果考虑药物品种和治疗方案的调整。

　　2. 根据抗菌药物的体内过程和分布选药　抗菌药物的选择还需参照药物的体内过程和分布。大多数抗菌药物在血液供应丰富的组织及尿、浆膜腔中的浓度可以达到有效水平，故这些部位的细菌感染易于控制。但在血液供应差的组织或有生理屏障的部位，多数药物不易到达，如骨、前列腺、脑脊液等组织。

但有些药物仍可在骨组织中达到有效药物浓度，如林可胺类、磷霉素、喹诺酮类中的某些品种等，在治疗骨感染时可选用上述抗菌药物。

脑脊液药物浓度一般明显低于血液浓度，但有些药物对血脑屏障的穿透性好，在脑膜炎症时脑脊液药物浓度可达血液浓度的 50%～100%，如氯霉素、磺胺嘧啶、青霉素等。苯唑西林、头孢呋辛、红霉素、多黏菌素、万古霉素、两性霉素 B 等对血脑屏障穿透性则较差。所以两性霉素 B 用于治疗真菌性脑膜炎时，可辅以该药鞘内注射。

抗菌药全身用药后可分布至浆膜腔和关节腔中，局部药物浓度可达血药浓度的 50%～100%，除有包裹性积液或脓腔壁厚等情况外，一般不需局部腔内注药。

抗菌药可穿透血胎屏障进入胎儿体内，透过胎盘较多的抗菌药物有氨苄西林、羧苄西林、氯霉素等，这些药物的胎儿血清浓度与母体血清浓度的比率达 50%～100%；庆大霉素等氨基糖苷类可达 58% 左右；头孢菌属、克林霉素、多黏菌素 E、苯唑西林等为 10%～15%；红霉素等在 10% 以下。因此，妊娠期应用氨基糖苷类抗生素时，可损伤胎儿第Ⅷ对脑神经，引发先天性耳聋和肾损伤；四环素类可致乳齿及骨骼发育受损，所以妊娠期要避免应用有损胎儿的抗菌药，尤其是血胎屏障通透性高的药物。喹诺酮类在体内分布广泛，有部分药物可自母体进入胎儿体内，幼畜和人类胎儿研究均发现此类药物影响软骨发育，因此不宜用于妊娠期。

青霉素类和头孢菌素类的大多数品种、氨基糖苷类等主要以原型经肾排泄，尿药浓度可达血药浓度的十倍至数百倍，甚至更高。一些非主要经肾排泄的药物，如大环内酯类、林可霉素、利福平等，也可在尿中达到有效药物浓度。磺胺类、呋喃类、喹诺酮类等也可在尿中达到较高浓度。下尿路感染时多种抗菌药均可选用，首先选择毒性小、使用方便、价格便宜的磺胺类、呋喃类、喹诺酮类等。毒性较大或价格较贵的氨基糖苷类、头孢菌素类为非首选药。

有的药物经肝脏排入胆汁，储存于胆汁，再随胆汁进入肠中，又被重吸收进入小肠，后经肝门静脉进入肝脏，再排入胆汁，形成所谓"肝肠循环"。肝肠循环使药物排泄缓慢，作用时间延长。在此类药物中毒时，可采取阻断肝肠循环等措施以减少吸收，从而解毒。如红霉素、林可霉素、利福平、头孢哌酮、头孢曲松及四环素类等主要或部分由肝胆系统排出体外，并有部分药物经胆汁排入肠道后再吸收入血，形成肝肠循环，因此胆汁浓度高，可达血浓度的数倍或数十倍；氨基糖苷类和广谱青霉素类如氨苄西林、氧哌嗪青霉素等在胆汁中亦可达到一定浓度；但酰胺醇类、多黏菌素、主要经肾排泄的头孢菌素类（如头孢唑林、头孢他啶等）及万古霉素的胆汁浓度低，故该类药物不宜作为肝胆系统感染的首选药物，必要时酰胺醇类可作为联合用药。病情较重的胆道感染，可选择广谱青霉素类与氨基糖苷类联合应用，也可选择头孢菌素类如头孢哌酮、头孢曲松等。

除口服不吸收的抗菌药外，大多数抗菌药的粪浓度较尿浓度低。某些由肝胆系统排泄、经肝肠循环的药物，如红霉素、四环素类、利福平、氟喹诺酮类等在粪中排泄浓度较高。

临床兽医应当注意哪些抗菌药物在这些部位可以达到有效血药浓度，在治疗中可以根据致病菌的种类，从中选用组织浓度高且抗菌作用强的抗菌药物品种；还可根据药物分布情况，避免选用对胎儿或哺乳仔畜产生不良影响的药物。

体内血液供应差的组织或有生理屏障部位的选药参见表 4 - 4。

表 4 - 4　体内血液供应差的组织或有生理屏障部位的选药

血液供应差或 生理屏障部位	通透率或分布浓度较高的药物
骨组织	克林霉素、林可霉素、磷霉素、美洛西林、头孢拉定、头孢羟氨苄、头孢呋辛、头孢噻肟、头孢曲松、头孢哌酮、头孢他啶、氨曲南、亚胺培南西司他丁、美罗培南、替考拉宁、交沙霉素、褐霉素、利福喷丁、氧氟沙星、环丙沙星、依诺沙星、甲硝唑、呋喃妥因等在骨组织中可达血浓度的 0.3~2 倍
血脑屏障	A. 脑脊液中浓度较高的抗菌药物有：氯霉素、硫苯唑青霉素、磷霉素、磺胺类（磺胺嘧啶、磺胺甲基异噁唑等）、甲氧苄啶类、硝基咪唑类、培氟沙星、氧氟沙星、拉氧头孢、利福平、异烟肼、氟康唑、氟胞嘧啶等在脑脊液中可达血浓度的 50%~100% B. 炎症时，脑脊液中浓度较高的抗菌药物有：多数青霉素类及头孢菌素类药物、舒巴坦、三唑巴坦、氨曲南、环丙沙星、糖肽类、美罗培南、卡那霉素、阿米卡星等 C. 炎症时，脑脊液中浓度不高的抗菌药物有：头孢唑林、头孢哌酮、亚胺培南西司他丁、克拉维酸、苄星青霉素、链霉素、庆大霉素、妥布霉素、大环内酯类、林可胺类、四环素类、褐霉素、多黏菌素、两性霉素 B、酮康唑、伊曲康唑、利巴韦林等
前列腺组织	氟喹诺酮类、红霉素、磺胺甲（基异）噁唑（SMZ）、甲氧苄啶（TMP）、四环素、强力霉素、甲砜霉素、利福平、第二代和第三代头孢菌素类可达有效浓度
血-胎盘屏障	氨苄西林、羧苄西林、氯霉素、青霉素、四环素类、庆大霉素、卡那霉素、链霉素、呋喃妥因、磺胺类、氟喹诺酮类、利福平等可致胎儿血清浓度达母体血清浓度的 50%~100%
尿液	磺胺类、呋喃类、喹诺酮类、氨基糖苷类、青霉素类和头孢菌素类（除头孢哌酮）、多黏菌素、大环内酯类、四环素类、林可霉素、利福平、氨曲南、糖肽类等
胆汁	利福平、红霉素、林可胺类、头孢哌酮、头孢曲松、四环素类、氨基糖苷类和广谱青霉素类（如乙氧萘青霉素、氧哌嗪青霉素、氨苄西林）、环丙沙星等，必要时可以酰胺醇类作为辅助药物
乳汁	氨苄青霉素、羧苄青霉素、氨基糖苷类、氯霉素、克林霉素、大环内酯类、四环素类、磺胺类、甲氧苄啶类、喹诺酮类、异烟肼、甲硝唑等在乳汁中的浓度足以对哺乳幼崽产生不良影响，应慎用

（二）给药剂量

严格按各种抗菌药物规定或推荐的治疗剂量范围给药。治疗重症感染（如败血症、感染性心内膜炎等）和抗菌药物不易达到的部位（如中枢神经系统）感染时，抗菌药物剂量宜较大（治疗剂量范围高限）；而治疗单纯性下尿路感染时，因多数药物尿药浓度远高于血药浓度，则应选用较小剂量（治疗剂量范围底限）。

（三）给药途径

对于全身性感染，口服不吸收的药物要注射给药（im、sc 或 iv）。重症感染患畜初始治疗应予以静脉给药，以确保疗效，病情好转时可及早转为口服给药。一般感染及大群动物抗感染用药应提倡口服给药，可选用消化道吸收好的药物，实施饮水或拌料给药。如新霉素或庆大霉素等氨基糖苷类药物在体外对大肠杆菌或沙门氏菌作用较强，内服不吸收，主要停留在肠道，治疗敏感菌引起的消化道内感染，效果良好；但口服给药（混饲或混饮）治疗由大肠杆菌引起的腹膜炎或由沙门氏菌引起的败血症，疗效不佳。

严格控制皮肤、黏膜等局部应用抗感染药物，少数情况可以选用。但全身给药在感染局部不能达到治疗浓度时，可以加用局部给药作辅助治疗，如治疗中枢神经系统感染时可以同时鞘内给药；脓肿腔内注入抗菌药物；子宫内膜炎时子宫灌注抗菌药物；乳腺炎时乳孔灌入抗菌药物；眼科感染的局部用药。局部用药宜采用刺激性小、不易吸收、不易导致耐药性和不易致过敏反应的杀菌剂。

（四）给药次数

为保证药物在体内能最大地发挥抗菌效力，杀灭感染灶病原菌，应根据 PK/PD 相结合的原则给药。青霉素类、头孢菌素类等时间依赖性抗菌药物要保证维持其有效血药浓度，半衰期短者，应一日多次给药，以求更高的覆盖 MIC 时间分数。氨基糖苷类、氟喹诺酮类等浓度依赖性抗菌药物具有明显的 PAE，可将一日的药量一次给予，以求达到更高的峰值浓度（C_{max}）。

理论上讲，理想的抗菌药物给药时间间隔应为：前一剂量浓度大于 MBC 的时间＋前一剂量 PAE 的时间。

（五）疗程

抗菌药物疗程因感染不同而异，一般宜在体温正常、症状消退后再用 2～3d。败血症、感染性心内膜炎、化脓性脑膜炎、伤寒、布鲁氏菌病、骨髓炎、溶血性链球菌咽喉炎、结核病、奴卡菌感染、真菌病及螨虫等特殊感染等需要较长的疗程方能彻底治愈，并防止复发，应按其特定疗程执行。

六、抗菌药物的联合应用要有明确指征

临床上大多数细菌感染性疾病仅用一种药物即可控制，无需联合用药，即使需要联合用药，一般二药配伍已足够，无需三药、四药联合使用，而且必须注意，联合用药比单一用药需要有更为明确的临床指征。

总之，临床上是否联合使用抗菌药物，要有临床依据或明确的临床指征，不是根据兽医师的主观臆断而随意施行的。具体内容详见本书第七章。

七、注意患病动物的用药安全

对接受抗菌用药的患病动物，应密切观察其药物疗效和毒副作用，并采取必要的预防措施。对长时间使用抗菌药物的，更应重视细菌动态变化和药物敏感试验结果，采取防止菌群失调和细菌耐药性产生的措施。

加强抗感染治疗中药物不良反应的监测，做到及时发现，妥善处置，并认真执行药品不良反应报告制度。

临床上对新生幼畜/雏、老年动物及哺乳动物，可选用较为安全的β-内酰胺类；妊娠动物可选用较为安全的β-内酰胺类、大环内酯类（除酯化物）、磷霉素等；一般肝功能不全患畜宜选用大多数β-内酰胺类、磷霉素、氨基糖苷类、糖肽类及多肽类，其次可选用环丙沙星和氧氟沙星等，可按常规剂量给药；肾功能不全的患畜应尽量选用主要经肝胆系统排泄，或在体内代谢率高，或经肾、肝双重途径排泄，对肾脏无毒性的药物。

八、抗感染治疗的同时应重视采取综合防控措施

抗感染用药的同时，还应制订隔离、消毒、灭鼠、杀虫及加强饲养管理等综合防控措施；能使用疫苗等生物制剂控制的感染，最好不用抗感染药物；重视感染局部的外科处理；某些感染性疾病应严格执行国家颁布的动物防疫法相关规定。

九、注重抗感染用药的效费比

针对某些感染性疾病，往往可以制订多个有效的抗感染用药方案。临床兽医要本着对社会、对农牧民和对自己及服务单位的声誉高度负责的精神，在保证控制感染的基础上，尽量选择费用低的方案。

十、严格遵守国家颁布的兽药管理的相关法规

第二节　预防性使用抗菌药物的基本原则

抗感染的预防性用药必须充分权衡感染发生的可能性大小、预防效果、不良反应、耐药菌的产生、二重感染的发生及用药成本等因素。总的原则是大量临床实践证实预防用药确实能降低细菌感染发生率的属适应证，不应随意扩大适应证。预防性使用抗感染药物是保护易感动物的措施之一，但还应重视预防感染的其他措施，包括预防接种菌苗、加强饲养管理等提高动物抵抗力的措施，定期或应急消毒圈舍、运动场及被污染的用具器械等，隔离患病动物，正确处理病死动物等控制感染源的措施。

一、抗菌药物预防性应用的原则

（一）某些病毒感染可能继发细菌感染时，需要预防性使用抗菌药物

如犬瘟热、犬细小病毒病、鸡传染性法氏囊病等造成畜禽呼吸道、消化道黏膜损伤或造成机体免疫功能抑制的病毒感染时，需要预防性使用抗菌药物。

（二）有针对性地预防给药

为预防某些细菌感染，可针对一种或多种病原菌对新生动物（或雏鸟）和应激动物（如长途运输、转舍等）进行短时间的预防给药，而长期的或防止任何细菌入侵的给药往往是无效的。

预防用药应尽量少用或不用，如普通感冒、昏迷、非感染性休克、中毒、心力衰竭、肿瘤、变态反应、慢性肝肾疾病、白细胞减少、中性粒细胞减少、免疫缺陷等患病动物不宜进行预防给药，其使用抗菌药物的效果难以确定，因而出现正常菌群被破坏及耐药菌产生等不良结果的可能性很大。但当出现感染征兆时，应立即采集样本进行细菌培养和药物敏感试验，并及早给予经验性抗菌治疗。

（三）外、产科手术的预防给药

预防手术部位感染的措施很多，如术前认真准备、治疗已经存在的感染、控制血糖、缩短手术时间、严格的无菌操作、保持体温、适当吸氧、增强抵抗力等，预防性使用抗菌药物只是措施之一。

1. 外、产科手术预防用药的目的　预防手术切口感染、清洁－污染或污染手术后手术部位感染及术后可能发生的全身性感染。应根据手术部位、可能的致病菌、手术污染程度、创伤程度、持续时间、抗菌药物的抗菌谱、半衰期等综合考虑，合理选用抗菌药物。

2. 外、产科手术预防用药的基本原则　根据手术野是否污染或污染的可能，决定是否预防性使用抗菌药。

（1）**清洁手术**　即手术野为动物机体无菌部位，局部无炎症、无损伤，也不涉及呼吸道、消化道、泌尿生殖道等与外界相通器官的手术通常不需预防用药。如果要用，也可在术前按正常剂量使用一次。

下列情况需要预防性抗菌用药：范围大、时间长、污染机会大的手术；手术涉及重要器官，一旦发生感染将造成严重后果者，如脑颅手术、开胸手术、眼科手术等；异物植入性手术，如骨折内固定术、人工关节置换等；高龄或幼龄等免疫力低下的动物手术时。但须根据可能的致病菌针对性给药并尽量缩短抗菌用药时间。患糖尿病及免疫功能低下的动物行介入治疗时也按此情况处理。

（2）**清洁－污染手术**　如呼吸道手术、消化道手术、泌尿生殖道手术、口咽部手术、耳鼻喉手术、产科手术、开放性骨折手术及创伤手术等需要预防性抗菌给药。

（3）**污染手术**　由于胃肠道、尿路、胆道体液大量溢出或开放性创伤未经扩创等已经造成手术野严重污染的手术需要预防性抗菌给药，可连用 2～3d。术前已存在细菌感染的手术，如腹腔脏器穿孔性腹膜炎、脓肿切除术等，属抗菌药物治疗性给药，不属预防性应用抗菌药物的范畴，应按治疗用药方案进行。

（4）**外科预防用抗菌药物的选择**　抗菌药物的选择视预防目的来定。如预防切口感染，应针对金黄色葡萄球菌用药；肠道手术，应针对肠道菌用药。选用的抗菌药物必须是疗效肯定、安全、不良反应小、使用方便和费用低廉的药物种类。

（5）**外科预防用抗菌药物的给药方法**　在术前 0.5～2h 给药，或麻醉开始时静脉给药。如果手术时间超过 3h，或手术中失血量大，可在手术中重复使用一次。一般情况，预防给药连续 2～3d 即可。但如果术后护理困难，手术局部难以保持清洁，容易遭到粪尿及其他污物的污染，此时除加强局部消毒等抗菌措施外，还应酌情延长预防抗菌用药的时间。

二、抗菌药物预防性应用的注意事项

（1）已经明确为单纯性病毒感染的不需预防性应用抗菌药物。但如果有继发细菌感染的可能时，则需依情预防用药。

（2）预防用药的目的是防止一二种细菌感染，应选择针对性强的窄谱抗菌药物，禁用第三代头孢菌素，不能无目的地联合多种药物预防所有细菌感染。

（3）对清洁手术时间短、术后较好护理、术部不易污染的病畜，尽量不预防应用抗菌药物。

（4）预防抗菌用药的同时，还应重视无菌技术、手术操作技巧、消毒隔离、饲养管理、环境卫生等综合抗感染措施。

（5）消化道手术前宜先采取去污染措施，即选用口服不易吸收，化学性质稳定，胃肠道浓度高，受肠内容物影响小，对胃肠道内革兰氏阳性、阴性病原菌或真菌有强大杀菌作用的药物，如硫酸新霉素、硫酸庆大霉素或制霉菌素等。

（6）动物养殖抗感染预防用药可考虑选择抗感染药物替代品，这类药物虽然作用不强，但不影响（或影响很小）动物肉品和产品的食品卫生安全，主要有酶制剂、微生态制剂、中草药及植物提取物等。如大蒜、白头翁、黄芪、马齿苋、黄连都有明显的抑菌作用；黄酮、挥发油、多糖等多种中草药活性成分有明显提高机体免疫力的作用，如黄芪多糖通过提高机体免疫力而对多种病毒感染有效，白头翁等对细菌性痢疾有明显的疗效。

近年来，江苏南农高科动物药业研发生产的虫草素产品，使用药用真菌——北虫草接种到黄芪、板蓝根、王不留行、五味子等中药材上，进行双向固体发酵，通过对发酵过程的精确控制，一方面保留中药中原有的有效成分，并将不能被动物利用的粗纤维转化为动物可利用的小分子肽和多糖，更重要的是产生丰富的真菌发酵产物，如虫草酸、虫草多糖、SOD 酶、腺苷、多糖类、有机酸类、生物碱、苷类及挥发油等，具有免疫调剂、抗炎、抗菌抗病毒、促进肠道吸收等功效，可制成提高动物免疫力、提高动物抗应激能力、改善动物生产性能的产品，对减少动物抗感染用药、保障人类食品卫生安全意义重大，值得兽医技术人员关注。

第三节　兽医临床使用抗菌药物存在的问题

对于感染性疾病的治疗，为获得理想的疗效必须采用最佳用药方案，首先要尽可能选用针对致病原作用强、药物到达感染部位浓度高、药物不良反应少、价格适宜的药物品种。而当前兽医临床实践中，在抗感染用药方面存在一些问题，主要有以下几个方面。

一、兽医临床选择抗菌药物常见的误区

（1）选用抗菌药物满足于临床有效，而不是将抗菌药物最突出的药理学特性

应用于临床　许多临床兽医习惯于掌握几种常用的抗菌药物，如青霉素、链霉素，认为两者联用可以控制所有的感染，遇到动物发病，不论何种病原引起的感染，甚至不问是不是感染性疾病，一律使用青霉素、链霉素联合用药，因此被戏称为"青链霉素大夫"。还有些临床兽医，习惯上掌握几种最常用的广谱抗菌药物，以对付大多数的细菌感染。例如，发生葡萄球菌或链球菌感染时，选用第三代头孢菌素（如头孢噻呋、头孢噻肟）、氨基糖苷类抗生素（如庆大霉素、阿米卡星）或氟喹诺酮类（如恩诺沙星、环丙沙星、沙拉沙星）等广谱抗菌药物。殊不知这些药物主要是针对革兰氏阴性菌作用较强，虽然对葡萄球菌等革兰氏阳性菌有效，但效果不是最好的，疗效明显不如青霉素、耐酶青霉素类、窄谱的林可胺类抗生素，也不如第一、二代头孢菌素，且奏效慢、疗程长，遇到危重病例常会因此丧失抢救时机，给畜牧业造成巨大损失。大量的临床实践证明，利用抗菌药物的次要特点应用于临床往往不能获得满意的疗效。

（2）**选用药物时只重视药物对细菌的抗菌作用，机械地照搬药物敏感试验结果，而不考虑药物在感染部位的浓度高低**　例如，脑部发生葡萄球菌感染时，虽然林可霉素、庆大霉素、头孢唑啉、红霉素等的抗菌力可能较强，但这些药物很难透过血脑屏障而达到较高的脑脊液浓度，因此选用这些药物进行治疗是不会达到满意效果的。再如，发生铜绿假单胞菌或肠杆菌的胆道感染时，选用抗菌力很强的头孢他定，效果往往不及选用头孢曲松、庆大霉素、环丙沙星等，因为头孢他定在胆汁中的药物浓度较低，不如后几个药物在胆汁中达到的药物浓度高。

（3）**较少考虑药物的毒副作用及患病动物的具体病理生理状态**　如同样是大肠杆菌病，成年动物可选用氟喹诺酮类、四环素类、酰胺醇类或磺胺类药物，但新生仔畜（雏）、妊娠母畜则不应选择这几类毒性大甚至有致畸作用的药物，而应选用氨基青霉素类、第三代头孢菌素药物，也可均衡利弊后选用氨基糖苷类抗生素。再如，羊群发生棘球蚴病，需要整群预防性驱虫给药，选择吡喹酮或阿苯达唑口服均可取得较好的效果。阿苯达唑的心、肝、肾及神经系统毒性较小，可大剂量长时间给药，但因其具有较强的致畸作用，所以对于妊娠母羊则不应选用。吡喹酮虽然没有明显的致畸作用，但因其长期大量给药可造成心脏、肝脏或神经系统损害。因此，吡喹酮虽可用于妊娠母羊，但对所有动物都不可大剂量长时间给药。

（4）**较少考虑抗感染用药的效费比问题**　一些感染性疾病往往可以制订出多个治疗方案，如链球菌引起的呼吸道感染，可以选用林可霉素，也可选用青霉素、阿莫西林-克拉维酸钾、红霉素、泰乐菌素、替米考星等抗菌药物，形成不同的给药方案，但应该优先选择价廉、药源充足的方案进行治疗，如青霉素或林可霉素等。总之，制订抗感染治疗方案，首先要保证疗效，其次要兼顾用药的效费比。

二、兽医临床使用抗菌药物存在的问题

（1）诊断不明确，或盲目选用对感染病原无效或疗效不强的药物，导致耐药菌株大量增加和抗感染治疗更加复杂化。

（2）不熟悉细菌对抗菌药物的固有耐药性和获得耐药性的动向，不能根据细菌对抗菌药物敏感度变迁来选择抗菌药物。

（3）不了解抗菌药物 PK/PD 特点。不能很好掌握新、老各类抗菌药物药动学和药效学特点及同类抗菌药物中不同品种之间的差别，因而选择抗菌药物进行抗感染治疗时往往针对性不强，这是当前兽医临床上使用抗菌药物中普遍存在的问题。

（4）未根据致病原、机体与抗菌药物三者相互关系制订合理的个体化治疗方案。临床上的感染性疾病不仅致病菌的种属与耐药程度各异、感染部位不同，而且发病过程、感染程度、病程长短、并发症也各不相同，需要具体情况具体对待。例如，对病程久、病变部位深的感染，抗菌药物不仅用量要足，而且还应注意其临床药理特点，根据所选择药物的浓度依赖性或时间依赖性特点，结合该药的组织分布特点，选用血药峰浓度与组织浓度较高或血药浓度维持时间长（即 T>MIC 时间长）的抗菌药物，以期达到最佳治疗效果。

（5）某些常规处理方法存在问题。不论何种感染先用便宜的常用药，感染不能及时控制致使病情加重后再逐渐升级治疗的做法是有问题的。凡能用价格较低的常用药物治疗时，不去盲目追求贵重药物的做法是正确的，是应该提倡的，但不问病情轻重和致病菌是否耐药，常规先使用便宜药物，不及时选用针对性较强的药物也是不恰当的。

（6）抗感染用药剂量不足或过大，给药途径不当，给药浓度不恰当（如混饮或混饲给药浓度过高或过低），用于无细菌并发症的病毒感染，病原体产生耐药性后不及时换药，过早停药或感染已经控制多日而不及时停药，这些做法都是不妥当的。

例如：严重的肺部感染使用 β-内酰胺类（青霉素类和头孢类）治疗时应当静脉滴注给药，由于这类药物属于时间依赖性抗菌药物，而且其大多数品种半衰期较短（头孢曲松除外）。因此，要想维持其有效血药浓度，必须每日给药 2～3 次；又因其刺激性较小，所以静脉滴注时溶解药物的液体量不宜太大，药物浓度不宜过低。如果选用氨基糖苷类抗菌药物治疗，因其为浓度依赖性抗菌药物，所以可以将一天的剂量一次给予。

（7）重视抗感染的全身给药治疗，而忽视感染局部病灶的及时处理或清除，以及忽视全身支持疗法。如脓肿的引流，肠道、尿路及胆道的疏通，及脱水、贫

血、酸碱平衡失衡、电解质代谢紊乱等的调整。

（8）无指征或依据不明确的预防用药。

（9）盲目地联合使用抗菌药物。联合使用抗菌药物应有明确的目的和临床指征。临床抗菌两药联合应用即可，一般无需三种或四种抗菌药物联合使用。抗菌药物的滥用会增加二重感染、药物过敏及毒性反应的发生率，并造成不必要的药物资源浪费而增加农牧民负担，并可能混淆诊断，延误病情（如某些腹腔手术）。

第四节 合理使用抗菌药物的方法

合理使用抗菌药物主要是从合理选择药物品种和合理的给药方法两个方面入手。前文已对抗菌药物的合理使用原则作了介绍，下文主要讲合理选择药物的注意事项。

1. 分析可能致病菌并根据其药物敏感度选药 对致病原的种、属及其对抗菌药物的敏感度应有一个客观的估计，特别在目前兽医临床微生物诊断和细菌敏感试验结果存在较多问题的情况下，临床兽医对各种致病菌的多发部位、临床表现、细菌对抗菌药物的敏感度及其耐药性发展情况应有所了解，以便在未能获得准确的检验结果时也能作出基本正确的判断与处理。例如，动物发生下呼吸道感染时，主要病原应为革兰氏阴性杆菌（如克雷伯菌、嗜血杆菌、巴氏杆菌等），但链球菌的可能性也不小。在病情较为严重的情况下，选用青霉素 G 对抗链球菌并不合适，原因是当前兽医临床上，链球菌对青霉素的耐药率是比较高的，应该选用对链球菌药敏率较高的林可胺类或 β-内酰胺类＋酶抑制剂（如阿莫西林＋克拉维酸钾）配合对革兰氏阴性杆菌效果好的氨基糖苷类抗生素形成一个协同作用的抗菌药组合。

2. 分析感染性疾病的发展规律及其与并发症或基础病的关系选药 注意分析当时感染是处于原有治疗无效，感染正在急剧恶化，还是有效而未能完全控制，病情有所加重，这对于决定是否改变治疗方向甚为重要。如为前一种情况，则应及时换药；而后一种情况则应保留起主要作用的药物，改换其中个别药物以进一步加强疗效。

例如在上文的下呼吸道感染病例中，如果经过 1～2d 给药后无效或效果较差，则要考虑支原体感染，应选择对支原体效果好的大环内酯类（如泰乐菌素、红霉素或替米考星等）单用或配合氨基糖苷类抗生素。

例如老年动物肺部感染，既要选择肺部分布浓度高、组织通透性好，还应考虑对老年动物用药安全，对其肝、肾等脏器功能无明显损害的药物。鉴于此，应该选择 β-内酰胺类、β-内酰胺类＋酶抑制剂或大环内酯类，而尽量避免使用氨基糖苷类，即便要选用氨基糖苷类，也应注意减量并控制疗程。

再如动物肺部感染并出现脱水、无尿时，在选择用药时就不应该选择肾毒性较大的氨基糖苷类抗生素，即便要用，也应在纠正脱水后或酌情减量。纠正脱水的液量要适当，以动物开始排尿为重要指标，不宜过多输液，否则会稀释血液中抗菌药物的浓度并加速其排泄，不利于感染的治疗。

3. 熟悉抗菌药物的抗菌作用与药理特点 要合理选择抗菌药物，必须熟悉被选择的对象，对抗菌药物应了解其分类、抗菌作用、抗菌谱、作用机制、细菌耐药性、临床药理特点、适应证、禁忌证、不良反应以及制剂、剂量、给药途径和方法等。控制感染的关键就是选对抗感染药物，而要做到这一点，就应当掌握必要的抗感染药物学、微生物学和药理学知识。例如，肺部感染除了常见的肠道菌、链球菌、巴氏杆菌等，还有支原体和不太常见的铜绿假单胞菌、军团菌等，这些不同病原的特效药物是不同的，支原体肺炎应选用大环内酯类静脉滴注；铜绿假单胞菌感染应选用三代头孢＋氨基糖苷类抗生素；军团菌感染则应选用大环内酯类配合利福平效果较好。由于这些病原的有效治疗药物的选择范围不宽，所以要求临床兽医对病原的判定和抗感染药物的选择能够相对比较准确，否则，不能保证抗感染治疗的效果。

合理使用抗菌药物并不是单纯提高认识和加强政府职能部门对兽药生产企业及营销单位或实体管理的问题，还必须认真创造条件，组织培训、重视学习，使广大临床兽医技术人员掌握必要的抗菌药物知识和合理使用抗菌药物的原则和方法，只有这样才有可能逐步实现这个目标。

第 五 章

不同动物及病理生理状态下的
抗感染药物合理应用

第一节　不同动物使用抗感染药物的注意事项

一、食草动物使用抗感染药物的注意事项

食草动物（牛、羊、马、骡、驴、鹿、兔等）采食的草料除了要靠消化液作用外，还要靠胃肠道微生物作用才能被完全消化吸收，尤其是断奶一定时间后，食草动物一般会建立一套功能完整的消化道生物发酵系统。

众所周知，动物的胃肠道中存在非致病性细菌与致病性细菌两种，正常情况下两者互相制约，维持平衡。食草动物口服抗生素后，其胃肠道内的非致病性敏感菌群受到抑制，致病性耐药菌群则乘机大量繁殖，从而引起肠炎、肺炎和败血症等疾病。所以，成年食草动物在防病治病过程中应尽量避免口服抗菌药物。

（一）反刍动物使用抗感染药物的注意事项

反刍是指进食经过一段时间后将半消化的食物返回嘴里再次咀嚼。反刍动物就是有反刍现象的动物，属哺乳纲偶蹄目反刍亚目，如牛、羊、骆驼、鹿、长颈鹿、羊驼、羚羊等。

反刍动物的消化分两个阶段：首先咀嚼原料吞入胃中，经过一段时间以后将半消化的食物反刍再次咀嚼。反刍动物的瘤胃没有消化腺，不能分泌消化液，食入瘤胃的草料主要靠瘤胃内微生物消化。

给反刍动物口服抗菌药物如四环素类、酰胺醇类、大环内酯类、林可胺类、喹诺酮类或磺胺类后，常会引发消化不良、反刍停止、瘤胃臌胀、贫血等毒副作用，与瘤胃酸中毒的症状完全相同，严重的会发生死亡。这类问题的发生其实就是由于抗菌药物进入瘤胃中将瘤胃微生物杀死后，只剩下耐药的乳酸菌大量产酸，与大量摄入精料引起的酸中毒的机制是一样的。此外，由于抗菌药物对消化道正常菌群有干扰作用，会造成维生素 B 或 K 缺乏症、诱发二重感染（若在用药期间出现腹泻、肺炎、肾盂肾炎或原因不明的发热时，则应考虑有发生二重感

染的可能)、造成肝脏毒性等不良反应。因此，反刍动物使用抗菌药物时应注意以下几点。

(1) 断奶后的反刍动物使用抗菌药物时尽量不口服，而应采取注射给药的方法，同时可配合口服中草药。

(2) 未断奶的幼龄动物可口服抗菌药物。

(3) 确需口服的，可待病愈后立即给予益生菌类制剂或接种健康畜瘤胃胃液，使瘤胃微生物群尽早恢复正常。

(4) 严格遵守国家关于休药期的规定时间，未规定休药期的药物品种，应遵循肉类休药期不少于28d、弃奶期不少于7d的标准。

(5) 抗寄生虫药外用时注意避免污染鲜奶。

(6) 长期大量使用抗菌药物可破坏瘤胃微生物，使前胃内合成B族维生素和维生素K减少，导致动物机体维生素缺乏，故反刍动物使用抗菌药物期间应注意维生素的补充。

(7) 成年反刍动物尽量避免使用（注射或口服）四环素类、酰胺醇类、大环内酯类、林可胺类、硝基咪唑类等抗菌药物。因这些药物可能引起严重的胃肠反应，甚至死亡。

近年来，国内一些兽药生产企业推出了一些新概念产品，如江苏南农高科动物药业有限公司等兽药生产企业的微囊制剂技术〔是一种利用天然或合成的高分子成膜材料包嵌液体或固体药物形成微小胶囊的技术，包括包含技术（环糊精包被），而包含技术不能替代微囊制剂技术；人药中的掩（盖）苦（味）、缓释、肠溶药物都是微囊药物〕产品系列，通过双重微囊包被制粒，严格控制药物完全在肠道溶解（人药肠溶标准）及抗生素超微处理，使微囊制剂不受胃酸的影响，药物损失小，且因药物采用纳米技术处理，具有巨大比表面积，能与吸收组织广泛接触；纳米颗粒极小，更易穿透组织壁和细胞膜进入血液，从而大大提高了药物的生物利用度。

微囊制剂技术使抗感染药物不在胃中溶解释放，完全不刺激胃部，不影响胃内有益的微生物群，不会因药物刺激引起伤胃、少食、不吃、母畜泌乳量减少等现象。而在微囊制剂进入小肠后，在小肠pH较高的环境中，制剂中的树脂囊材类被逐渐溶解，药物逐渐释放，被小肠吸收，且可维持较长的有效血药浓度时间。例如：溶剂型肠溶丙烯酸树脂（2、3号）属于高分子聚合物，具有安全、惰性、溶解速度快等优点，其在较低pH环境中稳定（胃部不溶解），而在弱碱性条件下分子间空隙变大，结构疏松，药物得以释放，是目前国内外广泛应用的人药片剂、微丸剂、硬胶囊剂的首选肠溶包衣材料。

因为微囊制剂的这些特点，有望解决反刍动物断奶后不宜口服抗菌药物的问题，大大降低反刍动物群预防或治疗用药中给药的工作量，取得较好的抗感染用药依从性，值得广大临床兽医、兽药生产企业和反刍动物养殖业关注。

（二）马属动物使用抗感染药物的注意事项

马属动物属脊椎动物亚门哺乳纲奇蹄目马科，主要有马、驴、骡、斑马等，为单胃食草兽类。

相对于牛，马具有坚硬发达的牙齿和灵活的嘴唇，能采食、咀嚼粗硬的饲料；马的消化腺发达，能分泌大量的唾液、胃液、胰液、肠液及胆汁等（可达70～80L）。日粮结构对消化液分泌有直接影响。马为单胃动物，胃容积小，约为其消化道总容积的 8.5%，相当于牛胃的 1/7～1/8；马的肠道较长，容积较大，是马消化吸收的主要场所。盲肠是成年马的重要消化器官，有"发酵罐"之称。盲肠和结肠容积大约占马消化道的 61.5%，其中寄生着大量能分解植物纤维的微生物，可较长时间贮留内容物，并对之进行发酵、分解和吸收。

口服抗菌药物会破坏断奶后的马属动物盲肠和结肠的正常微生物，造成其消化功能紊乱、胃肠炎、二重感染、B 族维生素或维生素 K 缺乏症及肝脏损害等不良反应，甚至致死。注射一些抗菌药物，也会造成上述不良结果。因此，马属动物使用抗菌药物的注意事项同反刍动物，并还需注意：

（1）断奶后的马属动物慎用（包括注射）四环素类药物，选用其他广谱抗菌药物也应谨慎，如口服或注射阿莫西林、氨苄西林、某些头孢菌素类（如头孢噻吩、头孢噻呋）、酰胺醇类、喹诺酮类及磺胺类等，或口服林可胺类时，须密切观察用药后反应并严格控制剂量和疗程。

（2）成年马属动物应慎用（包括注射）红霉素、林可胺类、利福平及喹诺酮类等具有明显肝肠循环的抗菌药物，原因是可能引起严重的消化功能紊乱、胃肠炎、二重感染等不良反应，甚至死亡。

（3）马属动物体质敏感，使用毒性或刺激性大的药物，如酰胺醇类、大环内酯类、氨基糖苷类、多肽类、多烯类等抗菌药物及伊维菌素、阿维菌素等抗寄生虫药物时，应严格控制和把握剂量、疗程和给药途径等，慎重用药。即使确需用药，也应充分考虑利弊，用药前尽量预测可能发生的不良反应，制订出相应对策，做好充分的药械和技术准备；用药后要细心观察，一旦出现不良反应，应及时予以合理的处理，避免发生不良后果。

二、猪使用抗感染药物的注意事项

猪属于哺乳纲偶蹄目猪次目猪科，为单胃杂食类动物，具有繁殖率高、生长期短、发育快、饲料转化率高、味觉嗅觉发达，仔猪皮下脂肪薄、单位体重体表面积大，大猪皮下脂肪层厚，汗腺不发达等生物学特性。

猪胃内没有分解粗纤维的微生物，因而猪对粗饲料中粗纤维的消化能力较差。猪对粗纤维的消化几乎全靠大肠内微生物分解，既不如反刍家畜牛、羊的瘤胃，也不及马属动物发达的盲肠。

基于上述生物学特征，猪使用抗感染药物时应注意：

（1）大猪的皮下脂肪层较厚，所以肌内注射时注射器针头要足够长，以确保药液注射入肌肉内，而不是脂肪组织中。

（2）猪为单胃动物，为节省人力，可以口服给予抗感染药物，具体方法是将按剂量计算好的一定量药物均匀拌入一定量的饲料中或溶解于一定量的饮水中。口服给药时，如果饲喂的是颗粒料，则药物很难拌匀，宜选用混饮的方法。如果选用的药物不溶于水，可将饲料喷水使之变潮湿，再用分级递增拌入的方法将药物拌匀，最好现用现配。混饮给药时，不要将一天的药量溶入一天的饮水中。可将一次的药量溶解于全群猪 1～2h 之内可以饮完的饮水中，且用药前控水（停止供水）2～3h，此时饮水量相当于全天饮水量的 1/5。总之，拌药饲料量或溶解药物的饮水量不可太少或太多。太少可造成部分动物摄入过量，而另一些动物摄入不足；太多则可使药物过分稀释或因时间过长造成药物（尤其是理化性质不稳定的）损失而降低抗感染的用药效果。

（3）由于猪的味觉发达，喜欢甜味，因此太苦的药物，如氨苄青霉素钠、盐酸四环素、盐酸多西环素、红霉素、泰乐菌素、盐酸林可霉素、氟苯尼考、喹乙醇、盐酸左旋咪唑、吡喹酮、甲硝唑、环丙沙星、恩诺沙星、诺氟沙星等会降低饲料和饮水的适口性，影响采食，需充分注意。在控制药物添加浓度的同时，可考虑加入葡萄糖或蔗糖以保证较好的用药依从性。

近年来发展起来的微囊制剂技术，如双层树脂包被可完全掩盖药物的苦味和异味，不影响猪的采食量，有望较好地解决这个问题。

（4）猪发病后机体往往对维生素的需求量加大，为了促进食欲，满足机体的需求，在抗感染治疗时，宜在原饲养标准的基础上另外添加维生素 A、B 族维生素、维生素 C、维生素 D、维生素 E、维生素 K 等，可加至正常量的 2～3 倍。维生素可通过混饮或拌料添加，必要时可肌内注射给药。

（5）大猪体脂比例高，因此脂溶性药物的剂量宜略偏大，如伊维菌素、吡喹酮、甲砜霉素等。小猪因为单位体重体表面积大，因此单位体重的给药剂量宜略大于成年猪的剂量，但肝肾毒性大的药物需权衡抗感染疗效与药物毒性之间的利弊关系，慎重从事。

（6）猪的生长期较短，为保障猪肉食品卫生安全，养猪场在预防或治疗用药时，一定要严格遵守行业标准，禁止使用违禁药物，同时要严格执行休药期等有关规定。

在预防性用药方面可合理地使用一些中草药如鱼腥草、蒲公英、车前草、辣蓼、黄芩、黄柏、黄连、大蒜、穿心莲、板蓝根、大青叶、黄芪、党参、当归、甘草等，这些中草药不仅具有抗菌、消炎、清热解毒功效，还具有调理脏腑机能、增进食欲、增强生猪机体抵抗力的作用，而且不影响生猪肉品的食品卫生安全，值得重视和研究。

（7）猪场用药多为群体给药，因此要重视部分药物对生猪机体免疫力的影响。对生猪机体免疫应答起负性作用的药物如氟苯尼考、呋喃类、利巴韦林、磺胺类等，因其对骨髓有抑制作用，从而会影响疫苗的免疫效果，尤其在生猪疫苗免疫前后的不规范使用时。因此，猪群在疫苗接种期应慎用药物，避免影响免疫效果。

（8）出于预防疾病或促生长之目的，饲料公司和养猪场均会在猪饲料中长期添加使用一种或两种抗菌药物，造成病菌对这些药物产生耐药性的可能性非常大。因此，在猪场进行抗感染治疗用药时，兽医师应了解这些情况，治疗用药尽量避免选择这些药物或与这些药物可能有交叉耐药的其他抗感染药物。

（9）猪体内存在大量正常有益的菌群，抗菌药物进入猪体内后将会抑制或杀灭体内有益的细菌，引起肠道菌群紊乱，造成猪的抵抗力下降和消化功能紊乱。

（10）为了提高猪的抗感染疗效，应注意及时纠正水盐代谢障碍，即补水、补盐、补碱、补糖。猪为群体动物，往往是群体发病，且猪的静脉注射给药操作困难，故兽医临床上常采取口服给药，如饮用口服补液盐或腹腔注射5％葡萄糖、生理盐水或糖盐水。

（11）在生猪生产上，根据其生长发育特点，可以将生猪划分为哺乳仔猪、断乳仔猪、生长育肥猪以及种公猪和种母猪等多个阶段，而种母猪又可分为后备（空怀）母猪、妊娠母猪、泌乳母猪三个阶段。在不同阶段，生猪的生理生化特性、感染性疾病的发生也有所不同，因此其抗感染预防用药也应有所区别。

（12）猪是群养动物，容易发生应激。应激是指猪群在受到各种内、外环境因素刺激时（如仔猪断奶、免疫注射、去势、驱虫等），所出现的非特异性全身性反应。猪群发生应激会造成其新陈代谢和生理机能的改变，导致猪群生长发育迟缓，繁殖性能下降，产品产量及质量下降，饲料利用率降低，免疫力下降，发病率和死亡率升高。在规模化养猪场，猪群应激反应的大小常常与生猪的品种也有着较为密切的关系，一般来说，外来品种生猪的应激反应强于培育品种。而引起生猪应激反应的因素则较多，如天气过热或过冷、生猪饲养密度过大、猪舍潮湿、仔猪断奶、猪群混群或换圈、仔猪去势、生猪运输、防疫注射、疾病治疗、饲料及饲喂方式突变等，均有可能引起生猪发生应激反应。因此，规模化养猪场在生猪的饲养管理上，除了尽可能避免或减少引起生猪发生应激反应的因素外，还应在饲料中适当添加一些抗应激药物，主要是维生素类、无机盐类或某些中药制剂。这样做可减少猪群感染发病，从而减少抗感染药物的使用。

三、禽类使用抗感染药物的注意事项

禽类主要有鸡、鸭、鹅、鹌鹑、石鸡、鸽等，属鸟纲非雀形目。与哺乳动物相比，禽类有其独特的解剖生理生化特性，这些特性决定了禽类的发病及抗感染用药特点与兽类不同。

（1）禽类味蕾数量少、味觉差，因此禽类对苦味药物不敏感，在给禽类投服（混饮或拌料）药物时，几乎可以忽略药物味道对其采食量的影响，但需注意气味可影响禽的饮食欲。

（2）禽类无齿，但有发达的肌胃，因此禽类靠采食沙石来磨碎饲料，为此，禽类喜食饲料中的颗粒状物。这提示我们，在给禽类拌料投服药物时，药物应为均匀的粉末状。

（3）多数禽类不会呕吐。禽类对催吐药无反应，所以，当禽类发生中毒时（包括药物中毒），使用催吐剂是无效的，应采用嗉囊切开术，及时清除未被吸收的毒物。因为禽类是群体动物，一旦发生药物中毒，往往发病数量庞大，手术法来不及救治全部病禽，所以，禽类投药时剂量的计算要慎之又慎，防止药物中毒，或在中毒后要及时投服特效解毒药。

（4）禽类消化道呈酸性。氨基糖苷类抗生素（如庆大霉素、新霉素、链霉素、卡那霉素等）、磺胺类和氟喹诺酮类抗菌药物在碱性环境中抗菌力更强，在治疗消化道感染性疾病时，若同时口服碳酸氢钠、磷酸氢二钠等碱化剂，则疗效更佳。呋喃类药物在酸性消化道内效力和毒力均增强，易使家禽中毒，须注意。磺胺类在家禽消化道内吸收率比其他动物高，用量过大，会产生较强的毒性反应，应谨慎。

（5）禽类小肠逆蠕动强。因小肠逆蠕动强，胃肠刺激性较强的药物（如四环素类、大环内酯类、硝基咪唑类或磺胺类等）混饮或拌料浓度过高时会引起逆蠕动增强，导致肠胃痉挛。在治疗消化道感染时，可因药物刺激延缓泄泻，阻碍肠内毒物排泄，对治疗不利。

（6）禽类呼吸器官结构特殊，有气囊。经过呼吸道给药时，这种结构特点可以增大药物吸收面积，增强药物吸收，所以，喷雾法是适合家禽的一种有效的给药方法。在治疗禽类呼吸道疾病时用喷雾法效果较好，适用于感染性鼻炎和副鼻窦炎、咽炎、感染性喉炎、上呼吸道感染、气管支气管炎、毛细支气管炎、肺炎等病症。

雾化吸入的药物需选择无强烈刺激性，中性或近中性（pH6～8），不易发生过敏反应的药物，如硫酸妥布霉素（4％水溶液 pH6.0～7.5）、硫酸庆大霉素（其注射液为 4％水溶液，pH4.0～6.0）、硫酸新霉素（同庆大霉素）、硫酸卡那霉素（30％水溶液 pH6.0～8.0）、头孢他啶钠（新制备 25％水溶液 pH6～8）、头孢曲松钠（1％水溶液 pH6.7）及乳糖酸红霉素（8.5％水溶液 pH6.0～7.5）等。临床上多用这些药物 0.4％～5％的水溶液，中性或近中性（pH 在 6～8），呼吸道刺激性较轻微。此外，青霉素亦可做雾化吸入，浓度为 100 万～200 万 U/L。

雾化吸入具有作用直接，药物起效快，局部药物浓度高，作用强大，全身不良反应小的优点。雾化吸入给药法治疗在人医临床上已经成熟，已成为呼吸系统疾病治疗中重要的辅助措施而得到广泛应用。禽类是群体动物，雾化吸入给药法可以大大减少用药操作的工作量。兽医应加以借鉴和发展。

（7）禽类不会咳嗽。由于禽类肺小、肺容量的扩张收缩性差，膈肌不发达等特点，致使禽类不会咳嗽，感染病原不易随黏痰排出，因此禽类严重呼吸道感染的治疗应注意最好选用杀菌剂。

（8）禽类肾小球结构简单。家禽肾入球动脉在肾小球内只形成 2～3 条结构简单的毛细血管，没有复杂的分支吻合，有效滤过面积小，有效滤过压和滤过率低，对一些经肾脏排泄的药物效率低且敏感，因此肾毒性大的药物，如磺胺类药物、氨基糖苷类、多肽类、糖肽类、多烯类及部分头孢菌素（如头孢噻呋）等要严格控制剂量和疗程，尤其是与其他肾毒性大的药物（如呋塞米、汞撒利等）同用，或鸡群发生肾损害性疾病或继发症时，要特别小心。

（9）家禽对呋喃类（如呋喃旦啶、呋喃唑酮等）、喹噁啉类（如痢菌净、喹乙醇）等药物特别敏感，这些药物的剂量与中毒量非常接近，安全范围小，临床上使用时稍有不慎就会发生中毒，应当谨慎。禽体内的胆碱酯酶储备量少，对有机磷（如敌百虫、敌敌畏等）非常敏感，易发生中毒，应禁用有机磷类药物。

（10）禽类为群体动物，发病或用药个体数量巨大，因此主要的给药途径是口服（包括拌料和混饮）、喷雾、点眼或点鼻，皮下注射、肌内注射少用，静脉注射的情况更少。禽类混饮和拌料给药的注意事项可参考上文猪的相关内容。

肌内注射的优点是吸收速度快、完全，给药量较准确，适用于逐只治疗，尤其是紧急治疗时，效果较好。对于难经肠道吸收的药物，如氨基糖苷类、部分青霉素类和头孢菌素类等，在治疗非肠道感染时，可肌内注射给药。注射部位一般在胸部。注射时不可垂直刺入，要由前向后成 45°角刺入 1～2 厘米，不可刺得太深。

杀灭禽类体外寄生虫，常用喷雾、药浴、喷洒等外用方法。此法用药应注意药物的选择，慎用有机磷类杀虫剂，还须控制药物用量或浓度，防止中毒。

（11）注意对禽类产蛋率的影响。毒性较大的药物，如磺胺类、硝基呋喃类、酰胺醇类、氨基糖苷类（尤其是链霉素）及部分抗球虫药物如氯苯胍、莫能霉素、球虫净、氯羟吡啶（克球粉）、尼卡巴嗪、硝基氯苯酰胺、氨丙啉、二甲硫胺、盐霉素、马杜霉素、拉沙洛菌素等药物可显著降低禽类产蛋率，而且往往在停药后，产蛋率回升较慢；四环素类可与钙离子形成络合物，影响其吸收，阻碍蛋壳形成，导致禽类产软壳蛋或使蛋品质变差，并可使产蛋率下降，故蛋禽要慎用上述药物。

（12）家禽基础代谢率高，新陈代谢旺盛，肝脏较发达，药物在体内转化速度快，药物消除半衰期短，故在使用时间依赖性药物（如 β-内酰胺类、多数大环内酯类、林可胺类、磺胺类等）时要注意尽量将一天的药物分 2～3 次给予。

四、犬猫使用抗感染药物的注意事项

犬、猫均属于脊椎动物哺乳纲食肉目，分别属于犬科和猫科。犬已经驯化为杂食性动物，而猫仍是肉食性动物。犬猫的生理生化特性与其他动物不同，其抗感染药物使用的特点也不相同。

（1）犬消化器官中，口腔乳头味蕾较少，味觉较差，品尝食物味道要通过味觉和嗅觉双重作用来实现，因此犬对苦味等味觉刺激性药物不甚敏感，但对气味很敏感，喜欢香味、油脂气味，口服给药时可利用这些特点将药物包于食物中诱其自行服药，尤其是灌药困难的脾气暴躁的犬。

猫的味蕾主要位于舌根部，其味细胞能感知苦、酸和盐的味道，但对甜的味道不太敏感。猫进食时不像犬那样狼吞虎咽，而是把食物切割成小碎块。因此，猫口服药物时，添加糖类作为诱食剂的意义不大。猫口服味苦、有刺激性的药物比较难以操作，应注射给药以保证疗效。

（2）犬的呕吐中枢非常发达，吃进有毒或胃肠刺激性大的食物后能引起强烈的呕吐反射，从而吐出胃内容物。因此，胃肠刺激性大的抗感染药物，如甲硝唑、大环内酯类、磺胺类、四环素类等药物口服给药时，尤其是空腹口服时，常可引起犬呕吐而导致用药量不足。因此，为保证用药效果或治疗危重感染病例时，犬的抗感染药物常常通过注射途径给药。

（3）犬的品种较多，个体大小差异大，因为小型犬单位体重的体表面积大，所以抗感染用药宜选择单位体重剂量范围的高限，而对于大型犬则应选择规定的单位体重的较低剂量。

（4）犬猫有舔毛习惯，为防止中毒，外用毒性较大的抗感染药物（如敌百虫软膏）时，要谨慎或采取措施防止其舔食；使用毒性大的消毒剂（如碘酊及其衍生物、石炭酸、来苏儿、复合酚类等）消毒时，要避免消毒剂污染犬猫体表；药浴（如用二嗪农、双甲脒等）后，要保证将动物体表冲洗干净。

（5）犬猫容易发生药物过敏反应，使用青霉素类、头孢菌素类、氨基糖苷类药物、板蓝根、左旋咪唑及血清等生物制剂时，要注意观察可能发生过敏反应，尤其是针剂。一些口服药物也可导致犬猫过敏，如左旋咪唑片、吡哌酸片及乙酰螺旋霉素片等。一旦发生过敏反应，应迅速采取措施，如酌情注射地塞米松或扑尔敏，并停止使用引起过敏的药物。

（6）磺胺类全身使用可引起犬干性角膜结膜炎，增效磺胺类能在多伯曼犬引起免疫介导性多发性关节炎，应用时需慎重。

（7）部分犬种，如澳大利亚牧牛犬、澳大利亚凯尔皮犬、边境牧羊犬、长须柯利牧羊犬、柯利牧羊犬、英格兰牧羊犬、德国牧羊犬、古代牧羊犬、苏格兰牧羊犬、喜乐蒂犬、威尔士牧羊犬，因为多药耐受基因-1（MDR1，该基因编码合成的多药转运蛋白是血脑屏障的一部分，它负责限制多种不同种类的治疗药物穿透血脑屏障进入脑部）缺失而表现对伊维菌素和阿维菌素特别敏感，通常剂量就可造成中毒，所以上述这些品种或是上述品种的混血，应慎用阿维菌素类。

（8）犬猫等肉食类尿液偏酸，磺胺类药物容易在泌尿系统内形成结晶，用药时应注意采取碱化尿液的措施，如同服等量或倍量的碳酸氢钠，也可根据条件选用枸橼酸钠或磷酸氢二钠。

（9）青霉素类、头孢菌素类及磷霉素的钾盐或钠盐药物在静脉注射时，因为这些药物剂量较大，切不可忽视钾、钠离子对犬猫循环系统的影响，如可能因增加钾钠负荷而引起充血性心衰。因此，这类药物在静脉给药时宜选用等渗糖作为载体。

（10）猫相对缺乏肝脏微粒体葡萄糖醛酸转移酶活性，因此，通过这种途径代谢的药物在猫体内排除的速度较慢，用药时应注意避免毒性作用。这类抗感染药物有酰胺醇类、灰黄霉素、有机磷类杀虫剂等，猫应慎用。

（11）猫对于高脂溶性药物的皮肤吸收率较高且吸收快，因此外用毒性较大的高脂溶性抗感染药物（如酰胺醇类油膏、阿维菌素类、有机氯类、有机磷类软膏等）时，要考虑吸收中毒的可能性。

（12）猫对氨基糖苷类抗生素，如庆大霉素、链霉素、新霉素、卡那霉素等尤其敏感，可产生耳毒和肾毒，应注意控制用药剂量和疗程。此外，庆大霉素与复方氨基比林并用，可引起严重的毒副反应和变态反应，甚至引起死亡。

（13）因为犬猫与主人的特殊关系，抗感染用药的依从性有时并不理想，临床兽医应该重视这个问题。

第二节　妊娠动物抗感染药物的选择

妊娠母体的生理变化会对药物的体内过程、作用及毒副作用产生影响。在妊娠时期，母体与胎儿是同一环境中的两个联系紧密的独立个体，但其生理反应和对药物的敏感性有很大差异。胎儿营养物质的获取和代谢产物的排泄都要通过胎盘而依赖于母体。所以，当母体血液中出现药物时，因胎儿对母体的这种依赖关系，势必影响到胎儿的生长发育。

一、针对妊娠母体的抗感染药物选择

（1）妊娠母体的生理功能发生明显变化，对一些药物的代谢过程产生影响，药物不易代谢和排泄，容易发生蓄积中毒。如妊娠母体体内孕激素水平高，可抑制某些药物与葡萄糖醛酸的结合，影响这些药物的解毒，使其作用时间延长，容易蓄积过量而中毒，如四环素类、酰胺醇类等。

（2）妊娠母体的体液和血容量均增加，对药物在体内的分布产生很大影响。

（3）妊娠母体血清蛋白，尤其是白蛋白含量减少，与药物的结合率明显下降，血液中游离药物浓度增加，分布到组织和透过胎盘的药物量明显增加。

（4）妊娠过程中药物的氧化还原代谢减慢，但硫化作用增强。此时，本身毒性不大的药物的代谢产物可能会对母体或胎儿产生较强的毒性。

二、针对胎儿的抗感染药物选择

由于许多药物可以自由地通过胎盘，没有一种药物对胎儿的发育是绝对安全的，所以孕期用药须谨慎，只要做到合理用药，是可以避免胎儿受损的。例如，酰胺醇类或磺胺类可以造成胎儿损害，但在母体发生沙门氏菌病时，使用这些药物，可以显著降低因沙门氏菌病引起的流产或死胎。因此，妊娠期用药在考虑药物对胎儿的毒副作用时，还应综合评估药物的治疗作用所带来的正面影响，充分权衡利弊，只要药物对母体的益处多于对胎儿的危险时就可考虑用药。还应注意，妊娠早期尽量不使用任何药物，尤其是有细胞毒性的致畸药物。

1979年美国食品及药剂管理局制定的法规将药物对胎儿的危险性分为5类，临床兽医可以借鉴。

A类：已证实此类药物对人胎无不良影响，是最安全的一类，妊娠期患者可安全使用。

B类：动物试验及人类未证实对胎儿有危害。动物试验说明对胎畜无危害，但没有对人类无危害的研究报道。多种常用临床药物均属此类。有明确指征时慎用。

C类：对动物及人均无充分研究，可对动物胎畜有不良影响，但无人类的有关报道。这类药物妊娠期选用最为困难，临床上大多数常用药属于此类。在确有应用指征时，应充分权衡利弊决定是否选用。

D类：对人胎肯定有危害的迹象；但治疗孕妇疾病的益处明显地超过药物危害。妊娠期避免应用，但在确有应用指征且母体受益大于可能的风险时，可在严密观察下慎用。

X 类：证实对胎儿有危害，妊娠期禁用的药物。

妊娠期抗感染用药可参考表 5-1 中分类，还应结合用药后患者的受益程度及可能的风险，充分权衡后决定。

表 5-1 抗感染药物对胎儿的危险性分类

分类	抗 微 生 物 药
A 类	
B 类	青霉素类、头孢菌素类、美罗培南、克拉维酸、磷霉素、氨曲南、大观霉素、部分大环内酯类、林可胺类、多黏菌素、萘啶酸、呋喃妥因、甲硝唑、克霉唑、两性霉素 B、特比萘芬、乙胺丁醇、氯硝柳胺、哌嗪、吡喹酮、除虫菊酯、磺胺类短期使用
C 类	亚胺培南、阿米卡星、庆大霉素、酰胺醇类、克拉霉素、螺旋霉素、泰利霉素、泰乐菌素、替米考星、糖肽类、替硝唑、喹诺酮类、利奈唑胺、利福平、杆菌肽、甲氧苄啶类、异烟肼、环丝氨酸、呋喃唑酮、灰黄霉素、制霉菌素、氟康唑、伊曲康唑、咪康唑、酮康唑、氟胞嘧啶、膦甲酸钠、金刚烷胺、金刚乙胺、阿糖腺苷、阿昔洛韦、更昔洛韦、泛昔洛韦、干扰素、γ-球蛋白、氯喹、乙胺嘧啶、左旋咪唑、甲苯达唑、噻苯达唑、伊维菌素、阿维菌素
D 类	卡那霉素、链霉素、妥布霉素、新霉素、四环素类、磺胺类长时间大剂量使用、卷曲霉素
X 类	利巴韦林、阿苯达唑、奎宁、乙硫异烟胺

注：根据资料，补充了部分兽医专用药物。

妊娠动物抗感染药物的合理应用可参考表 5-2。

表 5-2 妊娠动物抗感染药物的合理应用

分 类	抗 微 生 物 药
妊娠全过程可选用	青霉素类、头孢菌素类、其他 β-内酰胺类、大环内酯类、磷霉素、制霉菌素（外用）
权衡利弊后谨慎应用	氨基糖苷类、林可胺类、糖肽类、异烟肼、氟胞嘧啶、氟康唑
妊娠早期避免使用	甲氧苄啶类、硝基咪唑类、利福平、灰黄霉素、乙硫异烟胺、碘苷、奎宁、阿苯达唑、利巴韦林、阿昔洛韦、阿糖腺苷、灰黄霉素
妊娠后期避免使用	磺胺类、酰胺醇类
妊娠全过程应避免选用	氨基糖苷类、四环素类、红霉素酯化物、喹诺酮类、糖肽类、伊曲康唑、酮康唑、咪康唑、异烟肼、磺胺类＋甲氧苄啶、呋喃妥因、哌嗪、氯喹、甲苯咪唑、噻苯达唑

第三节　哺乳动物抗感染药物的选择

动物哺乳期间药物可通过乳汁传给哺乳幼子，对其造成影响。

进入乳汁的药物浓度与用药剂量、药物的蛋白结合率、分子质量、pH、脂溶性、解离度及母体的肾功能有关。药物蛋白结合率低，则乳汁内浓度高；相对分子质量小于 200 的药物易进入乳汁，大于 500 时难以进入乳汁；碱性药物易进入乳汁；非离子型的脂溶性药物易进入乳汁；母体肾功能受损时，药物的乳汁浓度高。哺乳期用药应掌握以下原则：

（1）用药前要充分权衡用药利弊，可用可不用的药物最好不用。

（2）对成年动物可产生严重不良反应的药物，哺乳母体应避免使用，如果要用，应停止哺乳。

（3）允许新生动物单独使用的药物，哺乳母体可用。这类药物一般不会对幼子造成大的危害。

（4）尽可能减少幼畜从乳汁中摄取药物的量，如避开药物吸收峰值浓度出现的前后哺乳；尽可能使用半衰期短的药物；避免使用长效制剂。

根据人医资料，动物哺乳期间应慎用的抗感染药物见表 5 - 3。

表 5 - 3　哺乳动物慎用的抗感染药物

给药途径	哺乳动物慎用的抗感染药物
全身用药 （注射或口服）	β-内酰胺类：阿莫西林＋克拉维酸钾、哌拉西林＋三唑巴坦、替卡西林＋克拉维酸钾、亚胺培南、美罗培南 氨基糖苷类（浓度不高，但可产生不良影响） 四环素类：土霉素、四环素、多西环素、美他环素、米诺环素 大环内酯类 酰胺醇类 林可胺类 喹诺酮类 磺胺类 硝基咪唑类 其他：呋喃妥因、乙胺丁醇、利福喷丁、异烟肼 抗病毒药：金刚烷胺、利巴韦林、阿糖胞苷、更昔洛韦、干扰素、 抗真菌药：两性霉素 B、氟康唑、酮康唑、伊曲康唑、氟胞嘧啶、特比萘芬、灰黄霉素 抗寄生虫药：甲氟喹、噻苯达唑
口服	呋喃唑酮
外用	益康唑

第四节　新生动物抗感染药物的选择

一、新生动物的药理学特点

1. 新生动物体内酶系不成熟　新生动物体内的药物代谢与成年动物有很大

区别，如新生动物肝内缺乏葡萄糖醛酸转移酶，使氯霉素不能进行葡萄糖醛酸化，导致氯霉素游离浓度升高而对机体产生较大的毒害作用。再如新生动物红细胞内葡萄糖-6-磷酸脱氢酶不足，在使用磺胺类或呋喃类药物时易出现溶血。

2. 新生动物肾功能发育不全　经肾排泄的药物清除慢，如β-内酰胺类（大多数药物）、氨基糖苷类、多肽类和糖肽类抗生素排泄清除减少，半衰期延长，连续用药容易造成蓄积中毒。如大剂量使用青霉素时容易造成中枢毒性反应。新生动物使用氨基糖苷类、多肽类和糖肽类药物更易产生耳、肾毒害。

3. 新生动物细胞外液容积大　新生动物细胞外液占体重的比例较大，药物分布于细胞外液较多，清除相应较慢，生物半衰期较长，因此，使用抗菌药物的给药时间间隔应延长。

4. 血浆蛋白与药物的结合力相对较弱　新生动物血浆游离抗菌药物浓度高于成年或稍大的动物，更易进入组织中。一些与血清蛋白结合率高的药物，如磺胺类、头孢唑林、头孢曲松等可与胆红素竞争清蛋白（白蛋白），使游离间接胆红素血液浓度升高，在患有溶血、黄疸疾患的新生动物更易引起核黄疸（可致脑和其他实质器官严重损伤），在患有黄疸疾患的新生动物中应慎用，而青霉素蛋白结合率低，可用于黄疸患病动物。

5. 氟喹诺酮类及四环素类药物的应用　通过试验已经证实，氟喹诺酮类药物可引起幼龄动物软骨损伤及坏死，四环素类可引起骨骼及乳齿发育不良，都不宜用于新生动物。

6. 部分致出血倾向的第三代头孢菌素　如头孢哌酮等可抑制凝血酶原的生成，此外，第三代头孢菌素抑制肠道合成维生素K，亦使凝血酶原合成减少，可引起新生动物出血或出血加重，应慎用。或在新生动物应用第三代头孢菌素时，应同时合用维生素K。

表5-4列举了人医新生儿应用抗菌药物可能发生的不良反应，供兽医师参考。

表5-4　新生儿应用抗菌药物后可能发生的不良反应

抗菌药物	不良反应	发生机制
氯霉素	灰婴综合征	肝酶不足，氯霉素与其结合减少，肾排泄功能差，使血游离氯霉素浓度升高
	溶血性贫血	新生儿红细胞中缺乏葡萄糖-6-磷酸脱氢酶
喹诺酮类	软骨损害	不明
	溶血性贫血	新生儿红细胞中缺乏葡萄糖-6-磷酸脱氢酶
	光过敏	新生儿皮肤较薄，易出现光过敏

（续）

抗菌药物	不良反应	发生机制
四环素类	齿及骨骼发育不良，牙齿黄染	药物与钙络合沉积在牙齿和骨骼中
	光过敏	新生儿皮肤较薄，易出现光过敏
	假膜性肠炎	抑制了正常有益细菌，而病菌乘机滋生
氨基糖苷类	肾、耳毒性	肾清除能力差，药物浓度个体差异大，致血药浓度升高
林可胺类	假膜性肠炎	抑制了正常有益细菌，而病菌乘机滋生
万古霉素	肾、耳毒性	同氨基糖苷类
青霉素	青霉素脑病	大剂量快速静脉给药时易发生
磺胺药及呋喃类	溶血性贫血	新生儿红细胞中缺乏葡萄糖-6-磷酸脱氢酶
磺胺类	光过敏	新生儿皮肤较薄，易出现光过敏
	脑性核黄疸	磺胺药替代胆红素与蛋白的结合位置
灰黄霉素	光过敏	新生儿皮肤较薄，易出现光过敏

二、新生动物抗菌药物的应用原则

1. 宜选用安全有效的杀菌剂及与血浆蛋白结合率低的药物　如青霉素等。

2. 剂量按体重或体表面积计算　新生动物单位体重的体表面积大，故单位体重剂量应选剂量范围的高限，但还应考虑药物本身的毒性和新生动物的耐受能力。需要清楚的是药物剂量往往与机体体表面积成正比，而与体重仅仅呈正相关，因此根据体表面积计算用量比较合理，可避免按体重计算的缺点。

3. 调整给药时间间隔　新生动物肝肾功能不成熟，但随着日龄的增加逐渐成熟，其药动学过程随日龄而变化，随着日龄增加，新生动物药物代谢或排泄能力不断增强，给药的时间间隔需相应缩短。因此，新生动物应根据日龄增加而调整给药方案。

4. 新生动物要尽量避免使用毒副作用大的药物　如氨基糖苷类、酰胺醇类、多黏菌素、糖肽类、呋喃类、磺胺类、氟喹诺酮类、四环素、红霉素、甲硝唑等。

5. 新生动物不宜肌内注射给药　新生动物肌内注射给药易导致硬结而影响吸收。

第五节　老年动物抗感染药物的选择

老年动物机体各系统器官发生退行性变化，其生理、生化和病理学改变不同于成年动物，因此用药时要注意。

一、老年动物的药代动力学特点

老年动物器官老化，功能减退。脏器血流量减少，药物的吸收、分布、代谢、排泄、生物利用度和清除速度均有所改变；同时，血浆蛋白浓度、免疫功能、机体耐受能力及药物之间的相互作用也影响其体内过程。

1. 药物的吸收 老年动物胃排空时间延长，肠蠕动减慢，影响药物的崩解和溶解速度；同时，消化道黏膜上皮细胞减少，胃肠蠕动和括约肌活动减弱，胃肠黏膜血流减少，导致药物吸收速率和血药峰值浓度下降，而吸收半衰期和达峰时间延长。此外，老年动物胃酸分泌减少，也会改变药物的溶解和解离度。例如，胃酸减少可能影响四环素类和喹诺酮类的吸收，但对青霉素类和大环内酯类的吸收有利。

2. 药物的分布 老年动物体重减轻，总的体液减少，药物表观分布容积减少，使血液浓度升高，从而增加了药物的不良反应。

老年动物心输出量减少，血管弹性和通透性下降，导致药物吸收速度减慢，分布容积下降，脂溶性抗菌药物消除缓慢，易造成药物过量。

老年动物血浆蛋白减少，药物与血浆蛋白结合是抗菌药物在体内分布和储存的重要形式。特别是与药物结合的白蛋白减少，使结合型药物减少，而游离型药物增加，药物的生物活性增加，作用也加强。

3. 药物代谢 老年动物肝功能衰退，肝脏内代谢药物减少，药物清除速率减慢，半衰期延长。

4. 药物的排泄 老年动物肾单位减少，肾血流量减少，肾小球滤过率下降，同时肾小管分泌和重吸收功能也降低，所以，药物易于在体内蓄积，其毒副反应增加。

5. 老年动物药效判断的影响因素 老年动物临床症状不明显，对药物的毒副作用反应较弱，因此，临床兽医在给老年动物使用抗菌药物时应特别细心地观察药物的不良反应。

二、老年动物抗菌药物的应用

1. 一般原则 因老年动物免疫功能减退，易发生感染，且一旦发生感染，其发展速度较快，病情易于恶化，故应尽早、准确、合理地选用抗菌药物，及时控制感染。老年动物的抗菌用药一般主张联合用药，优点是扩大了抗菌谱范围，并可较好地控制某一单药剂量，减少毒副作用。

2. 注意肾毒性 老年动物肾功能减退，代偿能力降低，容易发生肾毒性，因此老年动物抗菌用药选择肾毒性大的药物时，要切实注意控制剂量，应按肾功能轻度减退情况减量给药。

老年动物在使用肾毒性大的药物，如氨基糖苷类、多黏菌素类、多数头孢菌素、甲硝唑、万古霉素、氟胞嘧啶及部分磺胺类药物时，应酌情控制剂量；应避免使用呋喃妥因、萘啶酸、头孢噻啶及四环素类（除多西环素）。

3. 注意肝损害 老年动物肝功能减退，在使用相对较为安全的药物，如青霉素、哌拉西林、头孢唑林及头孢他啶时，要注意酌情限量，而应尽量避免使用肝毒性大的药物，如酰胺醇类、利福平、红霉素酯化物、氨苄西林酯化物、异烟肼、两性霉素 B、四环素类、磺胺类、甲氧苄啶类、硝基咪唑类、酮康唑及氟康唑等。

4. 密切注意不良反应 老年动物易出现药物不良反应，且其临床表现往往不易被观察到，因此，老年动物用药时应仔细观察其临床表现，出现问题应立即停药或采取相应的措施。

5. 注意防止二重感染 老年动物免疫功能减退，易发生二重感染，用药时应注意观察。发现用药过程中的腹泻、口腔感染，应注意鉴别是否是二重感染。

第六节　肝功能不全时抗感染药物的选择

一、肝功能不全动物抗感染用药的分析

肝脏是药物代谢的主要器官，许多抗感染药物的代谢过程主要在肝脏内进行，经肝脏代谢、降解后，原药物或代谢产物全部或部分经肾脏和肠道排出。

肝脏受损后导致肝功能不全，此时肝脏的有效血流量降低，因此会出现低蛋白血症、高胆红素血症、肝细胞代谢功能低下和胆汁分泌异常等，从而直接导致抗菌药物的代谢异常，不良反应的发生率随之增高。患病动物在选择抗菌药物时，除了要考虑抗菌药物治疗的一般原则外，还应考虑肝功能不全患病动物使用药物时是否会增加肝脏损害程度，是否会发生药物相互作用增加毒性或对药物动力学等体内过程的影响等。临床上遇到肝功能损伤的患病动物，应根据药物对肝脏的损害程度及药物在体内的代谢特点来初步确定肝功能减退时抗菌药物的应用，同时还要考虑肝功能损害的同时，也会引起其他器官生理功能（如肾清除率）的改变。

二、肝功能不全动物抗感染药物的应用

动物肝功能不全时常用抗感染药物的应用原则见表 5-5。

1. 部分由肝脏清除的抗感染药物 这类药物在肝功能不全时清除明显减少，

但并无明显毒性反应发生，故肝病患病动物仍可使用，但需慎用，必要时可减量。

2. 主要经肝或有相当量药物经肝清除的抗感染药物 这类药物在肝功能减退时药物清除或代谢产物形成减少，导致毒性反应发生，肝病时应避免使用。

3. 经肝、肾两种途径清除的抗感染药物 这类药物在肝、肾功能同时受损时，血药浓度会明显升高，严重肝病时应避免使用。

4. 经肾排泄的抗感染药物 这类药物肝功能减退时不需调整剂量。

表 5-5　动物肝功能不全时常用抗感染药物的应用原则

药物代谢途径	药 物 名 称	应用原则
药物全部或主要以原形经肾排泄	青霉素类：青霉素、邻氯西林、阿莫西林、呋布西林 头孢菌素类：头孢替唑、头孢氨苄、头孢羟氨苄、头孢唑林、头孢他啶、头孢美唑、头孢替安、头孢克洛、头孢丙烯、头孢美他酯、头孢泊污酯、头孢吡肟 其他β-内酰胺类：氨曲南、亚胺培南、美罗培南 氨基糖苷类 多黏菌素类 糖肽类 喹诺酮类：加替沙星、环丙沙星、诺氟沙星、依诺沙星、司帕沙星、洛美沙星 其他：呋喃妥因、乙胺丁醇、多黏菌素、甲砜霉素、磷霉素、利福昔明、制霉菌素	肝功能损害时，可用正常剂量
药物少部分经肝脏代谢	青霉素类：苯唑西林、哌拉西林、美洛西林、氟氯西林、氨苄西林、氯唑西林、羧苄西林、替卡西林、美西林、哌拉西林-他唑巴坦、替卡西林-克拉维酸、阿莫西林-克拉维酸、阿莫西林-舒巴坦、氨苄西林-舒巴坦 头孢菌素类：头孢呋辛、头孢美唑、头孢噻肟、头孢氨苄、头孢噻吩、头孢西丁、头孢唑肟、头孢克肟、头孢布烯、头孢哌酮、头孢曲松、头孢匹胺 其他β-内酰胺类：氟氧头孢、美罗培南、亚胺培南—西司他丁钠 喹诺酮类：氧氟沙星、左氧氟沙星、培氟沙星、莫西沙星 其他：氟胞嘧啶、伊曲康唑、乙酰螺旋霉素、异帕米星	肝功能严重损害时，需减量或慎用
药物部分经肝脏代谢	大环内酯类：红霉素、交沙霉素、罗红霉素 喹诺酮类：培氟沙星、芦氟沙星、氟罗沙星 林可胺类 硝基咪唑类 其他：异烟肼、新生霉素、头孢拉定、头孢地尼、伊曲康唑、特比萘芬、米诺环素	肝功能受损时慎用
药物主要经肝脏代谢	大环内酯类：琥乙红霉素、乙酰麦迪霉素、麦迪霉素、阿奇霉素、麦白霉素、克拉霉素、依托红霉素 四环素类：四环素、土霉素、多西环素、金霉素 酰胺醇类 磺胺类 其他：利福平、两性霉素B、克霉唑、酮康唑、咪康唑	肝功能受损时需避免使用

第七节　肾功能不全时抗感染药物的选择

一、概述

肾脏是药物及其代谢产物的重要排泄器官，当肾功能降低时，主要由肾脏排泄的药物消除减慢，半衰期延长，容易引起药物在体内积蓄，作用增强，甚至产生毒性作用。

根据药物自身的消除特性，可将其分为三类：

A. 基本上经肾脏排泄而消除的药物　如头孢菌素类、氨基糖苷类、乙胺丁醇、糖肽类等，这些药物80％以上以原形由肾脏消除。

B. 基本上经肝脏或其他非肾途径消除的药物　如异烟肼、氯霉素等，这些药物80％以上由非肾途径消除。

C. 肾与非肾途径消除都很重要的药物　由原形从肾脏消除的比例约为50％，如氨苄西林、林可霉素等。

肾功能不全时对 B 类药物的消除影响很小，可不必调整其剂量或给药时间间隔，但如果其代谢产物有活性或毒性时，也应注意作相应的调整。对于 A、C 类药物，因为肾功能不全会使其消除半衰期延长，因此应用时要注意调整剂量和适当延长给药时间间隔，以免蓄积中毒。

二、肾功能不全时应用抗感染药物的一般原则

动物肾功能不全时常用抗感染药物的应用原则见表5-6。

（1）首剂药物剂量可按常规，不必调整。

（2）经肾排泄的药物，首剂以后的给药调整方法有三：①给予常规维持剂量，延长给药间隔时间；②减少给药剂量，间隔时间如常；③结合①法和②法应用。

表5-6　动物肾功能不全时常用抗感染药物的应用原则

抗　菌　药　物	肾功能减退时的应用
青霉素类：氨苄西林、阿莫西林、哌拉西林、美洛西林、苯唑西林、氨苄西林/舒巴坦、阿莫西林/克拉维酸、替卡西林/克拉维酸、哌拉西林/三唑巴坦 头孢菌素类：头孢哌酮、头孢曲松、头孢哌酮/舒巴坦、 大环内酯类 林可胺类 其他：利福平、多西环素、氯霉素、异烟肼、甲硝唑、乙胺丁醇、环丙沙星、两性霉素 B、酮康唑	可应用，按原治疗量或略减量

（续）

抗 菌 药 物	肾功能减退时的应用
青霉素类：青霉素、羧苄西林、阿洛西林 头孢菌素类：头孢噻吩、头孢唑啉、头孢噻吩、头孢氨苄、头孢拉定、头孢呋辛、头孢西丁、头孢他啶、头孢唑肟、头孢吡肟 其他 β-内酰胺类：氨曲南、亚胺培南/西司他丁、美罗培南 喹诺酮类 磺胺类 其他：氟康唑、吡嗪酰胺	可应用，治疗量需减少
氨基糖苷类 糖肽类 多黏菌素类 其他：氟胞嘧啶、伊曲康唑静脉注射剂	避免使用，确有指征应用者调整给药方案*
四环素类 其他：呋喃妥因、萘啶酸、特比萘芬	不宜选用

＊需进行血药浓度监测，或按内生肌酐清除率（也可自血肌酐值计算获得）调整给药剂量或给药时间间隔。

第八节　免疫功能受损时抗感染药物的选择

一、概述

免疫缺陷是指机体吞噬作用、补体激活作用、抗体与效应细胞的产生及其功能中的任何一项发生障碍。免疫缺损动物临床上表现为反复或慢性感染，并具有如下临床特点：以呼吸道感染最为常见，病原体不典型，两次感染发作之间炎症不能彻底消退，易造成永久性的组织损害。

免疫缺陷可分为先天性免疫缺陷和继发性免疫缺陷，后者为兽医临床最常见。

继发性免疫缺陷属于后天获得性细胞和体液免疫功能低下。常见原因包括：

1. 继发于某些疾病的免疫缺陷

（1）**感染**　许多病毒、细菌、真菌及寄生虫感染可引起机体免疫力低下。如猪瘟病毒、鸡瘟病毒、法氏囊病毒、马立克病毒、犬细小病毒、结核杆菌等。

（2）**恶性疾病**　可抑制体液或细胞免疫，如肿瘤、白血病等。

（3）**蛋白质丧失、合成不足或消耗过量**　如肾炎、急性或慢性消化道疾病、慢性消耗性疾病、营养供给不足等。

2. 药源性免疫缺陷　长期使用免疫抑制剂、细胞毒性药物（包括氯霉素类、磺胺类或呋喃类等抗感染药物），大剂量使用肾上腺皮质激素，应用抗肿瘤药物等可造成机体免疫抑制。

3. 饲养管理因素　如饲养不善、环境恶劣、营养缺乏（包括维生素或微量元素缺乏）、长途运输、应激等均会造成机体免疫力明显下降。

二、免疫缺陷患病动物的感染治疗原则

（1）发现感染，尽早进行经验性抗感染治疗。

（2）反复做病原体分离、培养和药敏试验，指导抗感染治疗方案的调整。

（3）应尽可能选用对病原体有高度活性、在感染部位可达到有效浓度、毒性低、不易导致耐药菌形成的杀菌剂。

（4）改善患病动物免疫功能，如改善饲料营养和环境条件，适当考虑使用免疫增强剂，如黄芪多糖、板蓝根制剂、穿心莲制剂、转移因子、干扰素、左旋咪唑、双嘧达莫、肌苷、辅酶 A 等。

（5）重视应用免疫替代疗法，如及时使用阳性血清、单克隆抗体、卵黄抗体或抗毒素等生物制剂。

第 六 章

抗菌药物的不良反应

世界卫生组织（WHO）对药物不良反应（adverse drug reaction，ADR）的定义是在预防、诊断、治疗疾病或调节生理功能过程中，在正常用法和用量的情况下，药物出现的任何有害的、与治疗目的无关的反应。国家药品不良反应监测中心的定义是指合格药品正常用量情况下出现的与用药目的无关或意外的非预期反应，包括副作用、毒性反应、变态反应、后遗效应、继发反应及特异性遗传体质等。其中副作用是指药物的固有反应，在普通剂量下也常出现，但一般较轻微。而毒性反应含义更广泛，泛指药物引起的生理、生化功能异常和/或组织、器官等的病理改变，其严重程度随剂量增大和疗程延长而增加，临床上副作用和毒性反应两个概念常被混用。

药物不良事件（adverse drug event，ADE）是指用药引起的任何不良后果，包括超剂量用药、意外用药、蓄意给药、药物滥用、药物相互作用等引起的不良后果。可能与药物有关，也可能无关。

抗菌药物不良反应主要有副作用、变态反应、毒性反应、菌群失调和二重感染、赫氏反应、药物的"三致"（致畸、致癌、致突变）等，分A、B两种类型。

1. A型不良反应　是药物固有作用的增强和继续发展的结果，具有可预测的特点，亦即一种药物在通常剂量下已知药理效应的表现。A型反应与剂量有关，发生率高，但病死率低，而且时间关系明确。

2. B型不良反应　这是与药物固有的药理作用完全无关的异常反应，而与动物机体的特质有关。常为免疫学或遗传学的反应，与剂量无关，且难预测，发生率低而病死率高，如过敏性休克等。

临床兽医处方用药，既要考虑治疗效果，又要注意保证患病动物用药的安全、杜绝不合理用药。兽用新药更新频繁，其上市及上市后的管理问题较为突出，临床兽医在使用新药时必须充分掌握有关资料，十分谨慎地用药，并应密切观察患病动物用药以后的情况，尽量避免引起不良后果。对于宣传、推广新药，临床兽医也必须持慎重的态度。

第一节　药物变态反应

药物变态反应（drug allergy）也称过敏反应（hypersensitive reaction），是动物机体对某种药物的特殊反应，即变态反应的过敏原是药物。其实质是作为外来抗原物质的抗生素和磺胺类等全合成抗菌药物虽非蛋白质，但其本身或其衍生物可与体内外蛋白结合为全抗原，从而使体内产生相应抗体并可与之发生相应的非正常免疫反应。抗菌药物应用后的过敏性反应较多见，属于 B 型不良反应。

一、药物变态反应的类型

1. Ⅰ型变态反应　包括过敏性休克、支气管哮喘、过敏性鼻炎、胃肠道及皮肤过敏反应，多见于青霉素类、头孢菌素类、氨基糖苷类等抗菌药物。

2. Ⅱ型变态反应　如溶血性贫血、粒细胞减少和血小板减少性紫癜等，较少见，且罕见与其他过敏并发。

3. Ⅲ型变态反应　如血清病反应、肾小球基底膜肾炎等，多见于青霉素类，其他类型的抗菌药物偶可引起神经性水肿、药物热等。

4. Ⅳ型变态反应　以接触性皮炎、湿疹、荨麻疹等多见，各种药物均可引起，临床上较多见。

二、药物变态反应的临床表现

药物变态反应可造成机体某一器官或组织，也可造成多器官或多组织的损伤和生理功能障碍，其反应可以属于任何类型的变态反应，也可是多种类型变态反应的综合。常见药物变态反应按其主要临床症状可分为过敏性休克、血清病样反应、药物热、皮疹、血管神经性水肿、光过敏等。

1. 过敏性休克　大多发生于肌内注射青霉素后。一般呈闪电样发作，半数发生于给药数分钟以内，半小时以后发生者仅占 10%，个别例子则可发生于连续用药的过程中。临床表现很不一致。动物一般首先表现躁动不安，并由喉头、气管、支气管痉挛和水肿引起严重的呼吸道阻塞性呼吸困难，伴明显的呼吸啰音，继而微循环障碍、荨麻疹样皮疹、血压下降、中枢神经系统缺氧、跌倒、大小便失禁、昏迷等，甚至死亡。除青霉素外，链霉素、庆大霉素、磺胺类、四环素、红霉素、万古霉素等也可偶尔引起过敏性休克。

2. 血清病样反应　多见于应用长效青霉素制剂后发生，使用青霉素者则可缩短发病时间。其症状与血清病基本相似，有发热、关节痛、荨麻疹、淋巴结肿大、腹痛、蛋白尿、嗜酸性粒细胞增多等，有时伴有血管神经性水肿。

3. 皮疹 几乎所有抗菌药物均有可能引起皮疹，但以青霉素、链霉素、磺胺类较为多见。

4. 药物热 常发生于用药 10d 以内，严重皮疹或皮炎大多伴有高热。多种抗菌药物可有此反应，如青霉素类、链霉素、庆大霉素、卡那霉素、头孢菌素类、两性霉素 B、氯霉素、红霉素、磺胺类、四环素类等。药物热大多呈弛张热型或稽留热型的高热，也可为低热，停药后，有时即使不采取任何措施，体温也可降至正常。药物热常与药疹同时出现，此时较易诊断，而单纯的药物热较易被忽视，易与原发病的发热相混淆。因此，在疾病治疗过程中，如果原发病已经好转而体温持续不降，或反而升高，或降低后又回升，此时应考虑药物热的可能。

5. 血管神经性水肿 亦为常见的过敏反应，多数为青霉素 G 引起，但也可发生于应用磺胺药、四环素类、氯霉素等药物的过程中，其后果一般并不严重，但累及呼吸道和脑部时也可能危及生命。

6. 光过敏 可发生于使用灰黄霉素、四环素类、磺胺类及喹诺酮类药物的过程中。多发于局部或全身使用光过敏药物后并经紫外线照射的少毛或毛色浅的动物个体，症状为红斑、荨麻疹、水肿、湿疹样和渗出性等变化。

三、药物过敏反应的临床处置

动物过敏反应诊断困难，用药后仔细观察（一般留观 30min）非常重要，详细询问病史也极为重要，病史中应包括以往用药后的反应情况。

过敏反应不严重者停药后可迅速自愈，无需特殊处理，反应严重的除立即停药外，还应按需要给予肾上腺素（抢救过敏休克的主要措施）、补充血容量，以及酌情选用肾上腺皮质激素、抗组胺药物、血管活性药物、葡萄糖酸钙等，必要时及有条件的应及时给氧。

药物变态反应防治的一般原则如下：

（1）治疗疾病前，首先询问药物过敏史，尽量不选用以前发生过过敏的药物，并且注意不滥用容易引起过敏的药物。

（2）在病历上注明引起过敏的药物名称，以引起复诊兽医师的注意，以便避免使用该药或与该药有交叉过敏反应的药物。

（3）青霉素类、头孢菌素类、氨基糖苷类等抗菌药物容易引发变态反应，使用前应该准备一切过敏反应急救所必需的药品和器械，如肾上腺素、阿托品、地塞米松、马来酸氯苯那敏等。

（4）变态反应的治疗原则是停用一切可能致敏药物及其结构相似的药物；尽快促进药物排泄；应用抗过敏药物或解毒药；预防和控制继发感染；采取相应的

支持疗法。

第二节 药物毒性反应

毒性反应是抗菌药物应用过程中对动物机体各器官或组织的直接损害，造成机体生理及生化功能的病理变化，通常与给药剂量及持续时间相关，属于 A 型不良反应，是最为常见的药物不良反应，主要表现为神经系统、造血系统、肾脏、肝脏、胃肠道和局部的损害。

一、神经系统毒性

抗菌药物对神经系统的影响表现为多方面，可引起中枢神经系统和周围神经的损害。

1. 对中枢神经的影响 青霉素类全身应用时如剂量过大、浓度过高或注射速度过快，药物对大脑皮层可产生直接刺激而引起癫痫样发作、甚至死亡（青霉素脑病）。此种反应多见于幼龄和老龄动物及肾功能不全患病动物。鞘内注射任何抗菌药物均可引起一些反应，如头痛、颈项强直、发热等反应，严重者甚至发生抽搐和昏迷。如注入剂量为常用量，此类反应一般可于一至数小时内消失，如剂量过大则可发生下肢软弱、尿潴留、大小便失禁和惊厥等较严重反应。

亚胺培南表现出较强的中枢毒性，可能与异烟肼、氟喹诺酮类相似，因干扰 GABA（γ-氨基丁酸）与其受体结合所致。

氟喹诺酮类静脉给药偶可发生眼球震颤、惊厥、癫痫等中毒症状，脑膜炎症时较多见。

普鲁卡因青霉素肌内注射时误入血管，其制剂微粒阻塞肺、脑血管而引起气喘、狂躁等症状，并非青霉素过敏，临床兽医师应注意鉴别。

2. 第Ⅷ对脑神经损害 是氨基糖苷类抗生素重要副作用之一，各种氨基糖苷类抗生素均可能引起耳蜗或前庭损害或两者兼而有之。前庭功能损害主要表现为平衡失调、眩晕、恶心、呕吐及眼球震颤等，常为暂时性；而听力减退则为进行性，尚缺少有效措施助其恢复。故对老年及幼年及肾功能不全动物，氨基糖苷类抗生素应慎用。万古霉素、多黏菌素类、米诺环素、氯霉素、水杨酸类及呋塞米亦有此毒性，故氨基糖苷类与之联用时应慎重。

3. 对周围神经的影响 异烟肼、呋喃唑酮（痢特灵）、呋喃妥因、链霉素、卡那霉素、他唑巴坦、甲硝唑等可诱发动物外周神经炎。

多黏菌素类及氨基糖苷类注射后可引起口唇及手足麻木，严重者伴发头晕、舌颤等。

氯霉素、异烟肼及乙胺丁醇等长期口服或滴眼可引起视神经炎，同时伴有多发性神经炎，口服大剂量 B 族维生素可减轻症状。

幼龄动物或小动物肌内注射抗菌药物可导致跛行，常与外周神经（如坐骨神经）损伤有关，应注意。

4. 神经—肌肉接头阻滞　氨基糖苷类、多黏菌素类等大剂量静脉注射或胸腹腔内注入较大剂量，可引起呼吸抑制和四肢软弱无力，严重者可因呼吸肌麻痹而致呼吸骤停，对老年、重症肌无力、肾功能不全的患病动物，以及同时应用舒泰、846、乙醚等麻醉剂时尤应谨慎。应用新斯的明、加兰他敏等对氨基糖苷类此项毒副作用的解救可能有效。

林可胺类静脉滴注过快亦可引起呼吸麻痹，应予充分注意。

此外，肌内注射或静脉注射氨基糖苷类抗生素可发生肌肉痉挛，累及面肌、咀嚼肌等，宠物兽医师需注意与神经型犬瘟相鉴别。

二、血液系统反应

氯霉素、有机胂剂可引起红细胞生成抑制所致的再生障碍性贫血，主因药物的毒性作用和致敏作用所致。链霉素、庆大霉素、四环素、青霉素类和头孢菌素类等亦有此毒性。

大剂量青霉素类应用时偶可致凝血机制异常。

头孢孟多、头孢哌酮及拉氧头孢等可引起出血倾向，包括头孢哌酮-舒巴坦，若同时给予维生素 K 反而易掩盖更为严重的后果。

利福定偶可引起严重骨髓抑制。

氯霉素、头孢菌素类（如头孢噻吩）、青霉素、链霉素、异烟肼、利福平、磺胺类、硝基呋喃类、萘啶酸、血防-846 等可致溶血性贫血。

氯霉素、锑剂、磺胺类、异烟肼等可致动物粒细胞减少症。

磺胺类、氯霉素、氨苄西林、头孢菌素类、红霉素、利福平等偶尔引起血小板减少。

喹诺酮类可引起以溶血反应为主，伴有肾功能不全、肝功能不全和凝血功能障碍等严重的多系统毒性反应（替马沙星综合征），可能与免疫反应有关，应予注意。

三、肾脏毒性

药物通过肾小管分泌排泄，或药物与水分一起被重吸收，故肾小管细胞内药物浓度远较其他器官的高；肾脏本身血管丰富，因此药物含量高。以原型或代谢产物通过肾脏排泄的抗菌药物，如氨基糖苷类、磺胺类、头孢菌素类（尤其是一代头孢）、多黏菌素类、万古霉素及两性霉素 B 等，均对肾脏有较强的毒性，可造成肾损害，引起管型尿、蛋白尿、血尿、血液尿素氮增高、肾功能减退。

磺胺药中溶解度较低者如磺胺嘧啶（SD）、磺胺甲（基异）噁唑（SMZ）等应用后，有时可引起结晶尿和血尿，应用较大量 SD、SMZ 时宜同服等量碳酸氢钠，否则磺胺类的乙酰化结晶易引起血尿、疼痛、尿闭等症。

氨基糖苷类与肾组织有特殊的亲和力，肾皮质浓度远远高于血浓度（10～50 倍），肾毒性与药物积聚量成正比。庆大霉素等应用较滥，发生肾毒反应的机会也较多，与第一代头孢菌素合用时更易发生。

利福平可引起间质性肾炎，还可偶尔引起急性尿路过敏症状（肾绞痛、尿闭等）。药物引起的肾损害大多可逆，及时停药后可望迅速恢复。

四、肝脏毒性

抗菌药物可通过对肝脏的直接毒性作用或过敏反应而造成肝损害，或二者兼而有之。

病变可呈胆汁淤积性或肝细胞变性、坏死。临床上主要表现为肝肿大、黄疸、肝功能异常及碱性磷酸酶和氨基转移酶升高。致肝毒性反应的主要药物有：四环素类、氯霉素、红霉素酯化物、利福平、异烟肼、磺胺类、锑剂（酒石酸锑钾等）、六氯对二甲苯（血防 846）、吡喹酮等。

四环素静脉注射量较大或长期口服可引起肝细胞脂肪变性，在妊娠动物、肝功能减退及血浆蛋白低下者中尤易发生。

红霉素酯化物可引起胆汁淤积性黄疸。

氯霉素在肝内经葡萄糖醛酸结合而解毒，肝功能不全时，氯霉素解毒减少，可在体内积蓄而影响造血功能。

利福平和磺胺类可与胆红素竞争结合部位，使游离胆红素增多而导致高胆红素血症。

严重肝病时林可霉素与克林霉素的排泄减慢，在体内蓄积而使碱性磷酸酶和谷丙转氨酶增高。需要注意的是，林可霉素和克林霉素所致的转氨酶及胆红素升高多是因为药物干扰比色测定结果所致。

五、胃肠道反应

药物毒副反应中最多见的是胃肠道反应。

一些对胃肠道黏膜或迷走神经感受器有刺激作用的药物都可引起恶心、呕吐、甚至腹泻，如吡喹酮、林可胺类、大环内酯类、磺胺类、喹诺酮类等，吡喹酮还可引起口腔溃疡、便血等。

口服大剂量的四环素类可引起消化不良、腹痛、便血、恶心、呕吐等症。

吡喹酮可引起消化性溃疡，导致胃肠道出血，甚至穿孔。

林可霉素和克林霉素可引起类似急性溃疡性结肠炎的严重腹泻。

多种抗菌药物口服后可致恶心、呕吐、腹泻、食欲减退等，除了由于药物的直接化学性刺激所致，也可能是肠道菌群失调的后果。应用林可胺类、广谱青霉素、四环素类、头孢菌素、大环内酯类及氨基糖苷类均偶可导致难辨梭状芽孢杆菌及其毒素所引起的伪膜性肠炎。

六、心脏及循环系统毒性

大剂量青霉素、氯霉素和链霉素可引起心脏毒性。两性霉素 B、吡喹酮、利巴韦林、万古霉素、克毒唑等对心肌的毒性较大，应用时应注意。林可霉素偶可致心律失常。

大剂量静脉滴注青霉素类或头孢菌素类钠盐或钾盐，可因摄入钠盐或钾盐过多而引起明显的水、电解质紊乱，特别是肾功能下降的患病动物可引起高钾血症或高钠血症，从而影响循环系统功能，甚至导致心力衰竭。临床兽医师用药时且不可忽略这个因素。

七、呼吸系统毒性

萘啶酸、多黏菌素 B（静脉滴注）等可产生呼吸抑制。

新霉素、卡那霉素、庆大霉素、多黏菌素 E、链霉素可使呼吸肌麻痹。

青霉素、磺胺类、呋喃妥因等可引起过敏性肺炎。

抗菌药物致敏时可引起过敏性哮喘。

八、致畸

凡应用于妊娠母畜可致胎儿畸形的药物均应慎用，这类抗菌药物有四环素类、酰胺醇类、链霉素、奎宁、阿苯达唑、利巴韦林等。

九、致癌

一些药物可能致癌，如灰黄霉素、氯霉素、异烟肼、土霉素、砷制剂等，临床用药时应予注意。

十、局部反应

抗菌药物肌内注射、静脉注射或静脉滴注时可引起局部疼痛、血栓性静脉炎等，可按具体情况加用局部麻醉剂（如普鲁卡因）、肾上腺皮质激素、肝素等，或稀释注射液（如红霉素静滴浓度不得超过 0.1%，阿奇霉素不能超过 0.2%）、减慢滴速。

十一、骨毒性

四环素类与钙离子形成络合物后可沉积在骨及牙釉质中，使其结构改变从而造成损害。妊娠动物及幼龄动物慎用。

喹诺酮类药物影响软骨组织发育，造成关节损害和跟腱炎，妊娠和幼龄动物慎用。

第三节 菌群失调和二重感染

一、概念及发生机制

菌群失调（dysbacteriosis）是指机体某部位正常菌群中各菌种间的比例发生较大幅度变化而超出正常范围的状态，由此产生的病症，称为菌群失调症或菌群交替症（microbial selection and substitution）。菌群失调时多会引起二重感染或重叠感染（superinfection），即在原发感染的治疗中，发生了另一种新致病菌的感染。

正常情况下，动物机体内菌群在相互拮抗制约下处于平衡状态。长期应用广谱抗菌药物后，敏感细菌被抑制或清除，而耐药性细菌乘机大量滋生，在机体防御机能低下时可引起二重感染。年老、体弱、营养不良、饲养条件恶劣，有严重慢性病或血液病患病动物，长期应用肾上腺皮质激素者更易发生二重感染。引起二重感染的病原菌主要为金黄色葡萄球菌、肠杆菌科细菌、铜绿假单胞菌、真菌和厌氧菌，这些病原菌常呈现多重或天然的高度耐药而不易控制。主要临床表现为肺部感染、消化道感染、尿路感染和败血症等。据人医调查统计，二重感染一般出现于用药后 20d 以内，其发生率为 2%～3%。

二、临床表现和处置

1. 消化道真菌感染 多为白色念珠菌或酵母菌引起。主要表现为真菌性口腔炎和真菌性肠炎。真菌性口腔炎可见在口腔及咽峡部黏膜表面下形成白色、易脱落、形如豆腐渣样的假膜。真菌性肠炎临床症状见腹胀、水泻、腹痛轻或无，无里急后重。如果并发细菌感染，则腹痛、有里急后重。真菌检查均为阳性。

消化道真菌感染只要及时停用抗菌药物或皮质激素，并同时使用制霉菌素等抗真菌药物，则病情会很快得以控制。真菌性口腔炎除了使用抗真菌药物外，还可用3%双氧水清洗患处，再涂以1%甲紫，则疗效更佳。

2. 假膜性肠炎 多见于使用四环素类、氨苄西林、林可胺类药物（特别是克林霉素）之后发病。临床上表现为腹痛、腹泻、发热、粪便稀薄，在结肠黏膜上形成由纤维蛋白、黏液、白细胞、坏死上皮细胞或黏膜层组织组成的白色假膜。假膜性肠炎致病原为难辨梭状芽孢杆菌。

如果发生假膜性肠炎，应立即停用原来所用的所有抗菌药物。轻症者可任其自然恢复。重症者需采取补液、抗休克、平衡电解质和纠正代谢性酸中毒等措施，必要时可给予甲硝唑或万古霉素进行治疗。恢复正常的肠道菌群，可口服乳酶生等益生菌制剂，并辅以维生素C、复合维生素B、叶酸、维生素B_{12}等，促进正常肠杆菌和肠球菌的恢复。

3. 肺炎 引起肺部二重感染的病原有革兰氏阳性菌中的链球菌、金黄色葡萄球菌和肺炎双球菌等，革兰氏阴性菌中的铜绿假单胞菌、肺炎克雷伯菌、变形杆菌、产气肠杆菌等。此外，如果长期联合使用多种抗菌药物，并同时合并使用糖皮质激素，则常可引发真菌性肺炎。

发生肺部二重感染时，应及时停用原来的抗菌药物和肾上腺皮质激素，选用敏感的抗菌药物。如果致病菌不明确，应选择同时覆盖革兰氏阳性菌和革兰氏阴性菌的抗菌治疗方案，常需联合用药。真菌性肺炎应选用抗真菌药物，如制霉菌素、氟康唑、特比萘芬等。

4. 败血症 二重感染的败血症有两种可能，一是细菌性败血症，二是真菌性败血症。细菌性败血症的主要病原为耐药性较强的革兰氏阳性菌中的金黄色葡萄球菌和革兰氏阴性菌中的铜绿假单胞菌、大肠埃希氏菌和变形杆菌等。真菌性败血症病原主要是白色念珠菌、曲霉菌和毛霉菌等。二重感染所引起的败血症多见于联合、长程应用广谱或多种抗菌药物，尤其是同时应用肾上腺皮质激素时。老年、体弱、营养状况差、饲养管理条件差或患有其他慢性病的动物多发。二重感染性败血症可引起血行性扩散，侵害全身多器官或组织，如心、脑、肺、肾、肝等，引起迁徙性脓肿，造成多系统衰竭，病情危重，预后极差。临床表现体温升高，高温持续不退或退而复升，患病动物出现心力衰竭、肝衰竭、肾衰竭、呼吸衰竭、休克、出血，最后死亡。因为原发病症状的干扰，临床上常常被兽医师忽视。因此，如果在抗菌治疗过程中，原发病症状已经缓解，体温已经下降后，患病动物体温又重新上升，全身症状又重新出现，或突然恶化，出现新的症状，特别是出现多器官功能损害，白细胞再次上升，此时，应考虑二重感染引发败血症的可能。由于发病危重，常常在确诊前患病动物已经死亡，而确诊常常是死后病例剖检作出的。

二重感染的败血症治疗效果较差，预后多不良。细菌性败血症应立即调换敏感性抗菌药物。真菌性败血症应立即停用抗菌药物，改用抗真菌药物，如制霉菌素、酮康唑、氟康唑、克霉唑、大蒜素等。同时，立即停用肾上腺皮质激素，注意调整体液平衡、酸碱平衡和电解质平衡，加强支持疗法，保护好心、脑、肝、肾、肺等重要器官的功能。

第四节　赫氏反应

一、概述及发生机制

赫氏反应（Jarisch-Herxheimer reaction），中文直译全称为"赫克斯海默尔反应"，也称吉海反应。最早由奥地利皮肤病学家 Jarisch Adolf Herxheimer、Karl Herxheimer 两兄弟在应用汞、砒霜及铋治疗梅毒过程中发现，患者表现为高热、大汗、盗汗、恶心及呕吐症状，皮肤病变扩大、恶化等，随着治疗进程的继续上述反应消失、缓解，表现为一过性、暂时性的"恶化"，此反应由发现者而命名。

赫氏反应的发生机制是由于药物对病原（如梅毒螺旋体）的杀灭作用太强，导致病原体大量死亡，大量细菌有害物质（异性蛋白、内毒素等）从死亡的病原体内溢出以及机体内部的变态反应引起机体出现的临床症状加剧反应，常为高热、寒战、血压下降。也可能是由于病灶消失过快，而组织修补相对较慢或病灶部位纤维组织收缩，妨碍器官功能所致。

需要强调的是，这种暂时性症状加重的现象不能简单地视为"治疗无效"。

二、应对措施

青霉素治疗螺旋体病、炭疽等疾病，四环素治疗急性布鲁氏菌病，氯霉素治疗毒血症严重的伤寒、布鲁氏菌病、螺旋体所致感染，吡喹酮治疗急性血吸虫病，以及治疗肺吸虫、囊尾蚴、肝片吸虫等寄生虫病时均有可能发生赫氏反应，肺结核化疗期亦常发生类赫氏反应。

发生赫氏反应一般不需停药，主要是对症处理即可，必要时可选用肾上腺皮质激素（如氢化可的松或地塞米松等）治疗。

当然，为了避免发生赫氏反应，或降低其发生的烈度，避免发生治疗性休克，抗感染用药时，尤其是选用青霉素治疗螺旋体病，四环素治疗急性布鲁氏菌病，以及氯霉素治疗毒血症严重的伤寒、布鲁氏菌病、螺旋体所致感染时，首剂给药不应使用饱和剂量，而宜选择小剂量，此后的给药可依次增加直至饱和剂量。

例如，人医在治疗螺旋体病时，为防止引发赫氏反应，成人肌内注射青霉素的首剂为 40 万 U，以后每 6～8h 给药一次，第二次给药剂量增加到 80 万 U，每日剂量控制在 240 万 U。亦可采取静脉缓慢滴注给药，因单位时间进入体内药物量小，不易诱发赫氏反应。还可在首次应用青霉素前或同时使用糖皮质激素，如泼尼松 5mg/次或地塞米松 5mg/次，qd×3d 即可。

发生赫氏反应时，亦可立即使用糖皮质激素治疗。

第 七 章
抗感染药物的联合应用与配伍

第一节　抗菌药物的联合应用

联合用药（drug combination）是指为了达到治疗目的，尽量利用有利的而避免有害的药物相互作用，所采用的两种或两种以上药物同时或先后应用的方法，也称为药物的配伍使用。但如果用药品种偏多，则会使药物相互作用的发生率增加，影响药物疗效或使毒性增加。因此在用药时，兽医师应十分小心，尽量减少用药种类，减少药物相互作用所引起的药物不良反应。

一、抗菌药物联合应用的目的

（1）利用抗菌药物之间的协同或相加作用，控制难治性细菌感染或多种细菌混合感染。

（2）联用抗菌药物有望尽量缩小甚至关闭 MSW，以减少细菌产生耐药性的概率。

（3）联用抗菌药物可以适当降低毒性较大的抗菌药物的用量，在保证疗效的前提下，尽量减少或降低抗菌药物的毒性或不良反应。

二、抗菌药物联合应用的结果

根据作用性质和作用特点，抗菌药可分为四类，即繁殖期杀菌剂（Ⅰ型）、静止期杀菌剂（Ⅱ型）、快效抑菌剂（Ⅲ型）及慢效抑菌剂（Ⅳ型），详见本书第二章第一节。这个分类方法较好地诠释了抗菌药物联合应用时药物间相互作用的一般规律。

两类药物联用一般可产生如下药效学的相互作用结果。

1. 协同作用　又称增效作用，即两药联合应用所显示的总效应明显超过两药单独应用时的效应之和，可表示为（假设 A 药和 B 药的效应各为 1）：
A（1）＋B（1）＞2，见于Ⅰ＋Ⅱ、Ⅱ＋Ⅲ和Ⅱ＋Ⅳ联用时。

2. 相加作用 又称累加作用，指两种药物联合使用时所产生的总效应相等或接近两药单独应用时各药所产生的效应之和，可表示为：A（1）＋B（1）＝2，见于Ⅱ＋Ⅲ、Ⅱ＋Ⅳ、Ⅲ＋Ⅳ和Ⅰ＋Ⅳ联用时。

3. 无关作用 指两药抗菌活性互不影响，表现为两种药物联合使用时所产生的效应明显小于两药单独应用所产生的效应之和，但仍超过单一药物中较强者的抗菌效应，可表示为：1＜A（1）＋B（1）＜2，见于Ⅰ＋Ⅳ联用时。

4. 拮抗作用 即两药联合应用所产生的效应小于单独应用一种药物的效应，两药抗菌作用彼此之间有一定程度的抵消，可表示为 A（1）＋B（1）＜1，见于Ⅰ＋Ⅲ联用时。也有专家认为，这仅是体外试验结果，在体内因药物有不同的作用机制、体内分布等，某些Ⅰ＋Ⅲ，尤其是β-内酰胺类与大环内酯类仍可合用，再就是，如果将两种药物错开使用，使两药峰值浓度错开，亦可大大降低两药的拮抗作用。

上述为一般规律，实际联合用药的结果受许多因素的影响。例如菌种和菌株的不同、药物剂量和给药顺序的不同等，都会产生不同的影响。

动物试验结果证实，青霉素与四环素或氯霉素联合应用时的对象为青霉素敏感菌株，则青霉素的抗菌活性有可能受到干扰。这种干扰现象在青霉素剂量对动物具有高度但非完全保护性，且四环素等剂量小但仍具有抑菌作用时最为显著；但当青霉素剂量增大至具有完全保护性时，则无拮抗现象可见；当四环素等的剂量低于抑菌有效剂量或升高到具有杀菌活性时，也无拮抗现象出现。给药顺序也很重要：上述拮抗作用仅在四环素类药物在青霉素之前应用或同时应用时才出现。如果先用青霉素，后用四环素类，则不出现拮抗现象。

在临床上，由于繁殖期杀菌剂所用剂量往往较大，因此即使与快效抑菌剂联合应用，也不一定发生拮抗作用。

但是，如果发生抗感染药物的拮抗现象，就有可能导致严重的后果，不仅错失抗感染良机，造成动物大量死亡或淘汰，还可能造成耐药菌产生并浪费兽医防治经费。

有些同类抗感染药物也可联合应用。例如青霉素类中的美西林可与其他青霉素类联合应用，青霉素类可与头孢菌素类药物合用。

但是一般而言，作用机制与作用方式相同的抗感染药物之间不宜联合应用，以免增加毒性反应或诱导灭活酶的产生，或竞争同一靶位而出现拮抗现象。例如红霉素与氯霉素、林可霉素均作用于细菌核糖体的 50s 亚基，联合应用时可因竞争作用靶位而产生拮抗作用。氨基糖苷类抗生素的不同品种联合应用后，可增加耳、肾毒性。

不合理的联合应用抗感染药物，有下列危害：

（1）更容易产生耐药菌株。

（2）增加抗感染药物的不良反应。

（3）增加二重感染的概率。

（4）浪费兽医防治经费，增加国家和畜主的经济负担。

（5）延误治疗，加重病情，甚至导致畜禽大量死亡或被淘汰，造成巨大的畜牧业生产损失。

三、抗菌药物协同作用产生的机制

1. 两者的作用机制虽相同，但不同的药物作用于不同的环节　例如磺胺药与 TMP 的联合。磺胺药抑制细菌二氢叶酸合成酶，使二氢叶酸的合成受阻，TMP 抑制二氢叶酸还原酶，使二氢叶酸不能还原成四氢叶酸。这两种药物合用，可使细菌的叶酸代谢受到序贯的双重阻断。这种联合用药可使抗菌活性增强很多倍，抗菌谱增宽。再如，美西林与其他 β—内酰胺类药物的联合用药。美西林作用于青霉素结合蛋白 2（PBP2），使细菌变成大而圆的细胞，而其他 β-内酰胺类药物主要作用于 PBP3，使细菌变成丝状体。两者联合应用，可使细菌更快死亡。

2. 作用机制不同　例如，β-内酰胺类主要作用于细菌细胞壁，可使氨基糖苷类抗生素更容易通过受损的细胞壁进入细菌细胞内的靶位而产生抗菌作用，故这两类药物联合应用可产生协同作用。

两性霉素 B 可损伤真菌的细胞膜，多黏菌素类可损伤革兰氏阴性杆菌的细胞膜，这均有利于其他药物渗入细菌细胞内而发挥抗菌活性。因此，两性霉素 B 与氟胞嘧啶、利福平、四环素等合用对真菌感染，多黏菌素类与四环素、复方新诺明等合用对细菌感染均有协同作用。联合用药时，两性霉素 B 和多黏菌素的剂量可酌情减少，其不良反应也可减轻。

3. 抗菌药物与酶抑制剂联合应用　例如，β-内酰胺类药物与 β-内酰胺酶抑制剂（克拉维酸、舒巴坦或他唑巴坦）联合应用，可使易被 β-内酰胺酶破坏灭活的青霉素类和头孢菌素类药物的抗菌活性不再被细菌产生的 β-内酰胺酶所抑制，使得原先耐药的致病菌变得敏感。

亚胺培南抗菌谱与抗菌活性极强，但它易被肾脏近曲小管细胞刷状缘中的去氢肽酶所水解、破坏。亚胺培南与去氢肽酶的抑制剂西司他丁联合应用（商品名泰能）后，使亚胺培南的抗菌活性得以保持。

4. 抑制不同的耐药菌群，减少耐药菌发生的概率　结核杆菌分为 A、B、C、和 D 四群。其中有的在巨噬细胞内的酸性环境中（B 群），有的仅偶尔繁殖（C 群），它们不易被常规的抗结核药物所杀灭，是结核病易于复发，需长程化疗的原因。联合包括利福平、异烟肼和吡嗪酰胺等抗结核药物，可针对上述不同的耐药菌群，有效地控制结核病，使疗程明显缩短。另一方面，结核杆菌对单一抗结核药物易因基因突变而产生耐药菌株。如果联合应用多种抗结核药物，则可使耐药菌株产生的概率大大降低。

四、抗菌药物联合应用的原则

（一）抗菌药物联合应用的适应证

1. 病原菌未查清的严重感染　包括免疫缺陷或粒细胞减少的严重感染患病动物，为扩大抗菌范围，可先联合用药，等细菌诊断明确后，再及时调整用药。例如，估计为革兰氏阳性球菌感染的可能性较大，可选用较大剂量的青霉素或氯唑西林联合氨基糖苷类抗生素（庆大霉素或阿米卡星等）；估计为革兰氏阴性杆菌感染的可能性较大，可选用氨基糖苷类抗生素联合哌拉西林或第二、三代头孢菌素等。

2. 单一抗菌药物不能有效控制的严重感染　如异物性肺炎、心内膜炎，以及免疫功能受损动物发生的各种严重感染（如败血症或病因已明确的肺炎等）时，单一抗菌药物常不能有效地控制感染，宜联合应用杀菌剂。肠球菌和草绿色链球菌引起的心内膜炎可选用氨苄西林或青霉素联合庆大霉素；铜绿假单胞菌败血症可选用哌拉西林、或环丙沙星联用氨基糖苷类抗生素（如庆大霉素、妥布霉素），也可考虑选用头孢他啶或头孢哌酮联合氨基糖苷类抗生素。

3. 单一药物不能有效控制的多重耐药菌株的难治性感染　结核病、慢性尿路感染、慢性骨髓炎等慢性感染性疾病，单一使用某种抗感染药物很容易产生耐药菌株（如铜绿假单胞菌或金黄色葡萄球菌）的感染，必须联合用药。

4. 单一抗菌药物不能有效控制的混合感染　胸、腹部严重创伤或腹腔脏器穿孔造成的腹膜感染、创伤引起的严重混合感染（创伤性网胃心包炎）等为严重的混合性细菌感染。致病菌种类多，包括需氧菌或兼性厌氧菌（如大肠埃希氏菌、产气杆菌、变形杆菌属、铜绿假单胞菌、肠球菌属等）和厌氧菌（如脆弱类杆菌、消化球菌、消化链球菌等），可选用哌拉西林或第二、三代头孢菌素联合氨基糖苷类或甲硝唑、林可胺类、氟苯尼考等药物。

5. 已经应用或考虑应用单一抗菌药物难以控制的感染　已经明确诊断为细菌感染的，但在使用抗菌药物 2～3d 后不显效或病情继续加重时，应分析原因，并根据实验室检查（细菌培养和药敏试验）结果调整或联合使用抗菌药物。

6. 需要长期治疗，但病原菌易产生耐药性的感染　如结核病、布鲁氏菌病、慢性骨关节感染的治疗需要长期用药并为防止耐药菌产生时。

7. 需要降低毒性大药物的剂量　利用药物间的协同或相加抗菌作用，联合用药时可考虑降低毒性较大的抗菌药物的剂量，如两性霉素 B 治疗真菌严重的系统性感染（如隐球菌脑膜炎）时，合用氟胞嘧啶可减少前者的用量以减少其毒副作用，从而保证治疗疗程的完成。

8. 需要保证药物不易到达部位的抗菌效果　机体深部感染或抗菌药物不易渗透部位的感染，如中枢神经系统感染、骨髓炎、心内膜炎等，如大剂量氨苄西林、青霉素等治疗细菌性脑膜炎时，可合用易透过血脑屏障的磺胺嘧啶、氯霉素等；又如使用头孢菌素类治疗金黄色葡萄球菌所致的慢性骨髓炎时，可加用易渗入骨组织的喹诺酮类、林可胺类、褐霉素或磷霉素等。

（二）用于联合用药的抗菌药物应具备的条件

（1）联合用药的两种抗菌药物至少一种应对病原菌有相当的抗菌活性，另一种也不应该是病原菌高度耐药的。

（2）病原菌对两种药物无交叉耐药性，并且两者应呈协同或相加抗菌作用。

（3）联合使用的两种抗菌药物药动学特性相似，如吸收、分布、代谢、排泄等规律基本一致。

（4）对于病因不明的严重感染，应选择抗感染谱广，估计能够覆盖所有可能致病原的两种具有协同作用的抗感染药物。

临床证明有效的抗菌药物联合应用方案见表 7-1。

表 7-1　临床证明有效的抗菌药物联合应用方案

病原微生物	联合用药方案	备注
肠球菌属	氨苄西林＋庆大霉素；青霉素＋庆大霉素；万古霉素＋链霉素或庆大霉素	适用于心内膜炎或败血症
金黄色葡萄球菌	利福平＋庆大霉素；利福平＋万古霉素或头孢唑林；头孢唑林或氯唑西林＋万古霉素；β-内酰胺类＋β-内酰胺酶抑制剂	适用于心内膜炎或严重败血症
李氏杆菌	氨苄西林＋红霉素；青霉素＋红霉素	脑膜炎时用氯霉素类代替红霉素
结核杆菌	链霉素＋异烟肼；利福平＋异烟肼＋乙胺丁醇；利福平＋异烟肼＋乙胺丁醇＋吡嗪酰胺	巩固治疗比强化治疗减少1～2 种药物
布鲁氏菌	四环素＋链霉素；四环素＋庆大霉素；磺胺类（如复方新诺明）＋氨基糖苷类（如链霉素）	本病易于复发，应联合用药2～3 个疗程
肺炎杆菌	氨基糖苷类（庆大霉素或妥布霉素）＋第二、三代头孢菌素或哌拉西林	适用于严重肺炎或败血症
铜绿假单胞菌	氨基糖苷类＋哌拉西林；头孢他啶＋氨基糖苷类；头孢他啶＋氟喹诺酮类；头孢哌酮＋β-内酰胺酶抑制剂	适用于各种严重感染

（续）

病原微生物	联合用药方案	备注
革兰氏阴性杆菌	氨基糖苷类＋哌拉西林；氨基糖苷类＋第二、三 3 代头孢菌素；β-内酰胺类＋β-内酰胺酶抑制剂	主要是肠杆菌科细菌
各种深部真菌	两性霉素 B＋氟胞嘧啶	两性霉素 B 因毒性较大，可酌减
肺孢子菌	磺胺类＋TMP	氨苯砜＋TMP，克林霉素＋伯氨喹

（三）抗菌药物联合应用的注意事项

（1）抗菌药物联合应用多以二联用药为宜，多采用广谱＋窄谱的联用方式。

（2）联合应用药物过多可能会增加不良反应。

（3）联合用药时应注意药物相互作用，合理配伍，选用有协同和累加作用的药物组合。

（4）避免药物相互作用引起的不良反应。

（5）避免抗菌药物之间及与其他药物之间的配伍禁忌。

第二节　抗感染药物的相互作用

联合应用抗感染药物的目的是为了提高药物的抗感染作用，减少毒副作用。但应用不当可能适得其反，产生药动学和药效学两方面的不良后果。

一、药动学相互作用

1. 药物吸收相互作用　即药物在胃肠道的吸收会受到合用药物影响，多为减少吸收、影响吸收速度和生物利用度。

胃肠道 pH 的改变会影响药物的解离度和吸收率。如应用抗酸药后，提高了胃肠道 pH，此时同服弱酸性药物，由于弱酸性药物在碱性环境中解离度高，解离部分增多，而药物透过胃肠黏膜上皮的被动扩散能力取决于药物的非离子化脂溶形式的程度，故吸收减少；如果同时考虑其他作用，如螯合、吸附、胃肠蠕动改变等，最终结果常难定论。

有些药物同服时可互相结合而妨碍吸收，如饲料和抗酸剂中的多价金属离子，如 Ca^{2+}、Mg^{2+}、Al^{3+} 及铁制剂与四环素类形成难吸收的络合物。

改变胃排空和肠道蠕动速度的药物也会影响其他口服药物的吸收，如阿托品可抑制胃肠活动，使其他药物的吸收减慢。

食物也会对药物的吸收产生较大的影响，大多数情况下摄食后口服药物会减少吸收。少数情况下食物有利于药物吸收，如牛奶可以提高罗红霉素的生物利用度并减少胃肠反应。

2. 药物置换相互作用　药物吸收入血后，大部分药物不同程度地与血浆蛋白，尤其是清蛋白（白蛋白）发生可逆性的结合，只有非结合的、处于游离状态的药物才具有药理活性。因为蛋白分子与药物结合的能力有限，因此当药物与蛋白结合时，会在结合部位发生药物间的置换现象，结果与蛋白结合部位亲和力较高的药物将亲和力低的药物置换出来，使后者游离型增多，药理活性增强。

酸性药物与蛋白结合力较碱性药物要强得多，一般认为，碱性药物与血浆蛋白的置换现象没有重要的临床意义。

3. 药物代谢相互作用　药物诱导或抑制代谢酶的作用是临床许多不良反应发生的原因。

肝微粒体酶是药物代谢的重要酶系，其活性直接影响许多药物的代谢。有些药物反复使用，可诱导肝微粒体酶系活性增强（酶促作用），从而使许多药物包括诱导剂本身的代谢加速，效力减弱。有些药物相反，多次使用可抑制肝微粒体酶系活性（酶抑作用），从而使许多药物代谢减慢，效力增强，如氯霉素、异烟肼可使小剂量的苯妥英钠效力过强而引起中毒。

体内还存在着广泛的酶的抑制，即某些化学物质能抑制肝微粒体药物代谢酶的活性，减慢其他药物的代谢率；还有酶的诱导，即某些化学物能提高肝微粒体药物代谢酶的活性，增加自身和其他化学物质或药物的代谢率。这些现象都会影响药物代谢及其效力。

4. 排泄过程中的药物相互作用　大多数药物通过尿液和胆汁排泄。干扰肾小管液的 pH、主动转运系统及肾血流量的药物可影响其他药物的排泄。

肾脏排泄过程中药物相互作用对于那些在体内代谢较少，以原型排出的药物影响较大。

一些影响尿液 pH 的药物可改变某些药物通过尿液的排泄量。如碳酸氢钠能碱化尿液，减少氨基糖苷类药物通过尿液的排泄。

作用于肾小管同一主动转运系统的药物可互相竞争，改变肾小管主动分泌，如丙磺舒和青霉素及其他药物竞争，减少它们的排泄，明显延长其消除半衰期。

二、药效学相互作用

药效学的相互作用主要指影响药物与受体作用的各种因素，导致药理效应发生改变的现象。因此，在需要联合应用抗感染药物时，应有根据地权衡抗感染药物合用所带来的利与弊，避免产生不良的药物相互作用。

如前所述，抗菌药物的药效学相互作用主要有协同作用、相加作用、无关作用和拮抗作用。

临床常见抗感染药物相关的药物相互作用见表7-2。

表7-2　常用抗感染药物的药物相互作用

抗感染药物	联合用药	药物相互作用结果
氨基糖苷类	两性霉素 B	增加肾毒性
	咪康唑	可能降低妥布霉素浓度
	多黏菌素 B	增加肾毒性和神经肌肉阻断作用
	头孢菌素类	增加肾毒性
	利尿酸*	增加耳毒性
	速尿*	增加耳和肾毒性
	硫酸镁	增强神经肌肉阻断作用
	甲氨蝶呤	口服氨基糖苷类可能降低甲氨蝶呤活性
	万古霉素	增加肾毒性、可能增加耳毒性
	膦甲酸钠	增加肾毒性
两性霉素 B	氨基糖苷类	增加肾毒性
	皮质类固醇	加重低血钾
	利尿药	加重低钾血症
	甲氧氟烷	增加肾毒性
	骨骼肌松弛药	增加骨骼肌松弛药的作用
	万古霉素	增加肾毒性
	膦甲酸钠	增加肾毒性
	戊烷脒	增加肾毒性
阿奇霉素	含 Mg²⁺ 或 Al³⁺ 的抗酸剂	减少阿奇霉素吸收
头孢菌素类	乙醇	头孢孟多、头孢哌酮及头孢替坦可产生戒酒硫样反应
	氨基糖苷类	可能增加肾毒性
	利尿酸	增加肾毒性
	速尿	增加肾毒性
	丙磺舒	可减少大多数头孢菌素排泄，提高血浓度
氯霉素	口服抗凝药	加重凝血酶原减少
	双香豆素	增强双香豆素活性
	苯巴比妥	降低氯霉素血浓度
	苯妥英钠	增强苯妥英钠作用
	利福平*	降低氯霉素血浓度

（续）

抗感染药物	联合用药	药物相互作用结果
克拉霉素	卡马西平*	增强卡马西平作用
	茶碱	提高茶碱浓度
林可胺类	抗寄生虫药物	增加艰难梭菌（C.difficile）结肠炎的危险和严重性
	大环内酯类	拮抗降效
环丝氨酸	乙醇*	增强乙醇作用或惊厥，不可联用
	乙硫异烟胺	增强 CNS（中枢神经系统）毒性
	异烟肼	增强 CNS 毒性，头昏，眩晕
	苯妥英钠	增加苯妥英钠作用（中毒）
大环内酯类	口服抗凝药	加重凝血酶原减少
	卡马西平	增加卡马西平毒性
	糖皮质激素	增强甲基氢化泼尼松的作用
	环孢霉素	增加环孢霉素毒性（肾毒性）
	地高辛	增加地高辛毒性
	林可胺类	拮抗降效
	牛奶	提高罗红霉素口服生物利用度
	麦角生物碱	增加麦角生物碱毒性
	茶碱	增强茶碱的作用
氟康唑	华法令	延长 PT（凝血酶原时间）
	环孢霉素	增加肾移植病例环孢霉素浓度
	苯妥英钠	增加苯妥英钠作用
	磺脲类	增加磺脲类浓度，导致低血糖
氟喹诺酮类（环丙沙星、诺氟沙星、氧氟沙星、洛美沙星）	抗酸剂	含 Mg^{2+}、Ca^{2+} 或 Al^{3+} 抗酸剂可减少氟喹诺酮类吸收，应在服用氟喹诺酮类 24h 后再给抗酸剂
	口服抗凝药	加重凝血酶原减少
	咖啡因	增加咖啡因作用，氧氟沙星无此作用
	环孢霉素	可能增强肾毒性
	铁剂	减少环丙沙星吸收
	非甾体类抗炎药	可能引发癫痫；增强茶碱、阿片、三环类抗抑郁药和抗精神病药致癫痫作用
	丙磺舒	减少氟喹诺酮类消除，增加浓度
	茶碱	增强茶碱毒性，以环丙沙星和依诺沙星为甚（癫痫、心动停止和呼吸衰竭）
	锌剂*	减少环丙沙星吸收
	地诺丹新	减少氟喹诺酮类吸收，相隔 2h 给药可预防

（续）

抗感染药物	联合用药	药物相互作用结果
灰黄霉素	乙醇	可能增强乙醇作用
	口服抗凝药	降低抗凝作用
	口服避孕药	降低避孕效果
	苯巴比妥	降低灰黄霉素浓度
亚胺硫霉素 （亚胺培南）	更昔洛韦*	增加癫痫发作频率
	西司他丁	减少排泄，增加亚胺培南血药浓度
	丙磺舒	减少排泄，增加亚胺硫霉素浓度
异烟肼（INH）	乙醇	增加肝炎发生
	抗酸剂	含 AL^{3+} 抗酸剂可降低 INH 浓度
	口服抗凝药	可能加速凝血酶原减少
	卡马西平*	增加两种药物的毒性
	环丝氨酸	增加 CNS 毒性（头昏和嗜睡）
	戒酒醚/双硫醒*	精神病发作，运动失调
	乙硫异烟胺	增加 CNS 毒性
	酮康唑*	降低酮康唑作用
	苯妥英钠	增加苯妥英钠作用
	利福平	可能增加肝毒性
	茶碱	增加茶碱浓度
伊曲康唑	华法令	加重凝血酶原减少
	环孢素	增加环孢素浓度
	地高辛	增加地高辛浓度
	H_2受体拮抗剂*	降低伊曲康唑浓度
	口服降糖药	严重低糖血症
	异烟肼	降低伊曲康唑浓度
	苯妥英钠	降低伊曲康唑浓度
	利福平	降低伊曲康唑浓度
	特非那定*	可导致室性心律失常
酮康唑	乙醇	可能导致戒酒醚样反应
	抗酸剂	减少酮康唑吸收
	口服抗凝药	加重凝血酶原减少
	糖皮质激素	增强甲基氢化泼尼松作用
	环孢素	增加环孢素毒性
	H_2受体拮抗剂	降低酮康唑作用，提前 2h 给药可预防
	异烟肼*	降低酮康唑作用
	氯雷他定	增加氯雷他定浓度
	苯妥英钠	改变两种药物的代谢
	利福平*	降低两种药物的作用
	特非那定*	室性心律失常
	茶碱	增强茶碱作用

（续）

抗感染药物	联合用药	药物相互作用结果
甲硝唑	乙醇	戒酒醚样反应
	口服抗凝药	加重凝血酶原减少
	巴比妥类	苯巴比妥可降低甲硝唑作用
	糖皮质激素	降低甲硝唑作用
	西咪替丁*	可能增加甲硝唑毒性
	戒酒醚*	器质性脑综合征
	氟尿嘧啶	短暂性中性粒细胞减少
	锂盐	锂中毒
咪康唑	氨基糖苷类	可能降低妥布霉素浓度
	口服抗凝药	加重凝血酶原减少
	降糖药	磺脲类导致严重低血糖
	苯妥英钠	增加苯妥英钠毒性
萘啶酸	口服抗凝药	加重凝血酶原减少
呋喃妥因	抗酸剂	可能降低呋喃妥因作用，给药间隔时间应为 6h，可预防
	丙磺舒	降低呋喃妥因作用
青霉素类	别嘌呤醇	增加氨苄西林皮疹的发生率
	口服抗凝药	萘夫西林和双氯西林可降低抗凝作用
	头孢菌素类	磺唑氨苄青霉素在肾衰病例中可增加头孢噻吩毒性
	口服避孕药	氨苄西林或苯唑西林可能降低口服避孕药作用
	环孢霉素	萘夫西林降低环孢素作用，替卡西林增加环孢素毒性
	钠盐	替卡西林可引起高钠血症
	甲氨蝶呤	可能增加甲氨蝶呤毒性
	丙磺舒	增加青霉素浓度
哌嗪	氯丙嗪	可能引发癫痫
多黏菌素 B	氨基糖苷类	增加肾毒性和神经肌肉阻断作用
	神经肌肉阻断剂	增加神经肌肉阻断作用
	万古霉素	增加肾毒性
利福平	对氨基水杨酸	降低利福平作用，给药间隔 8～12h 可预防
	抗凝药	加重凝血酶原减少
	巴比妥类	降低巴比妥作用
	苯二氮卓类	可能降可能降低苯二氮卓类作用
	β-肾上腺受体阻断剂	降低 β-肾上腺受体阻断作用

（续）

抗感染药物	联合用药	药物相互作用结果
利福平	氯霉素 *	降低氯霉素血浓度
	氯法齐明	降低利福平作用
	避孕药类	降低避孕药效果
	糖皮质激素 *	降低皮质类固醇作用
	环孢素 *	降低环孢素作用
	氨苯砜	降低氨苯砜（治疗麻风病时不明显）浓度
	强心苷	降低强心苷作用
	多西环素	降低多西环素作用
	雌激素类	降低雌激素类作用
	氟哌啶醇	降低氟哌啶醇作用
	降糖药	降低磺脲类降血糖作用
	异烟肼	增加肝毒性
	酮康唑 *	同时降低两药作用，禁止合用
	美沙酮	出现美沙酮戒断症状（利福平停药后）
	苯妥英钠	降低苯妥英钠作用
	孕激素类	降低炔诺酮（妇康片）作用
	奎尼丁	降低奎尼丁作用
	茶碱	降低茶碱作用
	甲氧苄啶	降低甲氧苄啶作用
	维拉帕米	降低维拉帕米作用
磺胺类	口服抗凝药	加重凝血酶原减少
	巴比妥类	增加硫喷妥钠作用
	环孢素	磺胺二甲嘧啶降低环孢素作用
	地高辛	柳氮磺胺吡啶降低地高辛作用
	降糖药	增加磺脲类降血糖作用
	甲氨蝶呤	可能增加甲氨蝶呤毒性
	苯妥英钠	除了磺胺甲噁唑均可增加苯妥英钠毒性
四环素类	乙醇	增加多西环素作用
	抗酸剂 *	含 Ca^{2+}、Al^{3+}、Mg^{2+} 和 $NaHCO_3$ 抗酸剂降低了四环素类作用（间隔 3h 给药可预防）
	地诺丹新	减少四环素类吸收，相隔 2h 给药可预防
	口服抗凝药	加重凝血酶原减少

（续）

抗感染药物	联合用药	药物相互作用结果
四环素类	抗腹泻药	含白陶土、果胶和碱式水杨酸铋制剂降低四环素类作用
	巴比妥类*	制剂降低四环素类作用
	卡马西平*	降低卡马西平作用
	口服避孕药*	降低避孕药作用
	地高辛	增强地高辛作用
	口服铁剂	降低四环素类疗效（多西环素除外），同时降低铁剂作用，间隔3h给药可预防
	轻泻药	含 Mg^{2+} 制剂降低四环素类作用
	锂盐	可能增强锂盐毒性
	甲氨蝶呤	可能增强甲氨蝶呤毒性
	甲氧氟烷麻醉剂	可能引起致命肾毒性
	牛奶*	降低四环素吸收，多西环素和米诺环素除外
	苯乙双胍*	降低多西环素作用
	苯妥英钠	降低多西环素作用
	利福平	可能降低多西环素作用
	茶碱	可能增强茶碱毒性
	锌*	降低四环素类作用
噻苯达唑	茶碱	增加茶碱毒性
甲氧苄啶	硫唑嘌呤	白细胞减少
	环孢素*	增加肾毒性
	氨苯砜	增加两药浓度；加重正铁血红蛋白尿
	地高辛	可能增加强心作用
	苯妥英钠	增强苯妥英钠作用
	噻嗪类利尿药	与氨氯吡脒合用可能导致低血钠
复方磺胺甲（基异）噁唑（SMZ）	口服抗凝药	加重凝血酶原减少
	巯嘌呤*	降低巯嘌呤作用
	甲氨蝶呤*	幼巨红细胞性贫血
	巴龙霉素	增加肾毒性
	苯妥英钠	增加苯妥英钠毒性
	普鲁卡因胺	增加普鲁卡因胺浓度
万古霉素	氨基糖苷类	增加肾毒性和可能增加耳毒性
	两性霉素 B	增加肾毒性
	地高辛	可能降低地高辛作用
	巴龙霉素	增加肾毒性
	多黏菌素 B	增加肾毒性

*示尽量避免合用。

第三节　抗感染药物的配伍禁忌

一、概念

药物的配伍禁忌（incompatibility），因具有不同的药理作用和理化性质，两种或两种以上的药物配伍在一起，引起配伍药物药理上的疗效相互抵消或降低（如青霉素和四环素、红霉素和林可霉素、诺氟沙星和氯霉素等配伍后引起药物降效）或增加其毒性（如新霉素和庆大霉素、呋塞米和卡那霉素等），或物理化学上（主要注意酸碱药物的配伍，如青霉素钠和硫酸链霉素、头孢噻呋钠和硫酸庆大霉素、维生素 C 与青霉素钠、盐酸多西环素和葡萄糖酸钙、碳酸氢钠与盐酸四环素等配伍会引起化学反应或析出沉淀）的变化，从而导致药物失效或产生毒性，影响动物用药效果和安全，这种情况称为药物的配伍禁忌。兽医师在临床治疗时必须注意和了解药物的配伍禁忌，谨慎用药。

药物的配伍禁忌主要有如下三类。

1. 物理性配伍禁忌　药物配合时产生形态方面的改变，如分离、析出沉淀、潮解、溶化、液化、引湿、吸附等变化，导致药效降低或产生毒性。如抗生素类药不能与吸附类药同用，否则前者易被后者吸附而降低疗效。

2. 化学性配伍禁忌　主要是酸性与碱性的两类药物相遇时发生化学反应而产生混浊、沉淀、变色、产气、爆炸等，轻者降低药效，重者产生毒害作用。如磺胺类药物易与许多抗生素类药物、维生素 C，以及解热镇痛、镇静类药物发生沉淀析出；盐酸四环素遇碳酸氢钠时析出四环素沉淀；酰胺醇类遇碱性药物如人工盐则被破坏而失效，而遇酸性药物则发生沉淀（在肌肉中吸收不良，静脉注射时则栓塞血管）；维生素 C 与维生素 B_2、维生素 B_{12} 配伍，后两者被破坏失效等。临床上，兽医师须注意，酸性药物均不宜与碱性药物配伍，还原剂药物不宜与氧化剂药物配伍。

3. 疗效性配伍禁忌　一些药物在配合使用时可产生拮抗作用（抵消药效）或协同作用（导致药物毒性增加）。如拟胆碱药与抗胆碱药，磺胺类与普鲁卡因，青霉素类与四环素类，大环内酯类与林可胺类，酰胺醇类与喹诺酮类等不宜配合使用。

目前广泛使用的一些中成药水针剂、中西药复合针剂及其他药物配伍时同样具有配伍禁忌，临床配合用药也必须慎重。

二、兽医临床常见抗感染药物的配伍禁忌

联合应用抗感染药物的目的是为了增加临床效果，降低毒副反应和耐药性的产生。因此，联合应用抗感染药物除了要掌握适应证外，还应注意各药物的针对

性，并注重联合用药尽量取得协同或相加作用，避免配伍禁忌。临床兽医要避免临床用药的配伍禁忌，首先要很好地了解其相关知识。兽医临床常用与抗感染药物相关的配伍禁忌见表 7-3。

表 7-3　兽医临床常用抗感染药物配伍禁忌表

类别	药物	配伍药物	结果
青霉素类	氨苄西林、阿莫西林、青霉素 G	氨基糖苷类、多黏菌素类、喹诺酮类	疗效增强
		与 β-内酰胺酶抑制剂合用（2:1）	疗效增强
		克拉维酸钾（1:0.2）	疗效增强
		氟苯尼考、四环素类、林可胺类	降低疗效
		大环内酯类分开注射	对耐药菌作用增强
		与维生素 C、氨基糖苷类加入同一容器	沉淀、分解失效
		丙磺舒减慢青霉素类抗生素肾排泄	延长作用时间
		氨茶碱、磺胺类相混合	沉淀、分解失效
	青霉素	氨基比林合用	血浆游离青霉素增多，效力增强
头孢菌素类	头孢噻呋、头孢氨苄、头孢唑啉、头孢克洛头孢呋辛等	氨基糖苷类、喹诺酮类、多肽类、氨苄青霉素	疗效增强
		氨茶碱、维生素 C、磺胺类、强力霉素、氟苯尼考	沉淀、分解失效降低疗效
		丙磺舒减少头孢菌素类抗生素肾排泄	消除半衰期延长，作用时间延长
		Ca^{2+}、Mg^{2+} 等阳离子	沉淀降效
	先锋Ⅱ（头孢噻啶）	强效利尿药	肾毒性加强
氨基糖苷类	新霉素、阿米卡星、庆大霉素、卡那霉素、链霉素等	氨苄西林、强力霉素、四环素、TMP	疗效增强
		氧化、还原剂如维生素 C 等	抗菌减弱
		同类药物、利尿药、磺胺类	肾、耳及神经肌肉接头阻断毒性增强
		肌肉松弛药，如琥珀酰胆碱等	神经肌肉接头阻断毒性增强
		碳酸氢钠，使尿液变碱性，减少氨基糖苷类排泄	疗效增加，毒性亦增强
大环内酯类	罗红霉素、红霉素、替米考星、泰乐菌素	庆大霉素、新霉素、氟苯尼考	疗效增强
		林可胺类	疗效降低
		与 β-内酰胺分开注射	对耐药菌作用增强
		磺胺类、氨茶碱	毒性增强
		氯化钙	沉淀、析出游离
	乳糖酸红霉素注射剂	氯化钠或氯化钙注射液混合	沉淀或混浊
		碳酸氢钠注射液混合	析出红霉素沉淀

（续）

类别	药物	配伍药物	结果
多黏菌素	硫酸黏杆菌素	强力霉素、氟苯尼考、头孢氨苄、罗红霉素、替米考星、喹诺酮类	疗效增强
		阿托品、先锋Ⅰ、新霉素、庆大霉素	毒性增强
四环素类	四环素、土霉素、强力霉素、金霉素	同类药物及泰乐菌素、泰妙菌素、TMP	增强（减小量）
		氨茶碱、中性及碱性溶液如 $NaHCO_3$	分解失效
		Fe^{2+}、Fe^{3+}、Ca^{2+}、Mg^{2+} 阳离子（二价或三价离子）	形成不溶络合物，疗效降低
		氯化铵	酸化尿液，效力增强
		地塞米松等糖皮质激素类合用	提高"二重感染"发生率
酰胺醇类	氟苯尼考	新霉素、强力霉素、黏杆菌素	疗效增强
		氨苄西林钠、头孢拉定、头孢氨苄	疗效降低
		喹诺酮类、磺胺类、硝基呋喃类	毒性增强
		伍用苯巴比妥等肝酶促进剂	促进氯霉素等代谢，毒性降低
		铁剂、叶酸、维生素 B_{12}	抑制红细胞生成
喹诺酮类	诺氟沙星、环丙沙星、恩诺沙星、氧氟沙星、培氟沙星	与 β-内酰胺类、氨基糖苷类、磺胺类联合应用	疗效增强
		与氨基糖苷类合用或交替使用	细菌耐药性产生减慢
		四环素类、氟苯尼考、硝基呋喃类、大环内酯类	疗效降低
		合用外排泵抑制剂——利血平	提高对耐药菌的抗菌效果
		磺胺增效剂 TMP 或 DVD（5∶1）	疗效增强
		氨茶碱	析出沉淀
		金属阳离子，如 Fe^{2+}、Fe^{3+}、Ca^{2+}、Mg^{2+} 等	形成不溶络合物，疗效降低
磺胺类	SMM、SMZ、SD	TMP、DVD、新霉素、庆大霉素、卡那霉素	疗效增强
		头孢拉定、头孢氨苄、氨苄西林、普鲁卡因	疗效降低
		氟苯尼考、罗红霉素、氯化铵	毒性增强
		与维生素 C 或硫酸黄连素等酸性注射液相混合	磺胺药沉淀析出
		合用普鲁卡因或含 PABA 药物，B 族维生素	疗效降低
		氯化铵	磺胺毒性增强
		碳酸氢钠	效力增强，毒性降低
		与磺胺类各药相互联用	疗效相加，毒性相加

（续）

类别	药物	配伍药物	结果
茶碱	氨茶碱	维生素 C、四环素类盐酸盐、肾上腺素等酸性物质	混浊、分解失效
		喹诺酮类	疗效降低
林可胺类	林可霉素、克林霉素	硝基咪唑类	疗效增强
		大环内酯类	疗效降低
		磺胺类、氨茶碱	混浊、失效
喹噁啉类	喹乙醇	与土霉素、杆菌肽锌、吉他霉素或维吉尼霉素配合	抑制喹乙醇促生长作用
		黄连、蒲公英合用	协同增效
抗肺线虫药	碘化钾	氯化铵、酸类或酸性盐	变色游离出碘
抗菌药物	所有抗菌药物	活性炭或碳酸钙相混合	被吸附而降低抗菌药物疗效
有机磷类	敌百虫	与碳酸氢钠或人工盐合用或序贯使用	敌百虫转变成毒性增大10倍的敌敌畏

注：1）氧化剂：漂白粉、双氧水、过氧乙酸、高锰酸钾；

2）还原剂：碘化物、硫代硫酸钠、维生素 C、维生素 K；

3）生物碱沉淀剂：氢氧化钾、碳酸氢钠、氨水等；

4）药液显酸性的药物：氯化钙、氯化铵、硫酸阿托品、水合氯醛、肾上腺素、盐酸普鲁卡因、硫酸庆大霉素等；

5）药液显碱性的药物：安钠咖、碳酸氢钠、氨茶碱、乳酸钠、磺胺钠盐、乌洛托品等。

第 八 章

抗感染药物治疗新策略

第一节 优化抗菌治疗

据调查，当前兽医临床抗感染药物应用中存在着一些普遍的问题，主要有：

（1）适应证掌握过宽，甚至不恰当地使用抗菌药物，如发病后不加详细检查，不做基本的感染性疾病的判定，不论是不是细菌感染都使用抗菌药物。

（2）抗感染药物使用频率过高。

（3）抗感染药物更换过频繁或疗程过长。

（4）联合应用过多（包括使用抗感染药物的种类和联合用药的频率），一般来讲2种抗菌药物联合即可，但兽医临床上用药或厂家生产的制剂3种抗菌药物联合的情况很常见，甚至有5～6种抗菌药物联合的情况，而且不注意配伍禁忌。

（5）预防应用抗感染药物过多，不少病例缺乏预防性应用抗感染药物的指征，尤其是有的临床兽医遇病即用抗菌药物，不问有无感染可能或预防价值，更有甚者，只考虑利润因素，罔顾技术原则。

（6）病原学检查过少或根本不检查，也不参考他人相关工作成果，完全按照临床经验或产品介绍用药，经验性应用抗感染药物过多。

由于不合理地使用抗感染药物，不仅会贻误病情，影响预后，还会加大人力和药物资源的浪费，造成畜禽产品中药物蓄积和残留，影响动物产品品质，更为严重的是造成附加损害，诱导出大量的耐药菌株。为了克服上述问题，人类医学专家们近年来提出了优化抗感染药物治疗的新措施和新策略，值得临床兽医借鉴。

一、优化抗菌治疗的定义

优化抗菌治疗指对于有应用抗菌药物指征的细菌感染性疾病，根据具体感染病情和动物体况，结合当地细菌药敏资料，优选抗菌药物，并运用必要的药理学知识，给予最佳的剂量、给药途径、给药次数、给药时间和疗程，以最大限度地杀灭致病菌，获取最好的抗菌疗效，并尽可能地避免和防止耐药菌，控制动物产品（肉、蛋、奶等）中的药物残留，保障动物性食品卫生安全，节约抗感染用药成本。

二、优化抗菌治疗的内容

（1）尽可能获取致病菌的信息，包括其种类、感染部位、药敏和耐药情况。

（2）尽早给予合理的初始经验治疗，即针对相应的细菌感染，根据在当地积累的抗菌药物治疗经验和药敏试验结果，选取效果好的药物。

（3）根据药动学和药效学（PK/PD）特性选择适当的抗菌药物种类和给药方法（参见本书第四章第一节）。

（4）在疗效相似的情况下，应首先选择安全性好、毒副作用小、价廉、药源充分、符合国家制定的相关法律法规要求的药物。

（5）重视改善饲养管理、提高机体抵抗力；重视环境和用具消毒，尽量减少动物个体间的相互传染；重视动物全身治疗、感染局部处理和非菌药物治疗（如对症治疗中的补液、纠正水盐平衡、调节机体酸碱平衡、止血、解毒等，以及补充维生素和微量元素、给予免疫增强剂等）。

（6）在积极治疗发病动物的同时，应采取防止未发病动物被传染的综合措施（如隔离、消毒、紧急免疫注射等），对于烈性细菌性传染病（如炭疽、梭菌病、巴氏杆菌病等）应对全群动物实施预防性抗菌给药。

第二节　几种抗感染药物治疗方法和策略

一、联合治疗

抗感染药物的联合应用，目的是为了增强抗感染的作用或（和）扩大抗菌谱，并同时减少药物不良反应和降低耐药菌产生概率。目前兽医临床上有许多联合治疗方案并不能达到上述目的，属于不合理的联合用药。有关抗感染药物的联合应用详见本书第七章第一节。

二、序贯疗法或替代疗法

1. 序贯疗法　序贯疗法（sequential antibiotic therapy，SAT）是应用抗感染药物的一种新疗法，即对急性或中、重度感染动物，短期静脉注射（或滴注）抗感染药物，等到临床症状有明显改善时，及时改为同一种抗感染药物的口服治疗。这种疗法临床疗效和细菌清除率与单用静脉给药方法相似，但具有缩短疗程、节省治疗费用，并在对群体动物用药时具有更好的可操作性和依从性等优点，可大大提高治疗的效费比，值得在兽医临床推广。

序贯疗法最恰当的适应证是呼吸道感染，如异物性肺炎，其静脉给药改为口服的指征为：①经静脉给药病情稳定或好转；②咳嗽、呼吸困难等主要症状得到明显改善；③血象白细胞计数（WBC）和中性粒细胞恢复正常；④体温恢复正常至少24h；⑤口服药物能耐受、依从性好、可操作性好。

但在治疗感染性心内膜炎、化脓性脑膜炎、中枢神经系统感染、眼内炎等疾病时，由于抗菌药物很难进入靶器官/组织，口服达不到要求的血药浓度，必需长期胃肠外（注射）给药，采用序贯治疗是不适当的。中性粒细胞减少患病动物因存在免疫缺陷，也不宜应用序贯治疗。

可用于序贯疗法的抗感染药物，必须是同一种药物既具有静脉注射剂型，又有口服剂型。临床上常用于此疗法的抗感染药物有氨苄青霉素、氨苄西林-舒巴坦钠、头孢氨苄、头孢拉定、阿莫西林、头孢呋辛、头孢布烯、环丙沙星、氧氟沙星、左氧氟沙星、洛美沙星、阿奇霉素、红霉素、林可胺类、氟苯尼考和甲硝唑等。

2. 替代疗法 亦称转换疗法（switch therapy），方法与序贯疗法相似，但静脉注射和口服的抗感染药物不是同一种，或者其静脉注射的药物没有口服剂型（因为其静脉给药转为口服治疗时血清药物浓度会降低，达不到有效血药浓度），而是用其他药物替代作口服给药。临床上较常用于替代疗法的抗感染药物如下：

庆大霉素等氨基糖苷类（静脉注射）→环丙沙星等氟喹诺酮类（口服）；

青霉素（静脉注射）→头孢氨苄或林可霉素或红霉素（口服）；

头孢噻肟（静脉注射）→头孢呋辛酯（口服）或头孢克肟（口服）；

头孢噻呋（静脉注射）→阿莫西林（口服）；

舒他西林（静脉注射）→阿莫西林（口服）；

头孢他啶（静脉注射）→环丙沙星（口服）；

头孢曲松（静脉注射）→头孢氨苄（口服）等。

三、猛击疗法和降阶梯治疗

1. 目的 防止严重感染病情的迅速恶化，改善患病动物预后，降低严重感染所引起的病死率；避免和减少病菌产生耐药性；避免长时间广谱抗菌治疗的不良反应与并发症，并降低治疗费用。

2. 理论基础 经验性选用广谱抗菌药物以覆盖所有可能的致病原的及早、合理和足够的抗菌治疗（重击疗法），对于危重感染是最好的治疗方法。如果起始治疗不足，以后再调整，可能会错失最佳治疗时机。人医实践证明，最初经验治疗不当（主要是不足），再换用对致病菌敏感的抗生素对预后的改善帮助不大。

3. 适应对象　高度怀疑耐药菌感染以及威胁生命的重症感染患病动物，尤其是老年或幼龄动物、免疫力低下及合并多脏器衰竭的患病动物。

4. 适应证　严重的呼吸道感染、胸腔内感染、腹腔感染、中枢神经系统感染、急性泌尿生殖系统感染、败血症、菌血症等严重感染性疾病。

5. 危重病例抗菌药物应用不当的后果

（1）病情早期迅速恶化，多是早期延误了有效抗菌药物的治疗时机。

（2）感染持续存在，说明抗菌药物选择不当。

（3）病情好转后再度恶化，说明可能是诱导产生了耐药菌，也可能存在耐药菌的双重感染或出现了局部并发症，导致病情改善缓慢。

6. 策略

（1）**猛击疗法**　猛击疗法（hitting hard therapy）也称为重击疗法或重锤疗法，对于重症感染，在起始治疗的第一阶段，根据以前的治疗经验及当地病原菌流行和药物敏感情况，尽快使用对革兰氏阳性和阴性细菌都有效的、强有力的广谱抗菌药物，能够覆盖所有可能的致病菌，即"广覆盖"，以避免由于不适当的初始经验治疗（不足或不能覆盖所有可能的病菌）导致的高病死率。

此阶段要求：早期、到位而不越位、重锤猛击。强调最迅速地使用尽可能好的经验性治疗。人医研究发现，起始治疗不当是影响死亡率的最重要因素。

起始恰当治疗应考虑：①患病动物的特点；②当地细菌药敏试验结果和流行病学特点；③抗菌药物治疗的剂量、给药途径及疗程；④为覆盖所有可能的致病菌，合理选择联合用药或单独用药。

临床兽医需要重点注意的耐药菌有：葡萄球菌、铜绿假单胞菌、大肠杆菌、不动杆菌、克雷伯菌、链球菌、巴氏杆菌等。

（2）**降阶梯治疗**　在起始治疗的第一阶段，即猛击疗法之后，一旦得到最初的细菌培养和药物敏感试验结果（48～72h）后，可根据患病动物对猛击疗法的治疗反应和药敏试验结果，立即缩窄抗菌谱，改用敏感和针对性强的窄谱抗菌药物。有人将此策略，即明确病原学诊断后缩窄抗菌谱称为"降阶梯治疗"（de-escalation therapy）或"降阶梯策略"。

"猛击"和"降阶梯"实际上是一个整体治疗的两个不同阶段，即通常所说的"经验性治疗"和"目标治疗"。

抗感染治疗时应同时重视三个原则：①病原学治疗，即消除致病菌；②病理生理学治疗，即阻断使疾病进展的恶性循环；③对症治疗，即争取足够的时间以利痊愈。前两条的成功均可提高存活率，而最后一条的成功可降低不适当治疗处理所导致的死亡。基于此，对急、危重病例采用抗感染降阶梯治疗应是最佳选择。

四、短程疗法

1. 定义 短程抗菌疗法（abbreviated course of anti-bacterial therapy）是相对常规疗程的治疗方法而言的，是在保证与常规疗程相当的临床和细菌学疗效的前提下，尽量给予较短时间的抗感染药物治疗的一种方法。

2. 认识过程 人医方面在与感染性疾病作斗争的过程中发现，对于部分肺结核、疟疾、性病和急性泌尿系统感染的患者，采用短程疗法可以获得相当于常规疗程同样的治疗效果。近年来，多个研究结果显示，延长抗菌药物的疗程，不仅不能提高治疗效果，还可能增加耐药菌产生的机会，因此短程疗法逐渐受到了医学界较为广泛的重视。

3. 目的 减少细菌耐药产生的概率，降低抗感染治疗费用和增加用药依从性。

4. 疗程 根据人医资料，短程疗法的治疗时间不能千篇一律，要根据感染部位和药物种类的不同而异。例如，急性咽炎和扁桃体炎的致病菌主要是 A 组溶血性链球菌，对青霉素的敏感性高。其常规治疗方法是给予青霉素 10d；而根据短程疗法，口服头孢菌素或阿奇霉素 3～5d 即可。急性中耳炎的致病菌主要是流感嗜血杆菌和肺炎链球菌，常规治疗的疗程是 7～10d。近年来对于单纯性急性中耳炎患者，给予单剂头孢曲松和 3～5d 的阿奇霉素治疗有效。

5. 注意事项 目前对短程疗法的研究尚少，临床经验也不多。有待于大样本的多中心随机双盲临床研究的循证医学证据。不可一味凭个人有限的临床经验随便缩短抗生素的疗程。否则，不仅影响临床疗效，还可能增加耐药菌的产生。

五、干预治疗

1. 定义 干预治疗又称策略性换药或轮换治疗，是指改变传统的临床用药习惯，限制某些高耐药风险的药物，应用对耐药菌株选择性较低的药物。

2. 目的 既有效治疗临床感染性疾病，又不造成耐药菌流行。

3. 干预药物需具备的条件

（1）广谱抗菌活性，能覆盖当地导致感染的常见细菌。

（2）对主要被"干预"的耐药细菌［如产超广谱 β-内酰胺酶 ESBLs 的细菌或耐万古霉素的肠球菌（VRE）等］有效。

（3）由于药物化学结构、抗菌机制和耐药诱导性等因素，不易选择出其他耐药细菌。

（4）已被临床证实的具有可靠的临床疗效和安全性。

（5）有临床干预有效的证据。

（6）符合药物经济学原则，即提高临床抗感染用药的效费比。

在人医方面，目前符合上述"干预"药物条件的主要是哌拉西林/他唑巴坦和头孢吡肟。如果有数种药物符合上述条件，可根据不同的干预目的选择不同的干预药物。

4. 干预治疗的效果 国内外医学界均有采用干预治疗取得成功的经验。例如 Landman 等用哌拉西林/他唑巴坦代替头孢菌素、克林霉素和万古霉素，使耐甲氧西林金黄色葡萄球菌（MRSA）的检出率显著降低（$p < 0.05$）。Bradlay 等用哌拉西林/他唑巴坦代替头孢他啶等第三代头孢菌素，使 VRE 检出率显著减少。巴塞罗那一个医院用哌拉西林/他唑巴坦代替第三代头孢菌素和亚胺培南，使 ESBLs 菌株检出率明显降低。用第四代头孢菌素头孢吡肟进行干预治疗也取得了类似的效果。不过，有人用亚胺培南作为干预药物的结果显示，虽然对第三代头孢菌素的耐药率有了明显的降低，但出现了耐亚胺培南的耐药菌。

有关干预治疗的相关内容，临床兽医还需研究探讨。

六、时间差疗法

时间差疗法是指当许多药物联合使用时，要注意投放顺序，绝对不是任意地全部混合起来使用。

例如，当青霉素类与四环素类或氯霉素同时应用时，青霉素的抗菌活性即有可能受到干扰。但如果先用青霉素，过一段时间（如 1～2h）再用四环素类或氯霉素，则不出现拮抗现象。在临床上，繁殖期杀菌剂与快效抑菌剂联合应用，多存在这种现象。

再如，使用 β-内酰胺类抗生素与氨基糖苷类或喹诺酮类药物联用时，如果先用 β-内酰胺类，过 1～2h 再用后两种抗菌药物，则可取得更好的杀菌效果。原因是 β-内酰胺类充分破坏细菌细胞壁的完整性后，使氨基糖苷类和喹诺酮类药物更易进入细菌细胞内而达到更高的药物浓度（后两者均为浓度依赖性抗菌药物）。

此外，还有鸡尾酒疗法（即把几种不同的药物，按不同的比例，放在一起同时使用）等新概念，是否可以移植到兽医临床抗感染治疗中来，也是值得重视和研究的。

七、关于经验疗法

抗感染治疗一般都是在尚未获得病原（细菌）培养和药物敏感试验结果的情

况下开始的，属经验性用药，即根据感染的部位、性质，估计是由哪一类细菌引起，以及该类细菌可能对哪些抗菌药敏感来选择恰当药物，合理制订用药方案。

杀菌作用呈时间依赖性的青霉素类和头孢菌素类抗生素，用药间隔时间不能太长。对中度感染，宜每 8～12h 给药一次；对重度感染，应每 6～8h 甚至 4h 给药一次。

杀菌作用呈浓度依赖性的氨基糖苷类和喹诺酮类抗生素，由于具有较长的抗菌后效应（PAE），集中给药更为合理，前者宜将全天剂量一次投予，后者宜分两次给药。

重症感染的经验治疗，要贯彻"重拳出击，全面覆盖"的方针，即突破用药逐步升级的框框，选用强有力的广谱抗生素作为起始治疗，迅速控制最常引起感染的葡萄球菌、链球菌、肠道杆菌、铜绿假单胞菌、巴氏杆菌及厌氧菌等，阻止病情恶化。对免疫低下的患病动物，有时还要考虑覆盖真菌。通常选用对细菌覆盖率高的抗菌药物，包括第三、四代头孢菌素（如头孢噻呋、头孢他啶、头孢吡肟等）、添加 β-内酰胺酶抑制剂的广谱青霉素（如哌拉西林/他唑巴坦、氨苄西林/舒巴坦、阿莫西林/克拉维酸、替卡西林/克拉维酸）或头孢菌素（头孢哌酮/舒巴坦）、氨基糖苷类的阿米卡星、喹诺酮类的环丙沙星，以及碳青霉烯类的亚胺培南或美洛培南等；大多情况下，重击疗法需要联合用药，如 β-内酰胺类＋氨基糖苷类、β-内酰胺类＋大环内酯类、氨基糖苷类＋林可胺类等。覆盖真菌常用氟康唑、特比萘芬、制霉菌素、克霉唑等。

第 九 章
常用抗感染药物的合理应用

第一节　抗生素的合理应用

一、β-内酰胺类的特点及合理应用

（一）青霉素类药物的特点及合理应用

该类药物由青霉菌（*Penicillium notatum*）的分泌物中分离而得。对于繁殖期细菌具有较强的杀菌作用，因此属于繁殖期杀菌剂。

1. 青霉素类药物的特点

（1）青霉素和苄星青霉素的特点

①窄谱，虽然对革兰氏阳性菌、阴性球菌、嗜血杆菌属和螺旋体有良好作用，可用于这些病菌所致感染的治疗，但临床上主要用于不产青霉素酶的革兰氏阳性菌包括葡萄球菌、链球菌、梭状芽孢杆菌等所致感染的治疗。

②干扰细菌细胞壁合成而杀菌，属于繁殖期杀菌剂。

③不耐酸、不耐酶，金黄色葡萄球菌和表皮葡萄球菌对其高度耐药。

④肾小管分泌排泄，丙磺舒、磺胺药、阿司匹林可与该药竞争分泌部位而延缓其排泄。

⑤过敏反应发生率高，后果严重，应予充分重视。

⑥青霉素可肌内注射或静脉给药，血药浓度较高，用于严重感染；苄星青霉素仅供肌内注射，血药浓度较低，只用于预防感染。

（2）耐酶青霉素的特点

①耐酶，用于产酶但对甲氧西林敏感的葡萄球菌（MSS）所致感染。耐酸，可口服给药。

②窄谱。

③限用于产青霉素酶的金黄色葡萄球菌和凝固酶阴性葡萄球菌感染。

④组织渗透性好，能穿过胎盘，氟氯西林能渗入骨组织，但均难透过血脑屏障。

几种耐酶青霉素的比较见表9-1。

表 9 - 1 耐酶青霉素的比较

药物品种	体外抗菌作用			
	葡萄球菌（酶＋，MSS）	葡萄球菌（酶一）	链球菌	肠球菌
苯唑西林	＋＋	＋	＋＋	－
氯唑西林	＋＋＋	＋＋	＋＋	－
双氯西林	＋＋＋＋	＋＋至＋＋＋	＋＋＋	
氟氯西林	＋＋＋	＋＋	＋＋	
青霉素	±	＋＋＋	＋＋＋＋	＋

注："－"示无作用；"±"示作用甚微；"＋"示有作用；"＋＋"示作用良好；"＋＋＋"示作用强；"＋＋＋＋"示作用很强；"酶＋"示产酶；"酶一"示不产酶。以下表注相同。

广谱青霉素包括氨苄青霉素和抗假单胞菌青霉素两大类。

（3）氨苄青霉素类的特点 此类包括氨苄西林和阿莫西林。

①广谱、不耐酶、对铜绿假单胞菌无效。

②对肠杆菌属和李斯特菌属的作用优于青霉素，对梭状芽孢杆菌属、棒状杆菌属和脑膜炎球菌的作用与青霉素相似，对多数克雷伯菌属、沙雷菌属、铜绿假单胞菌和脆弱杆菌无效。

（4）抗假单胞菌青霉素类的特点

①广谱、不耐酶、对铜绿假单胞菌有效，主要用于铜绿假单胞菌等革兰氏阴性菌所致感染。

②注意钠盐的影响，如羧苄西林为双钠盐，大剂量应用时可加重心衰或引起低钾血症，老年或心衰动物难以耐受。

③替卡西林在脑膜炎时脑脊液中的浓度可达血药浓度的 $30\%\sim50\%$。

④哌拉西林与氨基糖苷类合用对铜绿假单胞菌和某些肠杆菌科细菌呈协同作用。

⑤脲基青霉素（包括阿洛西林、美洛西林和哌拉西林）抗菌作用优于羧基青霉素（包括羧苄西林和替卡西林）。脲基青霉素在体内各组织中分布广泛，在胆汁和泌尿系统中浓度较高，也可透过血脑屏障，可用于革兰氏阴性杆菌引起的胆道、泌尿系统和中枢神经系统感染（表 9 - 2）。

表 9 - 2 抗假单胞菌青霉素的抗菌作用比较

病菌种类	羧苄西林	替卡西林	阿洛西林	美洛西林	哌拉西林
葡萄球菌（酶一）	＋	＋	＋＋	＋＋	＋至＋＋
葡萄球菌（酶＋）	－	－	－	－	－
链球菌	＋至＋＋	＋	＋＋	＋＋	＋＋
肠球菌	±	－	＋＋	＋	＋至＋＋
革兰氏阴性菌	＋	＋＋	＋＋＋	＋＋＋	＋＋＋

（5）作用于革兰氏阴性菌的青霉素的特点　主要有美西林。

①窄谱，仅对肠杆菌科细菌有良好作用，但对铜绿假单胞菌等葡萄糖非发酵菌和革兰氏阳性菌、厌氧菌均无效。

②此类药物主要作用于青霉素结合蛋白2（PBP-2），与其他青霉素作用位点不同，因此严重感染时，美西林可与其他青霉素联合应用。

（6）青霉素类药物的共同特点

①繁殖期杀菌剂，显效强而快，用于严重感染。属时间依赖性抗菌药物，分次给药可使血药浓度超过致病菌最小抑菌浓度（MIC）的时间延长，从而增强其杀菌效能。可与氨基糖苷类联用以取得协同杀菌作用，增强抗菌疗效。

②组织分布好，在大多数组织器官与体液中可达到有效浓度，适用于各系统细菌感染的治疗。

③对动物的毒副作用小。因为其作用机制在于抑制敏感菌细胞壁的合成，而动物的细胞无细胞壁，所以可安全地用于新生、老年、哺乳和妊娠动物等。

④易引起过敏反应，可发生致死性的过敏性休克。动物用药（尤其是首次用药）后应注意留观20～30min，如有异常（呼吸困难、发生荨麻疹、面部口唇和眼周迅速水肿），应立即采取抢救措施，可注射地塞米松或马来酸氯苯那敏（扑尔敏）脱敏，发生休克时可注射肾上腺素或去甲肾上腺素抢救。

⑤易被β-内酰胺酶水解、灭活。

⑥价格低廉、药源充足，属于常用基本药物。

2. 常用青霉素类药物的药代动力学参数　常用青霉素类药物人体内的药物代谢动力学参数见表9-3，此表数据可供兽医参考，但须知同一药物在不同动物体内的某些药物代谢动力学参数是有显著差异的。

表9-3　常用青霉素类药物的主要药代动力学参数

药名	F	$t_{1/2}$ (h)	Vd (L/kg)	PB （%）	肾排出率 （%）
阿莫西林	0.74～0.92	1～2	0.4	20	60
氨苄西林	0.3～0.55	1～2	0.27～0.32	15～25	20～64
羧苄西林	—	—	0.7	—	—
双氯西林	0.35～0.76	0.5～2	0.2	95～99	60
萘夫西林	无关	无关	0.57～1.55	70～90	20～30
苯唑西林	0.3～0.35	0.5～2	0.39～0.43	89～94	50
青霉素	0.15～0.3	0.5～1	0.5～0.7	45～68	20
哌拉西林	无关	2.2	0.14～0.31	16～22	42～90
替卡西林	无关	—	0.34～0.42	45～65	80～93

注：F 为口服生物利用度；Vd 为表观分布容积；PB（%）为蛋白结合率；$t_{1/2}$ 为消除半衰期。

3. 青霉素类药物的合理应用

（1）作为繁殖期杀菌剂，对生长旺盛的细菌细胞壁黏肽的交叉联结有较好的抑制作用，而对静止期细菌几乎无抑制作用。因此，一般不宜与抑菌剂合用。

（2）为避免药物引起的过敏反应导致不良结果，用药后应留观 20～30min。

（3）由于本类药物的毒副反应很小，其杀菌作用与组织中药物浓度和 T＞MIC 时间有关，因此必要时可适当地增加用药剂量和（或）给药次数。

4. 各种青霉素主要特点比较　见表 9 - 4。

表 9 - 4　各种青霉素的主要特点比较

药物分组	抗菌作用					血脑屏障通透性
	葡萄球菌（酶＋，MSS）	葡萄球菌（酶－）	肠球菌	肠杆菌科细菌	部分非发酵葡萄糖革兰氏阴性杆菌	
青霉素	－	＋＋＋	＋	±	－	可透过（大剂量）
耐酶青霉素	＋＋＋	＋＋	－	－	－	
氨基青霉素	－	＋＋	＋＋	＋＋	－	易透过
广谱青霉素	－	＋	＋至＋＋	＋＋＋	＋＋至＋＋＋	可透过
美西林	－	－	－	＋＋至＋＋＋	－	

（二）头孢菌素类药物的特点及合理应用

头孢菌素类（cephalosporins）是以冠头孢菌（*Cephalosporium acremonium*）培养得到的天然头孢菌素 C 为原料，经半合成（改造其侧链）后得到的一类抗生素，与青霉素类药物同属 β-内酰胺类抗生素。

1. 作用机制　主要是抑制细菌细胞壁黏肽的合成，进而阻止黏肽链的交叉联结，使细菌无法形成坚韧的细胞壁。β-内酰胺类抗生素作用的靶位是细菌细胞膜上的特殊蛋白分子——青霉素结合蛋白（PBP3 和/或 PBP1）。药物与靶位结合后，细菌变成丝状和球状，并逐渐溶解、死亡。

头孢菌素类药物与青霉素类药物相比，具有抗菌作用强、耐青霉素酶、过敏反应较少等特点，在临床上得到了广泛应用。但近年来，头孢菌素的耐药菌已日益增多，这与细菌产生的大量可诱导的染色体和/或质粒介导的 β-内酰胺酶有关。因此，合理应用现有药物和积极地研制新的头孢菌素类药物是人们面临的两大任务。

2. 分类　根据发明年代的先后和抗菌性能，头孢菌素可分为四代（表 9 - 5）。

表 9-5　头孢菌素分代一览表

分代	研制时间	临床常用品种
第一代	20 世纪 60 年代末期	头孢氨苄、头孢唑林、头孢拉定、头孢羟氨苄
第二代	20 世纪 70 年代中期	头孢呋辛、头孢孟多、头孢替安、头孢尼西、头孢克洛、头孢西丁
第三代	20 世纪 70 年代末期	头孢噻肟、头孢曲松、头孢地嗪、头孢他啶、头孢哌酮、头孢噻呋
第四代	20 世纪 80 年代末期	头孢匹罗、头孢吡肟、头孢克定

（1）**第一代头孢菌素**　虽对青霉素酶稳定，但仍可被许多革兰氏阴性菌产生的 β-内酰胺酶所破坏。因此，仅适用于产青霉素酶的金黄色葡萄球菌和少数革兰氏阴性菌感染。其中，以头孢唑林、头孢拉定和新上市的头孢丙烯（cefprozil）（第二代）的作用较强。头孢唑林的价格较便宜，但应注意其肾毒性。

（2）**第二代头孢菌素**　对部分 β-内酰胺酶稳定、肾毒性小，对革兰氏阳性菌的作用稍逊于第一代头孢菌素，但对革兰氏阴性菌（如奈瑟菌属、部分吲哚阳性变形杆菌、部分枸橼酸菌属和部分肠杆菌属）的作用比第一代头孢菌素强。但对铜绿假单胞菌和某些肠杆菌科细菌（如黏质沙雷菌）的作用不强。其中，头孢克洛、头孢呋辛（酯）等已广泛应用于临床；新合成的头孢替安酯（cefotiam hexetil）具有口服吸收迅速、组织浓度高等优点；头孢西丁（cefoxitin）对脆弱类杆菌的作用在头孢菌素中最强，适用于需氧菌和厌氧菌的混合感染；头孢美唑（cefmetazole）对革兰氏阳性厌氧球菌（如消化球菌、消化链球菌）具有较强的作用。

（3）**第三代头孢菌素**　对多种 β-内酰胺酶稳定。它们对革兰氏阳性菌的作用不如第一代头孢菌素，但对于革兰氏阴性菌（包括难治性的铜绿假单胞菌、沙雷杆菌属、不动杆菌属、消化球菌及部分脆弱类杆菌）的作用比第一、二代头孢菌素都强。对肠球菌属、难辨梭状芽孢杆菌无效，对厌氧菌的作用仍不理想。

其中，头孢他啶、头孢哌酮和头孢噻肟对铜绿假单胞菌有较强的作用；头孢曲松、头孢地嗪消除半衰期长，每天只需用药 1 次；头孢曲松可用于肝、肾功能中有一项正常的患病动物；头孢地嗪还具有增强免疫力的作用，适用于免疫功能不全的感染动物；头孢米诺（cefminox）对革兰氏阴性菌和厌氧菌中的类杆菌属均有较强的作用；头孢唑肟对于其他第三代头孢菌素耐药的粪链球菌有较强的作用。

近十多年来，有多种口服第三代头孢菌素问世。按其作用方式分为两类。

①原药吸收：如头孢克肟（cefixime）、头孢地尼（cefdinir）和头孢布烯（ceftibuten）。

头孢地尼抗革兰氏阳性球菌的活性优于头孢克洛，对肠球菌也有中等程度的抗菌作用。头孢布烯对化脓性链球菌、肺炎球菌等革兰氏阳性球菌的活性不如头孢克洛，两者抗革兰氏阴性菌的活性与头孢克肟（cefixime）相似。头孢布烯口服吸收率高于头孢克洛，但受进食的影响。

②酯型前体药：如头孢泊肟酯（cefpodoxime proxetil）、头孢他美酯（cefetamet pivoxil）、头孢托仑酯（cefditoren pivoxil）和头孢卡品酯（cefcapene pivoxil）等。这类药物口服后在体内迅速水解成原药而发挥抗菌作用

（4）第四代头孢菌素

1）与第三代头孢菌素的区别

①结构上：它在第三代头孢菌素分子的 7-氨基头孢烯酸（7-ACA）母核 C-3位引入 C-3'季胺取代基。

②作用机制：由于上述结构改变，这类药物能更快地透过革兰氏阴性杆菌的外膜，对青霉素结合蛋白的亲和力更强，对细菌的 β-内酰胺酶更稳定。

③抗菌谱：对革兰氏阳性球菌的抗菌活性更强。

2）第四代头孢菌素特点

①体内活性高：能更迅速地穿透细胞外膜，最大限度地与青霉素结合蛋白（PBPs）结合，减少其被 β-内酰胺酶水解。

②抗菌谱比第三代头孢菌素更广：对肠杆菌科细菌的抗菌活性比头孢他啶和头孢噻肟更强；对铜绿假单胞菌的抗菌活性优于头孢噻肟但略低于头孢他啶；对革兰氏阳性球菌如葡萄球菌属、链球菌属（特别是耐青霉素的肺炎链球菌）的杀菌活性明显强于第三代头孢菌素。但是，这类药物对厌氧菌和耐甲氧西林的金黄色葡萄球菌（MRSA）的作用仍不理想。

③对 β-内酰胺酶比第三代头孢菌素更稳定。

④药代动力学特点：消除半衰期较短（近 2h），但血清药物峰浓度高。

第一至四代头孢菌素对革兰氏阳性和革兰氏阴性细菌的抗菌活性和对 β-内酰胺酶的稳定性的比较见表 9-6。

表 9-6　第一至四代头孢菌素抗菌活性和酶稳定性的比较

头孢菌素分类	抗菌活性		对 β-内酰胺酶的稳定性	
	对 G^+ 菌	对 G^- 菌	金黄色葡萄球菌	G^- 杆菌
第一代	++++	+	++++	+
第二代	+++	++	++	++
第三代	+	+++	+	+++
第四代	++	++++ *	++	+++

注："G^+ 菌"示革兰氏阳性菌；"G^- 菌"示革兰氏阴性菌。以下表注相同。
　＊超过半数的第四代头孢菌素对铜绿假单胞菌有良好的抗菌活性。

3. 常用头孢菌素类抗生素的药代动力学参数

常见头孢菌素类药物在人体内的药物代谢动力学参数见表 9-7，供参考。

表 9 - 7　常用头孢菌素类药物的药代动力学参数

药名	F	$T_{1/2}$（h）	Vd（L/kg）	PB（%）	肾排出率（%）
头孢噻吩	—	0.7	0.17	62～65	65～90
头孢氨苄	0.9	0.6～1	0.2～0.3	10～15	＞90
头孢唑林	无关	1.8	0.15	80	75
头孢拉定	0.9	1.0	0.46	6～10	90
头孢匹林		0.7	0.21	50～60	72
头孢克洛	0.5	0.6～1	0.375～0.5	25	60～85
头孢呋辛	0.4～0.5	1.7	0.13～0.23	33～50	90～100
头孢羟氨苄	0.5	1.5	0.16～0.4	20	90
头孢美唑	—	1.2～1.5	0.21	—	—
头孢西丁	无关	0.7～1	0.17	70	85
头孢孟多	—	0.75	0.25	70～75	75～85
头孢克肟	0.4～0.5	3～4		65	50
头孢尼西		3～7			
头孢哌酮	无关	2～2.5	0.20	90	30
头孢雷特		2.5～3			
头孢噻肟	无关	0.8～1.4	0.57	30～40	70
头孢替坦	无关	3.5	0.15	90	80
头孢他啶	无关	1.9	0.23	17	80～90
头孢唑肟	无关	1.4～1.8	0.25	30	85
头孢曲松	无关	6～9	0.14～0.2	83～96	65

注：F 为口服生物利用度；$T_{1/2}$ 为消除半衰期；Vd 为表观分布容积；PB（%）为蛋白结合率。

4. 头孢菌素类的不良反应

（1）**过敏反应**　如皮疹、荨麻疹、药物热、哮喘、血清病样反应、血管神经性水肿、嗜酸性粒细胞增多等，偶见过敏性休克。

（2）**胃肠道反应**　如恶心、呕吐、纳差、腹胀、腹泻等。

（3）**肠道菌群失调**　造成二重感染、B 族维生素和维生素 K 缺乏，严重时可引起假膜性肠炎。以第三、四代头孢菌素为甚。

（4）**肝毒性**　多数头孢菌素大剂量应用时可使转氨酶、碱性磷酸酶、胆红素等指标的测定值升高，但程度较轻，停药后可恢复正常。

（5）**肾毒性**　绝大多数头孢菌素通过肾排泄，偶见蛋白尿和血液尿素氮（BUN）、血液肌酐（Cre）升高。头孢菌素与高效利尿药（如呋塞米）或氨基糖苷类抗生素联用时，肾脏损害显著增强。

（6）**凝血功能障碍** 除了上述所有的头孢菌素都有抑制肠道细菌产生维生素K的作用而影响凝血功能外，具有硫甲基四氮唑侧链的头孢菌素（如头孢孟多、头孢哌酮、拉氧头孢等）还可干扰维生素K在体内的循环，阻碍凝血酶原形成，扰乱凝血机制，导致明显的出血倾向。在7位碳原子的取代基中有—COOH基团的头孢菌素可阻止血小板的凝聚，加重出血倾向。凝血功能障碍的发生与用药剂量、疗程长短直接相关。

（7）**造血系统毒性** 偶可引起红细胞、白细胞或血小板减少，嗜酸性粒细胞增多。

（8）**"双硫仑样"反应** 分子结构中含有硫甲基四氮唑基团的头孢菌素有抑制乙醛氧化酶的作用。当用药者饮用或使用含有乙醇的食物（如酒糟）或药物时，可使乙醛在体内积聚，出现"醉酒样"反应。

头孢菌素类抗生素抗菌谱广、毒副反应少、种类繁多，是人医临床应用最广泛的一类抗生素。为防止抗菌药物的滥用，减少耐药菌的产生，兽医临床使用头孢菌素类药物受到国家相关法规限制，应参照执行。

5. 合理应用头孢菌素类药物的注意事项

（1）**正确定位，合理选用** 总体上说，头孢菌素适用于产青霉素酶，对青霉素类药物耐药的细菌性感染的治疗。根据感染的场所、细菌培养结果和临床经验（判断是以革兰氏阳性菌还是以革兰氏阴性菌为主造成的感染），酌情选用某一代头孢菌素。例如葡萄球菌引起的感染选择第一代头孢菌素应优于其他头孢菌素。

（2）**防止过敏反应** 它们与青霉素类药物有交叉过敏现象（10%左右），对头孢菌素过敏者中90%对青霉素过敏；对青霉素过敏者中5%～10%对头孢菌素过敏。因此，对青霉素过敏的动物应慎用头孢菌素，或用药后需要留观20～30min。

（3）**可能引起二重感染** 长期、大剂量应用头孢菌素后可能引起二重感染，因此用药期间如出现腹泻，应考虑假膜性肠炎的可能，须及时停药，并给予相应治疗。

（4）**注意药物相互作用** ①主要经肾脏排泄者，丙磺舒（probenecid）可抑制其排泄速率。②不能与$NaHCO_3$等碱性液体混装在一个容器内。

（5）**应严格掌握适应证，避免引起耐药** 大多数头孢菌素类药物应用后可诱导细菌细胞内β-内酰胺酶的产生引起耐药现象，故应严格掌握适应证，避免滥用。

（6）**注射溶液要现配现用** 头孢菌素溶液稀释后在室温下保存时间不宜超过6h，否则不仅会使效价降低，还更易引起过敏反应。

（7）**不同感染部位的品种选择** 头孢菌素类体内分布广泛，对于大多数组织器官感染的治疗均可选用。但对于中枢神经系统感染，应选用可以透过血脑屏障的品种，如头孢曲松、头孢他定、头孢吡肟、头孢唑肟、头孢噻肟、头孢呋辛等；而肝胆系统感染，则应选择头孢曲松、头孢哌酮、头孢匹胺等品种。

（8）**肝肾功能不全患病动物头孢菌素的选择**　严重肝功能不全患病动物，在使用经肝肾双途径排泄的头孢菌素类药物（如头孢曲松、头孢哌酮、头孢匹胺等）时，应减量，特别是伴发肾功能不全时更应注意。肾功能不全时可选用多种头孢菌素，特别是经肝肾双途径排泄的头孢菌素类药物更为安全，但大多数头孢菌素通过肾脏排泄，应根据肾功能不全的严重程度调整剂量。

（9）**其他**　供肌内注射的制剂（含有1%利多卡因）不可静脉注射；严重感染时可酌情增加剂量或每天的给药次数，以提高血药浓度和延长 $T>MIC$ 时间，增强临床疗效。因头孢菌素类属于时间依赖性抗菌药物，其临床抗菌活性主要与其血药浓度超过病原菌 MIC（$T>MIC$）的持续时间有关。

（三）单环菌素类药物的特点及合理应用

临床上常用的本类药物有氨曲南、卡芦莫南。

1. 特点

（1）对革兰氏阴性需氧菌作用强，对革兰氏阳性需氧菌和厌氧菌几乎无作用。因此，对肠道内正常寄生细菌无影响，而致病菌在肠道内难以定植。

（2）对多种质粒介导的和染色体介导的 β-内酰胺酶稳定。

（3）抗铜绿假单胞菌的作用与头孢哌酮相似。

（4）分子质量小，抗原性弱，较少引起变态反应。

2. 合理应用

（1）适合于革兰氏阴性需氧菌（如大肠埃希氏菌、沙雷菌属、克雷伯菌属和铜绿假单胞菌等）引起的败血症、呼吸道感染、腹腔内感染、泌尿生殖系统感染和皮肤软组织感染等。

（2）对于怀疑合并有革兰氏阳性菌或厌氧菌感染的病例（如腹腔感染），可将本品与氨基糖苷类抗生素（如阿米卡星或奈替米星）和硝基咪唑类联合应用。

（3）可应用于对青霉素过敏的革兰氏阴性需氧菌感染病例。

（四）青霉烯类的特点及合理应用

青霉烯类（carbapenems）具有超广谱、高效能抗菌活性，是 β-内酰胺类中抗菌谱最广，活性最强的一类抗生素。

临床实验室标准协会（CLSI）最近重新把原先命名的碳青霉烯类药物命名为"青霉烯"类。它包括两个亚类：①第1亚类：青霉烯，只有法罗培南；②第2亚类：碳青霉烯，包括多尼培南、厄他培南、亚胺培南和美罗培南等。

1. 特点

（1）抗菌谱极广，抗菌活性极强。对革兰氏阳性菌、革兰氏阴性菌、厌氧菌、需氧菌、多重耐药菌及产 β-内酰胺酶的细菌均有抗菌作用。

（2）易引起二重感染。

（3）消除半衰期较短。

2. 合理应用

（1）适用于应用第三代头孢菌素治疗无效的重度革兰氏阴性菌感染。

（2）适用于各种产酶［包括大多数产超广谱酶（ESBL）］细菌引起的感染的治疗。

（3）较易引起二重感染，如已并发真菌感染，应及时应用抗真菌药物。

（4）应掌握适应证，避免滥用。但对于有适应证的危重病例，应在采集细菌培养标本的同时及时应用，以挽救生命，以后再根据细菌培养、药敏试验结果及临床实际疗效调整治疗方案。对于致命性重症感染病例，近年来推荐使用的降阶梯疗法的重击疗法阶段，碳青霉烯类是首选的经验治疗药物。

（五）β-内酰胺酶抑制剂复方制剂的特点及合理应用

1. β-内酰胺酶是细菌产生耐药性的重要机制　随着抗生素的广泛应用，临床耐药菌株日益增多。

细菌产生耐药性的机制中最常见、最重要的是产生 β-内酰胺酶，使 β-内酰胺类抗生素的 β-内酰胺环水解，从而使抗生素变成酸性衍生物而失去抗菌活性。

能产生一种或多种 β-内酰胺酶的细菌包括：

（1）革兰氏阴性菌。如大肠埃希氏菌、枸橼酸杆菌、肺炎克雷伯菌、阴沟肠杆菌、奇异变形杆菌、黏质沙雷菌、铜绿假单胞菌、淋病奈瑟菌、流感嗜血杆菌、卡他摩拉菌、嗜麦芽寡养单胞菌等。

（2）革兰氏阳性菌。金黄色葡萄球菌。

（3）厌氧菌。脆弱类杆菌等。

2. β-内酰胺酶抑制剂　自 1969 年开始研究，于 1981 年首先发现一种棒状链球菌能产生强力的 β-内酰胺酶抑制作用。其活性成分是一个双环 β-内酰胺化合物克拉维酸（clavulanic acid，CVA，棒酸）。其后，相继发现了舒巴坦（sulbactam，SBT，青霉烷砜酸）和他唑巴坦（tazobactam，TAZ，三唑巴坦）。

3. β-内酰胺酶抑制剂复方制剂的特点及合理应用

（1）两种药物的药代动力学应相似。β-内酰胺抑制剂与组成复方的另一种广谱青霉素（氨苄西林、阿莫西林、哌拉西林或替卡西林）或头孢菌素（头孢哌酮）的药代动力学特点应尽量相同，并应考虑到药物间的相互作用。保持血中β-内酰胺类抗生素的浓度高于细菌的 MICs 是很重要的。

（2）β-内酰胺酶抑制剂扩大了 β-内酰胺类抗生素的抗菌谱（使原先耐药菌株变得敏感），增强了后者的抗菌活性（MICs 值变小），因而适用于多种严重感染的治疗。

（3）共同的注意事项为青霉素和头孢菌素过敏者禁用；过敏体质者、肝肾功能不全者和孕妇慎用。

目前用于临床的 β-内酰胺类与 β-内酰胺酶抑制剂的复方制剂见表 9-8。

表 9-8　β-内酰胺类与 β-内酰胺酶抑制剂的常见复方制剂

β-内酰胺类	酶抑制剂	两者比例	用法
阿莫西林	克拉维酸	2∶1，4∶1，7∶1	口服，每 6～8h 1 次
替卡西林	克拉维酸	30∶1，30∶2	静脉滴注，1 天 2～3 次
氨苄西林	舒巴坦	2∶1	静脉滴注，1 天 2～3 次
头孢哌酮	舒巴坦	1∶1	静脉滴注，1 天 2～3 次
哌拉西林	他唑巴坦	8∶1	静脉滴注，每 8h 1 次

二、氨基糖苷类抗生素的特点及合理应用

（一）氨基糖苷类抗生素的共同点

氨基糖苷类抗生素是一类临床应用很广泛的抗生素。其分子结构是由 1 个氨基环醇与 1 个或多个氨基糖（或中性糖）以苷键（配糖键）相结合的易溶于水的碱性抗生素。

这类药物主要作用于细菌的蛋白质合成过程，使其合成异常蛋白质，阻碍已合成蛋白质的释放，使细菌细胞膜通透性增加，从而导致细菌重要生理物质外漏，最终使细菌死亡。氨基糖苷类抗生素属于静止期杀菌剂。

氨基糖苷类抗生素包括：①由链霉菌属产生的链霉素、新霉素、卡那霉素、妥布霉素、核糖霉素等；②由小单胞菌属产生的庆大霉素、西索米星等；③半合成氨基糖苷类，如阿米卡星为卡那霉素的半合成衍生物，奈替米星为西索米星的半合成衍生物。

氨基糖苷类抗生素的共同特点为：

1. 高度极性化合物　该类抗生素属于高度极性化合物，水溶性好，性质稳定，但不易溶于脂肪。在肠道内很少吸收（小于给药量的 1%）。肌内注射后吸收迅速而完全，其吸收符合一级动力学过程，给药后 0.5～1h 达到血药峰浓度。

注射给药后，该类药物在多数组织中的浓度低于血药浓度。例如，肺组织中的浓度一般不到血药浓度的 1/2，在痰液或支气管分泌液中的药物浓度为血药浓度的 20%～40%，脑脊液中浓度不足血药浓度的 1%。各种氨基糖苷类抗生素中以链霉素在胆汁中的浓度较高，庆大霉素在胆汁中的浓度为血药浓度的 25%～88%，阿米卡星为 15%，但在胆道梗阻时，各种氨基糖苷类药物在胆汁中的浓

度极低。本品注射给药时，眼房水中药物浓度很低，眼局部滴药或结膜下注射后房水内可达有效浓度。滑膜液和组织液中浓度为血药浓度的 1/4～1/2。腹水和心包液中浓度为血药浓度的 1/2～1 倍。胎儿血药浓度为母体血药浓度的 1/4。

氨基糖苷类抗生素在动物体内不代谢灭活，约 90% 的药物以原形经肾小管滤过排出，其排泄也符合一级动力学过程。本品在尿液中浓度很高，可达数百至 1 000mg/L 以上。但肾功能减退时尿药浓度可明显下降。多次给药后该类药物在肾皮质内积聚，肾皮质内该类药物的浓度可高达血药浓度的 10～15 倍。其浓度越高，肾毒性就越大。那些肾皮质内药物浓度高的氨基糖苷类抗生素，比肾皮质内药物浓度相对较低的氨基糖苷类抗生素的肾毒性更高。肾功能正常时，氨基糖苷类抗生素的血清半衰期为 2～3h，但在肾皮质中蓄积的药物释放缓慢，其消除半衰期可达 110～693h，应引起广大临床兽医师的高度重视。

2. 药动学参数　了解氨基糖苷类抗生素的药动学参数，有助于制订合理的给药方案。表 9 - 9 为人医测得的数据，可供参考。

表 9 - 9　常用氨基糖苷类抗生素的药动学参数

药物名称	T_{max}（h）肌内注射	$t_{1/2}$ 正常	$t_{1/2}$ 少尿	24h 尿排出率（%）	Vd（体重%）	蛋白结合率（%）	血药中毒临界浓度（mg/L）
链霉素		2～3	50～110			35	25
卡那霉素	0.75～1	2.1～2.4	60～96	84～90	22～23	0	30
庆大霉素	0.75～1	1.7～2.3	48～72	70～80	24	0	10～12
妥布霉素	0.33～0.75	2～2.8	56～60	80～90	22～23	0	10～12
西索米星	0.75～1	2～2.3	35～37	85～87			10～12
阿米卡星	0.75～2	2.2～2.5	56～150	81～98	22～29	0	25
奈替米星	0.5～1	2.2	33	80～90	25	0	14～16
异帕米星	0.2	2.5		100	12		16

注：T_{max} 为达峰时间（h）；$t_{1/2}$ 为消除半衰期（h）；Vd 为表观分布容积。

目前常用的氨基糖苷类抗生素中，庆大霉素、妥布霉素和奈替米星的药动学特性较为相似，而卡那霉素与阿米卡星等也较相似。

常用氨基糖苷类抗生素的首次冲击量和维持量，见表 9 - 10。处理严重感染时，不论患病动物的肾功能是否正常，均应给予首次冲击量，以保证组织和体液内迅速达到有效浓度。氨基糖苷类抗生素很少进入脂肪组织，因此给药剂量应按除去脂肪后的体重（即标准体重＋40%×超重部分）计算。兽医临床应注意控制肥胖动物单位体重的给药剂量，宜采用较低剂量。

表 9-10 常用氨基糖苷类抗生素的给药方法及预期血药浓度

药物名称	首次冲击量 (mg/kg)	维持量		预期血药浓度 (mg/L)	
		剂量 (mg/kg)	给药间期 (h)	峰浓度	谷浓度
庆大霉素、妥布霉素	2	1～1.7	8	4～10	＜2
奈替米星		2	12		
卡那霉素、阿米卡星	7.5	7.5	12	15～30	＜5

由表 9-10 可见，人医推荐的氨基糖苷类抗生素首次冲击量的预期血药浓度已达到了血药中毒临界浓度。因此，在该类药物的使用过程中应严格按照推荐剂量给药，不宜随意加量。

3. 抗菌谱广 对多数需氧革兰氏阴性菌杆菌和少数耐药的金黄色葡萄球菌有较强抗菌活性，部分品种对结核分枝杆菌及其他分枝杆菌属也有较好的抗菌活性。

近年来，由于耐药菌的增多，链霉素对大多数革兰氏阴性杆菌的作用已较差。卡那霉素、庆大霉素、妥布霉素、奈替米星和阿米卡星等氨基糖苷类抗生素对各种需氧革兰氏阴性杆菌如大肠埃希氏菌、巴氏杆菌、克雷伯菌属、肠杆菌属、变形杆菌属、志贺菌属、枸橼酸杆菌属等仍具有强大的抗菌活性；对沙雷菌属、产气单胞菌属（*Aeromonas*）、产碱杆菌属、摩拉菌属、不动杆菌属、布鲁氏菌属、沙门氏菌属、嗜血杆菌属及分枝杆菌属等也有一定的抗菌作用。嗜麦芽苛（寡）养单胞菌多数对阿米卡星敏感。该类药物对淋球菌和脑膜炎球菌的抗菌作用较差。

氨基糖苷类抗生素对甲氧西林敏感的金黄色葡萄球菌和表皮葡萄球菌（包括产青霉素酶的菌株）有较好的抗菌活性，但对甲氧西林耐药菌株（MRSA 和 MRSE）则多数无效。该类药物对各组链球菌的作用差。肠球菌对氨基糖苷类抗生素中度耐药，但该类药与 β-内酰胺类抗生素联合应用对其有协同作用。多数星形奴卡菌对庆大霉素耐药，但对阿米卡星敏感。

链霉素是氨基糖苷类抗生素中对结核杆菌作用最强的。

卡那霉素对结核杆菌的抗菌活性不如链霉素，且许多肠杆菌科细菌中对其耐药的菌株逐渐增多，使其临床应用受到很大限制。

4. 耐药菌株已明显增多 庆大霉素临床应用已有 40 余年，耐药菌株也有明显增多。妥布霉素、西索米星、地贝卡星、奈替米星等对多数革兰氏阴性杆菌的抗菌活性与庆大霉素相似。其中，妥布霉素对铜绿假单胞菌的作用较强；奈替米星对金黄色葡萄球菌及其他革兰氏阳性球菌的作用较强，但对铜绿假单胞菌的作用较弱；对庆大霉素、妥布霉素、西索米星和地贝卡星耐药的部分菌株对奈替米星仍敏感；阿米卡星和异帕米星的抗菌谱与庆大霉素相似，但因它们对细菌所产生的钝化酶稳定，因此对其他氨基糖苷类抗生素耐药的菌株仍然对其敏感。

5. 为浓度依赖型抗菌药物 该类抗生素的杀菌作用的效果与药物的峰浓度有关，因此，氨基糖苷类药物每日剂量一次给药比分次给药的疗效更好。

6. 抗菌作用的机制 该类药物主要通过阻止信使核糖核酸（mRNA）与核糖体的结合，阻断敏感菌蛋白质的合成而发挥杀菌作用。同时该类药物与细胞膜核糖体 30s 亚基具有高亲和力，干扰其功能，合成异常蛋白质。这类抗生素由于不像青霉素类抗生素仅作用于繁殖期细菌，对于静止期细菌也有较强的杀灭作用，故被称为静止期杀菌剂。

7. 血清蛋白结合率低 除了链霉素为 30% 外，其他氨基糖苷类抗生素的蛋白结合率均低于 10%。其在体内的分布大致相当于细胞外液的容积，成年动物约为 0.25L/kg。

8. 具有不同程度的耳毒性和肾毒性 氨基糖苷类药物具有不同程度的耳毒性和肾毒性，并可因神经-肌肉接头阻滞作用而抑制呼吸。注射给药后大部分经肾脏以原形排出，肾功能不全时血清半衰期有明显的延长，有必要根据肾功能损害程度调整给药量。

9. 胃肠道吸收差

10. 过敏反应发生率较低

11. 具有典型的首次接触效应和抗菌后效作用 在体外试验中，氨基糖苷类抗生素对各种细菌常有 1～3h 的抗菌后效作用；在体内该类药物对金黄色葡萄球菌、肺炎杆菌和铜绿假单胞菌的抗菌后效作用可达 4～8h。

这是近年来氨基糖苷类药物主张每日给药一次的理论基础。每日一次给药，不仅可提高组织内药物浓度，提高疗效，还可减少毒性（有试验研究证明，日剂量分为数次给药，其耳毒性大于日剂量单次给药）。

12. 抗菌活性在碱性环境中较强 该类药物的抗菌活性在碱性环境中较强，但当 pH＞8.4（如胆汁中）时，其抗菌作用反而降低。

13. 与 β-内酰胺类抗生素联合常可获得协同抗菌作用 这种协同作用的机制在于：青霉素和头孢菌素类抗生素作用于细菌细胞壁，使氨基糖苷类易于进入细菌体内，与核糖体结合而发挥其抗菌作用。较常用的联合治疗方案：

青霉素和链霉素联合治疗草绿色链球菌。

氨基糖苷类与耐酶半合成青霉素（苯唑西林、氯唑西林）联合治疗金黄色葡萄球菌。

与头孢菌素或氨苄西林联合治疗李斯特菌。

与羧苄西林或哌拉西林联合治疗铜绿假单胞菌。

与青霉素类联合治疗肠球菌属所致的心内膜炎或其他严重感染等。

应注意的是，在有严重肾功能不全的病例，青霉素或头孢菌素类药物中的

β-内酰胺环可能与氨基糖苷类抗生素的氨基糖结合而使后者的抗菌活性降低。

（二）不同种氨基糖苷类抗生素抗菌活性的比较

研究结果显示，对庆大霉素耐药菌和对 β-内酰胺类多重耐药菌，以阿米卡星的作用最强，奈替米星其次，妥布霉素的作用与奈替米星相近，但对部分耐药菌的作用不及奈替米星（表 9-11）。

表 9-11　氨基糖苷类和部分 β-内酰胺类抗生素对 β-内酰胺类
多重耐药菌 MIC_{90}（mg/L）的比较

抗感染药物	铜绿假单胞菌	不动杆菌	枸橼酸杆菌	大肠埃希氏菌	肺炎克雷伯菌	阴沟肠杆菌	金黄色葡萄球菌
头孢氨苄	＞256	≥256	≥256	16～256	16～256	＞256	16～256
头孢拉定	＞256	≥256	≥256	16～256	128～256	＞256	16～256
头孢哌酮	16～256	16～128	32～64	8～128	16～256	8～128	8～128
氨苄西林	＞256	16～64	≥256	128～256	128～256	32～256	1～128
哌拉西林	2～＞256	8～256	64～128	1～256	1～256	16～＞256	2～256
奈替米星	2～16	0.5～2	1～＞256	0.25～＞256	0.25～＞256	0.13～128	2～16
庆大霉素	8～＞256	0.25～1	32～＞256	0.13～＞256	0.13～＞256	0.13～256	2～128
妥布霉素	0.5～256	1	2～256	1～256	1～256	1～256	4～128
卡那霉素	2～＞256	1	64～＞256	8～＞256	1～＞256	1～＞256	2～256
阿米卡星	0.5～128	1～2	1～128	1～128	1～128	0.5～0.8	4～64

注："＞a"可解释为在 a 至 2a 之间，不含 a；"≥a"可解释为在 a 至 2a 之间，包括 a。

（三）不同种氨基糖苷类抗生素毒副作用

不同种氨基糖苷类抗生素对人耳、肾毒性的比较见表 9-12，可供临床兽医参考。

表 9-12　四种氨基糖苷类抗生素的耳、肾毒性发生率

药物名称	每日剂量（mg/kg）	肾毒性（%）	耳毒性（%）	前庭毒性（%）
庆大霉素	3.9	14.0	8.3	3.2～3.7
妥布霉素	3.8	12.0	6.1	3.2～3.7
阿米卡星	5.2	9.4	13.9	3.2～3.7
奈替米星	15.4	8.7	2.4	1.4

根据表 9-12 结果，奈替米星的耳、肾毒性均较低。

1. 耳毒性

（1）**前庭功能失调** 卡那霉素＞链霉素＞西索米星＞庆大霉素＞妥布霉素。

（2）**耳蜗神经损害** 卡那霉素＞阿米卡星＞西索米星＞庆大霉素＞妥布霉素。

氨基糖苷类抗生素在内耳淋巴液中的药物浓度的增高速度比血药浓度慢，其内耳淋巴液中药物浓度的下降也比血液慢，其消除半衰期 11～12h。这可能是该类药物引起耳毒性的主要原因。

2. 肾毒性 氨基糖苷类抗生素主要损害肾脏近曲小管上皮细胞，一般不影响肾小球。临床上常出现蛋白尿、管型尿和镜下血尿等，尿量一般不减少，严重者可产生氮质血症、肾功能减退，其损害的程度与给药剂量大小和疗程的长短呈正比。氨基糖苷类经肾小球过滤后至近曲小管管腔，少量药物被重吸收入近曲小管上皮细胞，经细胞膜的吞饮作用而定位于细胞质的空泡内，并与溶酶体融合。但大量氨基糖苷类药物聚集在溶酶体时，可抑制其中的磷脂酶，导致溶酶体内磷脂增多形成髓样小体。当肿胀的溶酶体破裂后，大量的氨基糖苷类药物、溶酶体酶和磷脂等物质释放至细胞液中，造成线粒体损害，最终导致细胞死亡。肾脏损害可使氨基糖苷类药物的血药浓度增高，易于诱发耳毒性症状，应予高度重视。

研究发现，患病动物的尿液异常，大都发生于给予氨基糖苷类药物后第 4～6 天，多数为可逆性改变，停药数日后可逐渐恢复。极少数病例在停药后数月，血肌酐值仍高于正常。

氨基糖苷类药物对于肾组织有特殊的亲和力。药物可以选择性地聚集在肾皮质和髓质内。皮质的近曲小管上皮细胞内的药物浓度可为同期血药浓度的数十倍。

氨基糖苷类抗生素与肾毒性的大小有关的因素：①药物对亚细胞结构的损害能力；②肾皮质中药物的集聚量。

比较而言，妥布霉素的肾毒性比庆大霉素低（10%左右），奈替米星、阿米卡星、西索米星等的肾毒性与庆大霉素无明显差异。

肝病病例应用氨基糖苷类抗生素较易引起肾毒性。这是因为肝功能损害可使肾脏的血管收缩、肾血流量减少而激活肾素-血管紧张素系统。

局部应用该类药物，如在皮肤黏膜、腹膜腔或膀胱内，药物可被大量吸收而引起耳、肾毒性。

腹泻或肝昏迷动物口服新霉素或巴龙霉素也有可能使血药浓度增高而引起听力下降。对于原有肾功能不全的病例尤易发生。

原有肾功能不全或肾衰竭，并不是应用氨基糖苷类抗生素的禁忌证。因为只要根据肾功能情况调整给药剂量或给药间隔时间，有条件者监测其血中药物浓度，仍可以保证其安全性和有效性。另一方面，已有资料显示，在慢性肾衰竭的患病动物，氨基糖苷类抗生素在肾皮质中的聚集量显著少于正常动物。

3. 神经-肌肉接头阻滞作用

（1）**作用机制**　①氨基糖苷类药物可与 Ca^{2+} 竞争抑制乙酰胆碱的释放，并可降低神经末梢运动终板对乙酰胆碱的敏感性；②与 Ca^{2+} 络合，使体液内 Ca^{2+} 的含量降低，促进神经-肌肉接头的阻滞作用。

（2）**临床表现**　①心肌抑制；②血压下降；③呼吸骤停等，可引起严重后果。

（3）**作用大小**　氨基糖苷类抗生素神经-肌肉接头阻滞作用由大到小依次为：新霉素＞链霉素＞卡那霉素或阿米卡星＞庆大霉素或妥布霉素。动物试验结果显示，奈替米星可能具有较强的神经-肌肉接头阻滞作用。

（4）**临床实例**　腹腔手术中如用氨基糖苷类抗生素冲洗腹腔，可能引起呼吸衰竭和肢体瘫痪。

（5）**治疗**　①新斯的明静脉注射，对部分病例有效；②钙剂：在动物试验中疗效好，但在实际临床上疗效不满意。

4. 影响胃肠道吸收

（1）**作用机制**　氨基糖苷类药物对小肠壁绒毛细胞直接损害；抑制肠道乳糖酶的活性。

（2）**临床表现**　影响肠道对脂肪、胆固醇、蛋白质、糖、铁等的吸收，严重者可引起脂肪性腹泻和营养不良。

（3）**特点**　主要见于新霉素、卡那霉素、巴龙霉素等氨基糖苷类抗生素口服时，发生率和严重程度与口服剂量呈正比。

5. 其他不良反应

（1）可引起面部及肢体麻木、视力模糊及周围神经炎等症状。

（2）大剂量时可引起眼球震颤、共济失调、呕吐、抽搐、尿潴留、截瘫，甚至昏迷。

（3）化验检查值的异常，如嗜酸性粒细胞增多、中性粒细胞减少、贫血、血小板减少，以及血清转氨酶和碱性磷酸酶增高等。

（4）偶见二重感染。

（四）耐药性产生的机制

1. 细胞壁渗透性改变或细胞内转运异常　例如链霉素对铜绿假单胞菌无抗菌性是由于该药不能与细胞外膜结合，因而限制了该药进入细胞内。

由于细菌对氨基糖苷类抗生素的摄取是一个需氧耗能的主动转运过程，在厌氧环境下，这一过程不能进行，因此氨基糖苷类药物对厌氧菌无抗菌活性。

对阿米卡星耐药的细菌一般对其他氨基糖苷类药物也呈现耐药，这是由于对阿米卡星耐药的细菌大多数存在细胞壁的屏障作用。

链球菌通常对氨基糖苷类抗生素耐药，是由于该类药物难以进入其细菌细胞体内。这一影响药物转运的机制由染色体介导。

2. 氨基糖苷类钝化酶的产生　这是细菌对氨基糖苷类抗生素耐药的最重要的机制。

氨基糖苷类抗生素可被 3 类钝化酶所钝化：①乙酰转移酶（AAC）：使游离氨基乙酰化；②磷酸转移酶（APH）：使游离羟基磷酸化；③核苷转移酶（AAD）：使游离羟基核苷化。这 3 类酶又可按照所破坏的抗生素的不同和作用位点的不同而分为 12 种。

每种钝化酶也可能有多种异构酶，目前已知的异构酶共有 20 余种。这些钝化酶位于革兰氏阴性杆菌的胞质周间隙，而在革兰氏阳性细菌中其位置尚不明。

经钝化酶作用后的氨基糖苷类抗生素可能通过下列机制而失去抗菌活性：①与未经钝化的氨基糖苷类抗生素竞争细菌细胞内转运系统，减少药物的摄入；②不能与核糖体结合；③失去了干扰核糖体功能的作用。

不同的氨基糖苷类抗生素可被同一种酶所钝化，而同一种抗生素又可被多种酶所钝化，这是由于一种抗生素的分子结构中可能存在多个结合点的缘故。例如，庆大霉素和妥布霉素分别可被 5～6 种酶所钝化，而阿米卡星则仅被 AAC（6′）所钝化。因此，大多数已对庆大霉素耐药的肠杆菌科细菌对阿米卡星仍然敏感。

细菌钝化酶的产生由质粒所控制，并可通过结合转移或转座子转移到其他敏感菌。产生钝化酶的细菌往往对被其钝化的氨基糖苷类抗生素高度耐药，但也有例外情况。

3. 作用靶位的改变　少数情况下，细菌通过改变抗生素的作用靶位，而使进入细菌细胞内的链霉素不能与之结合而产生耐药。例如，结核杆菌和某些肠球菌属的突变株可引起靶位的改变而对链霉素产生高度耐药性。这种耐药性与其他氨基糖苷类抗生素之间没有交叉耐药性。除链霉素外的其他氨基糖苷类抗生素中很少出现这种现象。

耐药机制分析说明：大肠埃希氏菌、摩根菌、志贺菌、沙门氏菌、沙雷菌以产生钝化酶为主，枸橼酸杆菌、肺炎克雷伯菌、肠杆菌属、不动杆菌以通透性降低为主。铜绿假单胞菌以降低细胞膜通透性合并钝化酶的产生而双重耐药。

（五）合理应用

（1）包括肺炎球菌在内的链球菌属多数对氨基糖苷类药物耐药，且该类药物不易透过稠厚的痰液，在低 pH、低氧的环境中抗菌作用较弱，故不宜单独应用于肺部感染的治疗。

（2）耳、肾毒性较大，对神经-肌肉有阻滞作用，能通过血脑屏障（但浓度较低），易透过胎盘，故不宜用于老龄、新生和妊娠动物。

（3）近年来认为肾功能正常者，氨基糖苷类药物有较明显的抗生素后效应（PAE），可每日给药一次。其理论依据包括：①氨基糖苷类抗生素的杀菌作用呈双相反应：在作用的初期为快速杀菌作用，是由于细菌细胞壁与离子化的药物相互结合的结果，因此杀菌速率与药物浓度呈线性关系，这一作用又称作"药物的首次暴露作用"，亦称"首剂效应"或"首次接触效应"；然后是一段缓慢的杀菌过程，由于细菌细胞壁已结合的药物经过特殊的转运系统进入细菌细胞内，故其杀菌速率与药物浓度无关，这一阶段为"适应性耐药"。经首次暴露的细菌再次接触药物时，药物的杀菌作用逐渐减弱甚至消失；当细菌与药物脱离接触后，其对于药物的敏感性又可恢复。②动物细胞无细胞壁，不存在氨基糖苷类抗生素的首次暴露作用，但动物细胞持续与氨基糖苷类药物接触后，药物易于进入细胞内而产生毒性反应。研究结果显示，单次大剂量给药后其耳、肾毒性的发生率比将同样剂量的药物分多次给予时低。③许多动物试验和部分临床试验结果证实，每日剂量相同时，单次给药后的疗效优于分多次给药。④每日一次给药更为简便，可提高给药的依从性。

对于严重感染病例，给予每日一次给药方案尚应慎重。

（4）对于肾功能不全的病例，首次可按照正常剂量给药。以后，根据肌酐清除率指标调整剂量或延长给药间隔时间。

（5）链霉素仅用于结核病的初始治疗；青霉素和链霉素合用可治疗草绿色链球菌感染性心内膜炎。

（6）Ca^{2+}、Mg^{2+}、Na^+、NH_4^+、K^+等阳离子可抑制氨基糖苷类药物的抗菌活性，故在做药物敏感试验时应注意控制培养基中上述阳离子的浓度。

（7）除庆大霉素外，该类药物口服不吸收，可用于某些肠道内感染的治疗。

（8）由于即使在脑膜炎时脑脊液中该类药物仍不能达到有效浓度，因此，如果需要应用该类药物治疗革兰氏阴性杆菌脑膜炎时，除了全身给药外，常常需合并鞘内给药，以使脑脊液中的药物达到有效浓度。

（9）应避免局部用药。因易引起变态反应、易产生耐药菌株，而且难以掌握血药浓度（因腹腔、膀胱和皮肤给药易于吸收）。

（10）该类药物的血药浓度与其临床疗效之间基本上呈正相关，血清杀菌滴度（serum bactericidal titer，即患者血清能够使检测菌最初的菌量减少99.9％的最大稀释度，代表病人血清的杀菌力）与疗效的关系更为密切。治疗菌血症和软组织感染时，要求患病动物的血清滴度达到1：4～8，如治疗肺部感染则要求达到1：16以上，才能保证痰液和肺组织内药物达到有效的浓度。

（11）氨基糖苷类抗生素的临床适应证见表9-13，此为人医资料，可供临床兽医参考。

表9-13　氨基糖苷类抗生素的临床适应证

致病菌	氨基糖苷类抗生素	联合用药
需氧革兰氏阴性杆菌		
克雷伯菌属	阿米卡星、庆大霉素、妥布霉素、奈替米星	抗绿脓活性青霉素、第三代头孢菌素
产气肠杆菌	阿米卡星、庆大霉素、妥布霉素、奈替米星	抗绿脓活性青霉素、第三代头孢菌素
黏质沙雷菌	庆大霉素	抗绿脓活性青霉素、第三代头孢菌素
铜绿假单胞菌	妥布霉素、庆大霉素、阿米卡星	抗绿脓活性青霉素、抗绿脓活性第三代头孢菌素
土拉杆菌	链霉素、庆大霉素	无
流产布鲁氏菌	庆大霉素、链霉素	多西环素
鼠疫杆菌	链霉素、庆大霉素	无
需氧革兰氏阳性球菌		
草绿色链球菌	庆大霉素	青霉素
粪肠球菌	庆大霉素	青霉素
金黄色葡萄球菌	庆大霉素*	氯唑西林、萘夫西林
表皮葡萄球菌	庆大霉素	万古霉素、利福平
淋球菌	大观霉素	无
鸟细胞内分枝杆菌	阿米卡星	多种药物联合
溶组织阿米巴原虫	巴龙霉素*	无
巴氏隐孢子虫	巴龙霉素	无
结核杆菌	链霉素	多种药物联合

注：抗绿脓活性青霉素，即抗假单胞菌青霉素，有羧苄西林、替卡西林、哌拉西林等。
　　* 为非首选药物。

（12）**氨基糖苷类抗生素预防性应用的指征**　①口服新霉素＋红霉素，在肠道手术前24h给药，共3次，可减少手术后的感染。②1～5日龄雏禽口服新霉素、庆大霉素等清理肠道，可减少肠道菌感染发生率。③异地动物运输前后口服新霉素、庆大霉素等氨基糖苷类药物，可预防运输中和到达目的地后动物腹泻。④氨基糖苷类药物配合青霉素在手术前后注射，可预防家畜腹腔手术细菌感染。

三、大环内酯类抗生素的特点及合理应用

大环内酯类抗生素是一类具有 12～16 碳内酯环共同化学结构的抗感染药物，因均具有大环内酯环的基本结构而命名。

第一个大环内酯类抗生素是红霉素。红霉素等常用大环内酯类抗生素广泛地应用于呼吸道、皮肤软组织等感染，疗效肯定，除了胃肠道不良反应外，也较为安全。但存在口服吸收不完全、应用剂量较大、给药次数较多、抗菌谱较窄及耐药菌株较多等缺点，限制了这类药物的临床应用。

近年开发的许多红霉素的衍生物和新型大环内酯类抗生素，如罗红霉素、阿奇霉素、地红霉素、克拉霉素、罗他霉素、醋酸麦迪霉素等，统称为第二代大环内酯类抗生素。第二代大环内酯类抗生素对胃酸稳定，生物利用度高，血药浓度和组织内浓度均明显提高，消除半衰期延长（是红霉素的数倍至数十倍），每日给药次数减少，其抗菌谱比红霉素广、抗菌活性比红霉素强。例如阿奇霉素对嗜血杆菌属、卡他摩拉菌和军团菌的抗菌活性是红霉素的 2～8 倍，对肺炎支原体的抗菌活性是红霉素的 10 倍。克拉霉素对卡他摩拉菌、军团菌属的抗菌活性是红霉素的 2～4 倍，对革兰氏阳性菌及厌氧菌的抗菌活性比红霉素强，对沙眼衣原体的作用是红霉素的 10 倍。

酮内酯类药物（泰利霉素）的作用机制和抗菌谱与大环内酯类抗生素相似，但作用更强，安全性较好。

（一）分类

1. 根据化学结构分类

（1）**14 元环的大环内酯类** 红霉素、克拉霉素、罗红霉素、地红霉素等。

（2）**15 元环的大环内酯类** 阿奇霉素。

（3）**16 元环的大环内酯类** 麦迪霉素、螺旋霉素、交沙霉素、吉他霉素等，还有兽医专用的泰乐菌素和替米考星。

2. 根据其是天然产品还是人工半合成产品分类

（1）**第一代大环内酯类抗生素**

①红霉素碱类。主要指红霉素，难溶于水，对胃酸不稳定。其肠溶剂型虽可克服这些缺点，但生物利用度较差。

②酯化红霉素类。包括红霉素琥珀酸酯（琥乙红霉素）、红霉素硫酸月桂酸酯（依托红霉素）和红霉素碳酸乙酯等。这类红霉素具有肝毒性，尤以红霉素硫酸月桂酸酯为严重，目前渐趋少用。

（2）**第二代大环内酯类抗生素** 包括罗红霉素、克拉霉素、地红霉素、阿奇

霉素、醋酸麦迪霉素等。

3. 根据问世先后分类

（1）**大环内酯类抗生素**　包括红霉素、麦迪霉素、螺旋霉素、乙酰螺旋霉素、交沙霉素和吉他霉素等。

（2）**新大环内酯类抗生素**　包括阿奇霉素、克拉霉素和罗红霉素等。

原有的部分大环内酯类抗生素，如竹桃霉素、三乙酰竹桃霉素、罗沙米星（玫瑰霉素）等，因抗菌活性低或不良反应多等原因已较少在临床应用。

（二）特点

1. 快效抑菌剂　该类药物的作用机制是作用于细菌等病原体的核蛋白体 50s 亚单位，阻碍蛋白质的合成。

2. 抗菌谱窄，但比青霉素略广　抗菌谱主要为革兰氏阳性菌，如葡萄球菌、粪链球菌、脑膜炎球菌、白喉杆菌、炭疽杆菌、百日咳杆菌、产气荚膜杆菌等，对布鲁氏菌属、厌氧菌、军团菌、胎儿弯曲菌、钩端螺旋体、支原体和衣原体等亦有良效。对革兰氏阴性菌的作用较差，容易形成耐药性。新型大环内酯类抗生素的抗菌谱略广，对呼吸道常见致病菌如流感嗜血杆菌等抗菌作用比红霉素强，故可用于呼吸道感染的治疗。克拉霉素和阿奇霉素尚可用于免疫缺陷患病动物的分枝杆菌属和弓形虫感染的治疗。

3. 在碱性环境中抗菌活性增强

4. 以红霉素为代表的第一代大环内酯类抗生素的缺点　口服不耐酸，须酯化或做成肠溶制剂；不易透过血脑屏障；胃肠道反应重，酯化物可引起肝毒性；耐药情况较严重。麦迪霉素、交沙霉素的抗菌谱与红霉素相似，不良反应较轻，近年来耐药菌株在增加。

5. 螺旋霉素　体外抗菌作用不如红霉素，但体内抗菌活性强、对组织和细胞的渗透性好、有较长的后效应（PAE），不良反应较轻。

6. 吉他霉素　除了胃肠道反应和静脉炎较少外，几乎无其他优点。

7. 第二代大环内酯类抗生素的特点

（1）**对胃酸稳定**　口服后能耐受催化分子内环降解作用，故不必制成肠溶剂。

（2）**药动学参数明显改善**　半衰期长、组织渗透性好，人医测定大环内酯类药物药动学参数见表 9-14，可供参考。

表 9-14　第二代大环内酯和红霉素的药动学参数的比较

药物名称	剂量（mg）	F（%）	$t_{1/2}$（h）	T_{max}（h）	PB（%）	排泄途径
红霉素	500	25	2	3～4	18～44	胆汁
克拉霉素	250	55	3.5～5	4	65～70	尿、粪

（续）

药物名称	剂量（mg）	F（％）	$t_{1/2}$（h）	T_{max}（h）	PB（％）	排泄途径
罗红霉素	150～300	50	8～15.5	2	95	尿、粪
地红霉素	500		16～54	4		
阿奇霉素	500	37	70	2.5	7～50	尿15％、粪6％
醋酸麦迪霉素	600			1.3	2～38	尿

注：F 为口服生物利用度；$t_{1/2}$ 为消除半衰期；T_{max} 为达峰时间（h）；PB（％）为蛋白结合率。

血药浓度的比较：如果红霉素的血药浓度为 1，克拉霉素的血药浓度则为 10～20，罗红霉素为 2～5，地红霉素为 2～4，阿奇霉素为 4，醋酸麦迪霉素（美欧卡霉素）为 1.5～2。

（3）**抗菌谱较为广泛，适应证增加**　第二代大环内酯类抗生素的抗菌谱比红霉素的抗菌谱宽。各种大环内酯类抗生素的体外抗菌作用见表 9 - 15。

表 9 - 15　大环内酯类抗生素的体外抗菌作用

MIC_{90}，mg/L

致病菌	红霉素	阿奇霉素	克拉霉素	罗红霉素	氟红霉素	醋酸麦迪霉素
肺炎球菌	0.015～0.25	0.015～0.25	0.015～0.12	0.03～0.5	0.06	0.5
化脓性链球菌	0.03～4.0	0.03～4.0	0.015～0.12	0.06～4	0.06～0.12	0.5
金葡菌 MSSA	0.5～>32	0.25～>32	0.5～>32	1.0～>32	0.12～>128	>64
金葡菌 MRSA	>64	>64	>64	>64	>32～>128	>64
表葡菌 MSSE	16～64	32	8～64	64		2.0
表葡菌 MRSE	>64	>64	>64	>64		>64
流感杆菌	2.0～8.0	0.25～1.0	2.0～8.0	4.0～16	4.0～8.0	≥16
卡他摩拉菌	0.12～0.5	0.03～0.06	0.06～0.25	0.25～1.0	0.12～0.25	1.0～2.0
淋球菌	0.25～1.0	0.03～0.25	0.25～0.5	0.5～1.0	1.0	4.0
嗜肺军团菌	1.0～2.0	2.0	0.25	0.5	2.0	0.12
空肠弯曲菌	1.0～2.0	0.12～0.5	0.25	4.0	1.0	4.0
百日咳杆菌	0.03	0.06	0.06	0.03～0.25	0.03～0.06	0.25
棒状杆菌属	16	128	4.0		16	128
脆弱类杆菌	4～>16	2.0～>16	2.0～8.0	32	4.0～8.0	4.0～8.0
产气荚膜杆菌	1.0～2.0	0.25～2.0	0.5～2.0	1.0～4.0	2.0	0.5
消化链球菌	2.0～16	2.0～4.0	2.0～4.0	8～32	16	8
痤疮丙酸杆菌	0.03	0.03	0.03	0.06	1.0	0.12
肺炎支原体	≤0.01～0.015	0.002～≤0.01	0.008～0.5	0.03		0.015

（续）

致病菌	红霉素	阿奇霉素	克拉霉素	罗红霉素	氟红霉素	醋酸麦迪霉素
肺炎衣原体	0.06～≤0.125	≤0.125～0.5	0.007～≤0.03	≤0.125～0.25		0.5
沙眼衣原体	0.06～2	0.32～1.0	0.08	0.25～1		
溶脲脲原体	0.25～4	0.06～2	0.12	0.5～1		0.12

注：1）MSSA 为甲氧西林敏感金黄色葡萄球菌；MRSA 为耐甲氧西林金黄色葡萄球菌；MSSE 为甲氧西林敏感表皮葡萄球菌；MRSE 为耐甲氧西林表皮葡萄球菌。

2）">a"可解释为在 a 至 2a 之间，不含 a；"≥a"可解释为在 a 至 2a 之间，包括 a；"≫a"可解释为在 0.5a 至 a 之间，包括 a。

第二代大环内酯类抗生素除了保留红霉素的主要适应证，如治疗敏感菌引起的呼吸系统感染、皮肤与软组织感染、泌尿生殖系统感染和胃肠道感染等外，又增加了新的适应证：

①治疗支原体和衣原体感染。例如罗红霉素、克拉霉素和醋酸麦迪霉素等治疗由支原体和衣原体引起的肺部感染，疗效满意而不良反应少；阿奇霉素治疗衣原体和淋球菌所致性传播疾病方面、罗红霉素治疗衣原体在泌尿生殖系统感染方面均取得较好的疗效。

②是治疗军团菌感染的首选药物。

③用于幽门螺杆菌感染的治疗。例如克拉霉素与奥美拉唑联合应用治疗胃、十二指肠溃疡疗效满意。

（4）对金黄色葡萄球菌等革兰氏阳性菌有抗生素后效应（PAE）

（5）毒性小，不良反应少

（6）已经开发出了具有免疫抑制作用的新药　例如日本藤泽药品株式会社开发的藤霉素（fujimycin），用于肝脏移植急性排斥反应的治疗，263 例患者经过 12 个月的随访，生存率高达 82％。

（三）临床应用

1. 可作为许多感染的首选药物之一　新型大环内酯类药物适用于由上述敏感病原体引起的呼吸道、泌尿生殖系统、皮肤软组织及消化道感染等；也适用于对青霉素过敏、对 β-内酰胺类和氨基糖苷类药物耐药、治疗无效的感染。

罗红霉素对支原体肺炎的临床有效率可达 93.3％。阿奇霉素治疗衣原体和淋球菌所致的性传染性疾病的治愈率分别达 96％和 92％。阿奇霉素还可治疗大脑弓形虫病及隐孢子虫感染。克拉霉素治疗急性和慢型呼吸道感染、非淋球菌性尿道炎和衣原体及未知病原的宫颈炎，有效率均在 90％左右。醋酸麦迪霉素对急性下呼吸道感染有显著疗效，对支原体肺炎的有效率为 95％，对非支原体肺炎的有效率为 85％。

由此可见，新型大环内酯类抗生素可作为大多数感染（尤其是支原体、衣原体、军团菌等细胞内病原体感染时）的首选药物之一。

2. 可试用于一些非感染性疾病的治疗　据人医文献报告，大环内酯类抗生素曾用于以下疾病的治疗：

（1）**骨髓瘤**　克拉霉素治疗骨髓瘤有效。

（2）**支气管哮喘**　低剂量红霉素或罗红霉素治疗支气管哮喘已获得肯定的疗效。红霉素每次 0.2g、口服（灌服）、1 天 3 次，或罗红霉素每次 0.15g、口服（灌服）、1 天 2 次，连用×（4~8）周，可降低哮喘病例的气道反应性，减轻其临床症状。

（3）**冠心病**　新近的研究结果提示，冠心病、高血压、动脉硬化性颈动脉病等疾病的发生均可能与某种感染有关。其中以肺炎支原体（TWAR）及幽门螺旋杆菌（Hp）感染最为重要。阿奇霉素可使 TWAR 抗体滴度下降，受试者发生心血管事件的危险性减少。大量资料显示，阿奇霉素可作为某些冠心病的防治药物之一而加以使用。

（4）**细菌性血管瘤病**（bacillary angiomatosis，BA）

（5）**老年性慢型便秘**

（6）**新生儿乳糜胸**

（四）注意事项

1. 禁用于对本类药物过敏的病例

2. 不宜与作用靶位相近的氯霉素和林可胺类药物联用

3. 可抑制茶碱和卡马西平的代谢　因大环内酯类药物增加其血药浓度，与这两种药物合用时，应适当调整两种药物的剂量并监测血药浓度，以免引起蓄积中毒。

4. 新生动物和幼龄动物慎用　因这类药物对儿童的安全试验指标尚未确定，临床兽医应借鉴之。

5. 红霉素和克拉霉素禁止与特非那定合用　以免引起心脏不良反应。

6. 肝病病例不宜使用新大环内酯类抗生素

7. 克拉霉素和阿奇霉素易于穿过胎盘　因此怀孕动物和哺乳期动物应慎用。

8. 静脉注射有终浓度限制　乳糖酸红霉素粉针剂必须先用注射用水完全溶解，再加入 0.9%NaCl 或 5%葡萄糖注射液中，稀释后浓度不宜超过 0.1%，缓慢静脉滴注。阿奇霉素静脉滴注液体中药物浓度不宜超过 0.2%。静脉注射时同服碳酸氢钠可减少胃肠事件的发生率。

四、酰胺醇类抗生素的特点及合理应用

主要有氯霉素、甲砜霉素、氟甲砜霉素（氟苯尼考）等。

（一）酰胺醇类抗生素的特点

（1）广谱抑菌剂。作用于细菌核糖体 50s 亚基，抑制蛋白质的合成，为快速抑菌剂。

（2）对革兰氏阴性菌的抑制作用比对革兰氏阳性菌的强。

（3）体内分布广，颅内和房水均可达到较高的浓度。

（4）因抑制骨髓造血功能，临床应用受限制。

（5）由于组织残留及致突变作用，氯霉素已禁用于食品动物。

（二）酰胺醇类抗生素的合理应用

（1）主要用于细菌性脑膜炎、伤寒及其他沙门氏菌感染、细菌性眼科感染。对厌氧菌有效，尤其适用于治疗中枢神经系统的厌氧菌感染。

（2）因为毒性较大，注意控制剂量和疗程。

（3）新生动物及幼龄动物慎用。

（4）因为抑制骨髓，可影响机体免疫功能，故慎用于病毒病或真菌病患畜继发的细菌感染。动物在免疫疫苗期间也应慎用此类药物。

（5）产蛋鸡慎用，原因是可降低产蛋率。妊娠期动物慎用，原因是可能的致畸作用。

五、四环素类抗生素的特点及合理应用

（一）分类

根据来源可将四环素类抗生素分为：

1. 直接由链霉菌属发酵获得的　有四环素、金霉素、土霉素、地美环素等。

2. 半合成四环素类抗生素　有多西环素、美他环素、米诺环素等。由于半合成四环素的抗菌作用优于直接获得的四环素，且耐药菌株较少、消除半衰期长、口服效果好、用药次数少、不良反应轻，故在临床上有逐渐取代直接获得的四环素的趋势。

（二）四环素类抗生素的特点

1. 该类抗生素属于快速抑菌剂　抗菌作用机制与氨基糖苷类抗生素相似，药物经过细胞外膜的亲水孔弥散和通过细胞内模上能量依赖性转移系统进入细胞内，与核糖体 30s 亚基 A 位特异性结合，阻止氨基酰- tRNA 联结，从而抑制肽链延长和病原体蛋白质的合成。此外，四环素类抗生素尚可使细菌细胞膜的通透性发生改变，使细胞内的核苷酸和其他重要成分外漏，抑制 DNA 的复制。因

此，四环素类在高浓度时对某些细菌具有杀菌作用。

该类抗生素中，抗菌活性排列顺序为：米诺环素＞多西环素＞美他环素、地美环素＞金霉素、四环素＞土霉素。

2. 广谱 除了对常见的需氧和厌氧细菌（包括霍乱弧菌、布鲁氏菌）有效外，对支原体、衣原体属、立克次氏体属、非典型分枝杆菌属、螺旋体、放线菌、阿米巴原虫和某些疟原虫等多种病原体均有抑制作用。相比之下，该类抗生素对革兰氏阳性菌的作用优于革兰氏阴性菌。70％以上的厌氧菌对多西环素敏感，但与甲硝唑、克林霉素和氯霉素相比，四环素类对厌氧菌的作用仍不算强，故不作为治疗厌氧菌的首选药物。对铜绿假单胞菌无效。

3. 耐药现象严重 某些地区化脓性链球菌和肺炎球菌对该类药物的耐药率也在增高（四环素约为20％），但新型半合成四环素的耐药率低于四环素（米诺环素的耐药率为5％以下）。细菌在体外对四环素类抗生素产生耐药性较为缓慢，但一旦对其中的某一种产生了耐药性，则对其他同类药物可产生交叉耐药性。肠杆菌科细菌的耐药性主要通过耐药质粒介导，可传递、诱导其他敏感菌产生耐药性。肠杆菌科细菌的细胞膜对四环素类抗生素的泵出量增多。肠球菌属对四环素类抗生素均耐药。

4. 各种药物之间的口服吸收率差别很大 由高到低依次为：米诺环素（100％）＞多西环素（93％）＞四环素、土霉素、地美环素（60％～80％）＞金霉素（25％～30％）。

5. 该类药物能很好地渗入大多数组织、体液和细胞内 半合成四环素类药物脂溶性更好，故组织内的浓度更高。米诺环素的亲脂性最强。该类药物能贮存在肝、脾、骨、骨髓、牙齿的釉质和牙本质中，能透过胎盘，渗入胎儿循环和羊水中，乳汁中的药物浓度较高，但脑脊液中药物浓度较低（包括脑膜炎时）。表9-16为人医测定的结果，可供参考。

表9-16 常用四环素类抗生素的药动学参数与组织渗透性

药动学参数/组织名称	四环素	多西环素	米诺环素
药动学参数			
口服吸收率（％）	60～80	93	100
消除半衰期（h）	6～10	14～22	11～33
蛋白结合率（％）	20～70	60～95	55～75
表观分布容积（L）	108	50	60
渗透性			
前列腺	＋	＋＋＋	＋＋＋
女性生殖器官	＋＋	＋＋＋	＋＋＋

（续）

药动学参数/组织名称	四环素	多西环素	米诺环素
肺脏	++	+++	+++
痰液	+	+++	+++
腮腺	+	++	+++
胆汁	+	+++	+++
作用及副作用			
抗菌作用	++	++至+++	+++
不良反应	多见	相对较少	相对较少

6. 体内清除在很大程度上受患病动物肾功能状态的影响　20%～60%的药物经过肾小球滤过排泄。非合成的四环素类抗生素在粪便中的浓度较高，可达70～1 000mg/kg。

7. 不良反应　四环素类药物，特别是土霉素和多西环素均易于引起胃肠道不良反应，口服给药时更为严重，剂量越大、局部刺激越重，严重者可引起食道溃疡或狭窄。新生幼仔应用四环素类药物而引起牙齿和骨骼损害的发生率很高，妊娠中期到出生后 4～6 个月期间，四环素类药物对牙齿和骨骼的影响最大。该类药物静脉给药时易引起血栓性静脉炎，肌内注射疼痛明显，应尽量避免。长期用药可影响外周血象。

（三）四环素类抗生素的合理应用

（1）首选于衣原体感染、立克次氏体病、支原体肺炎、回归热、布鲁氏菌病和霍乱的治疗；常作为 G^+ 菌、G^- 菌感染的次选药。

（2）米诺环素可用于青春痘（丙酸杆菌）和性病（混合感染）的治疗。

（3）在人医，金霉素现已不用作口服给药，仅用于眼科等局部感染的治疗，但兽医仍用其盐酸盐口服给药。

（4）该类药物可沉积于患病动物的骨、牙齿，可引起牙齿黄染、骨骼发育不良。因此，幼龄、妊娠、哺乳动物慎用。

（5）应避免与牛奶制品、碳酸氢钠、铁、铝、钙和镁盐等同服，因四环素类药物与金属离子螯合或胃内 pH 升高后，可使该类药物的吸收减少。四环素和土霉素口服吸收受食物影响，而米诺环素和多西环素的吸收不受食物影响。

（6）四环素和土霉素体内分布广，原形经肾排出，胆汁中药物浓度高，有明显的肝肠循环，但在脑脊液中浓度不高，故不适合用于中枢神经系统感染的治疗。米诺环素和多西环素脑脊液中浓度较高，也有明显的肝肠循环，主要经粪便排出，故肾功能不全时仍可使用。

（7）应注意四环素类药物与某些药物之间的相互作用。应用抗癫痫药苯妥英钠或卡马西平的病例同时应用多西环素时，由于该药在肝脏内的代谢加速，消除半衰期由原先的 16h 缩短至 7h，会影响多西环素的临床疗效；在应用巴比妥（如复方氨基比林中的成分）时，也会发生类似的现象。

（8）用药期间出现腹泻和发热，大便中含有肠黏膜碎片和大量中性粒细胞时，应考虑可能与四环素类药物引起的难辨梭状杆菌二重感染所致假膜性肠炎有关，应立即停药，并可口服甲硝唑治疗。

（9）为减少四环素类药物的不良反应，静脉滴注和口服剂量均不宜过大；应严格掌握适应证；有严重原发病或有全身或局部免疫功能减退者慎用；肝肾功能不全者不宜选用四环素，半合成四环素也应慎用；幼龄和妊娠动物禁用；除了眼膏可用于眼部感染外，其他局部用药易引起过敏反应，应避免使用；该类药物不宜肌内注射和气溶吸入，不可作鞘内注射。

（10）因四环素类在酸性环境中抗菌力较强，因此在应用该类药物治疗尿路感染时，应同时服用维生素 C，以酸化尿液，提高药物疗效。

（11）临床实践证明，四环素类盐酸盐在拌料或混饮时，若同时加入等量或两倍量的维生素 C，可减少四环素类药物与金属离子螯合而增加其生物利用度，提高疗效。

六、林可胺类抗生素的特点及合理应用

林可胺类抗生素亦称林可霉素类抗生素，主要品种是林可霉素和氯林可霉素（克林霉素）。

（一）林可胺类抗生素的特点

虽然林可胺类抗生素与大环内酯类、酰胺醇类（氯霉素类）抗生素一样，都属于作用于细菌细胞核糖体 50s 亚基而阻止蛋白质合成的抑菌剂，但还具有以下特点：

（1）对各种厌氧菌的抗菌活性较强。

（2）药物进入体内后，在骨髓组织中浓度较高。

（3）抗菌谱比红霉素窄，革兰氏阴性杆菌对本类药物耐药。

（4）可透过胎盘、渗入乳汁，但难以透过血-脑屏障。

（二）林可霉素类抗生素的合理应用

（1）尤其适合于治疗混合性骨髓感染和化脓性骨髓炎。

（2）不可与红霉素类药物联合应用。

（3）妊娠动物和新生动物慎用。

七、糖肽类抗生素的特点及合理应用

糖肽类抗生素被认为是治疗耐甲氧西林金黄色葡萄球菌（MRSA）感染有肯定疗效的抗感染药物。为了更有效地控制 MRSA 的感染，近年来很重视糖肽类和脂肽类抗感染药物的开发。正在研究开发中的糖肽类药物有 Ramoplanine 和 Pavdicin，脂肽类药物有 Daptomycin 和 Paldimycin 等。

万古霉素、去甲万古霉素、替考拉宁、多粘菌素类和杆菌肽等均属于多肽类抗生素。其共同的特点包括属于杀菌剂，抗菌谱窄、抗菌作用强，临床疗效确切，但肾毒性较明显。因此，临床上一般不作为首选药物，只有当敏感菌引起严重感染，特别是对其他药物耐药时才考虑应用。人医将糖肽类药物作为 MRSA 治疗的最后一道防线。

国家相关法规禁止糖肽类药物用于食品动物。

第二节　全化学合成抗菌药物的合理应用

一、喹诺酮类药物的特点及合理应用

（一）喹诺酮类药物的概述

喹诺酮类（quinolones）药物为化学合成抗菌药物。1962 年第一个喹诺酮类药物萘啶酸合成成功。氟喹诺酮类药物属于第三代、第四代喹诺酮类药物。如今，该类药物种类繁多、新品迭出，已成为一类发展最为迅速的、重要的抗感染药物。

该类药物根据其发明的先后、抗菌谱和抗菌活性的特点，可分为四代（表9-17）。

1. 第一代　如萘啶酸，1962 年合成。其抗菌谱窄、不良反应多。

2. 第二代　如吡哌酸，1974 年合成。对革兰氏阴性杆菌有效，临床上用于肠道和泌尿道感染的治疗。

3. 第三代　包括自 1979 年以来合成的氟喹诺酮类药物，如诺氟沙星（氟哌酸）、环丙沙星、依诺沙星、氟罗沙星、氧氟沙星、左氧氟沙星、洛美沙星、培氟沙星、司帕沙星、沙拉沙星、托氟沙星等。这些药物由于在母核中的第 7 位碳引进了氟原子，因而抗菌谱增大，对革兰氏阴性菌（包括铜绿假单胞菌）的作用增强，对革兰氏阳性菌也有抗菌作用。有些药物的口服生物利用度增高、体内分布范围广泛、血药浓度增高、不良反应减轻。临床上可用于各种感染的治疗。

4. 第四代　包括加替沙星和莫西沙星等。

表9-17　第一至四代喹诺酮类药物作用的比较

喹诺酮类药物分类	作用特点
第一代	抗菌谱窄，仅对部分革兰氏阴性菌（如大肠杆菌）有效 口服吸收差 副作用多 主要用于尿路感染，目前已较少应用
第二代	抗菌活性增加，对部分铜绿假单胞菌有效 口服后少量吸收，尿中浓度高 不良反应减少 主要用于尿路和肠道感染
第三代	抗菌谱广，对铜绿假单胞菌和耐药革兰氏阴性菌有效 对革兰氏阳性球菌有一定作用 半衰期较长 体内分布广泛，组织浓度高 适用于敏感菌引起的多种感染
第四代	抗菌谱更广，抗菌作用更强 对铜绿假单胞菌的作用较差，对厌氧菌作用较强

表9-18反映了9种新喹诺酮类药物的抗菌活性，表中数据越小说明抗菌活力越强。由表中数据可知，9种药物中诺氟沙星和依诺沙星抗菌活力较低，环丙沙星、司帕沙星和托氟沙星活力较强。

表9-18　9种新喹诺酮类药物对致病菌的 MIC_{90}（mg/L）

药物	金葡菌	表葡菌	酿脓链球菌	肺炎链球菌	粪链球菌	大肠埃希氏菌	肺炎克雷伯菌	奇异变形杆菌	铜绿假单胞菌	脆弱杆菌
诺氟沙星	3.13	3.13	6.25	12.5	6.25	0.20	0.39	0.20	3.13	25.0
氧氟沙星	0.39	0.78	3.13	3.13	3.13	0.20	0.20	0.39	3.13	25.0
依诺沙星	1.56	25.0	25.0	25.0	12.5	0.39	1.56	0.78	6.25	≥100
环丙沙星	0.78	0.39	0.39	3.13	1.56	0.10	0.10	0.19	0.78	12.5
洛美沙星	1.56	1.56	6.25	12.5	12.5	0.39	0.78	0.39	6.25	12.5
托氟沙星	0.1	0.2	0.39	0.39	0.78	0.20	0.20	0.39	1.56	0.78
氟罗沙星	1.56	1.56	6.25	6.25	6.25	0.78	0.39	0.78	25.0	12.5
司帕沙星	0.1	0.1	0.78	0.39	0.78	0.05	0.20	0.39	12.5	1.56
芦氟沙星	1.56	3.13	1.56	1.56	12.5	0.1	0.39	—	50.0	0.78

比较上述 9 种氟喹诺酮类抗感染药物的体内过程（表 9 - 19），可见在单剂口服相仿剂量时，血药浓度以氟罗沙星最高，诺氟沙星最低；达峰时间以司帕沙星最长，氧氟沙星、依诺沙星和环丙沙星较短；血浆消除半衰期以司帕沙星最长，氟罗沙星其次，诺氟沙星和环丙沙星较短；口服后的生物利用度以诺氟沙星最差，环丙沙星较差，其余药物的口服吸收率均为 80% ～ 100%。

表 9 - 19　9 种新氟喹诺酮类药物的药代动力学参数

品种	最大药物浓度（mg/L）	达峰时间（h）	血浆半衰期（h）	血药浓度时间曲线下面积（mg·h）/L	血清蛋白结合率（%）	尿中回收率（%）
诺氟沙星	0.78	1.15	3.3	4.44	10.2	32
氧氟沙星	2.07	0.64	5.1	15.70	6.3	80
依诺沙星	1.44	0.65	5.9	8.18	31.9	64
环丙沙星	1.09	0.63	5.0	4.34	36.7	49
洛美沙星	1.89	1.23	8.5	13.79	24.4	81
托氟沙星	1.05	2.06	4.7	9.09	37.4	45
氟罗沙星	2.92	1.8	9.9	36.6	32.0	60
司帕沙星	0.62	3.5	15.8	14.79	42.2	12
芦氟沙星	2.04	1.48	6.0	19.9	—	87

氧氟沙星、左氧氟沙星、洛美沙星、氟罗沙星和依诺沙星主要经肾脏排出，而环丙沙星、培氟沙星和诺氟沙星则部分在体内代谢转化，部分自粪便中排出，胆汁中的药物浓度较高。

上述喹诺酮类药物在体内分布均广泛。氧氟沙星、左氧氟沙星、氟罗沙星、洛美沙星、培氟沙星、依诺沙星、司帕沙星和芦氟沙星口服后在体内大多数组织和体液中均可达到有效浓度。环丙沙星静脉给药或口服较大剂量后，在体内各组织和体液中可达到治疗浓度。诺氟沙星因口服吸收差，在大多数组织中难以达到杀菌浓度，故多用于敏感菌所致消化道感染的防治。

（二）氟喹诺酮类药物的特点

1. 作用机制　通过抑制细菌的 DNA 旋转酶（该酶是细菌的 Ⅱ 型拓扑异构酶，它能以独特的超螺旋和舒张活性来控制细菌 DNA 的形状和功能），而使 DNA 不能控制 mRNA 和蛋白质的合成，细菌菌体延伸成丝状和形成液泡，再通过核酸外切酶降解染色体 DNA。

2. 主要优点

（1）抗菌谱广，尤其对革兰氏阴性杆菌抗菌活性强，属于杀菌剂。

该类药物的所有品种，均对肺炎克雷伯菌、产气杆菌、阴沟杆菌、变形杆菌、沙门氏菌属、志贺菌属、枸橼酸杆菌属和沙雷菌属等肠杆菌科细菌具有强大的抗菌作用，MIC_{90} 为 $0.03\sim2mg/L$；流感杆菌也对此类药物高度敏感，MIC_{90} 多数低于 $0.06mg/L$。该类药物对不动杆菌属和铜绿假单胞菌等假单胞菌属的抗菌作用比对肠杆菌科细菌的抗菌活性差，MIC_{90} 多数为 $0.5\sim8mg/L$，但仍然明显优于吡哌酸。体外试验中，该类药物中对革兰氏阴性杆菌的抗菌活性以环丙沙星最高，左氧氟沙星、氧氟沙星和氟罗沙星次之，诺氟沙星、依诺沙星和培氟沙星较差。

该类药物对革兰氏阳性球菌也有一定的抗菌活性，但远不如对革兰氏阴性杆菌的抗菌活性。其中以司帕沙星、左氧氟沙星的作用最强，环丙沙星和氧氟沙星次之，其他药物则较差。

奈瑟菌属（淋球菌等）、卡他摩拉菌对该类药物多数敏感。

脆弱类杆菌等厌氧菌对喹诺酮类药物多数耐药。

（2）司帕沙星、左氧氟沙星、氧氟沙星和环丙沙星对结核分枝杆菌和其他分枝杆菌具有一定的抗菌作用，可作为二线抗结核药物。

（3）该类药物对沙眼衣原体、肺炎支原体和溶脲脲原体等病原微生物有一定的抑制或杀灭作用。

（4）体内分布广，在组织和体液中的药物浓度高，可达抑菌或杀菌水平。

（5）多数药物既能口服，又能静脉注射，可成为序贯疗法的用药。

（6）血浆消除半衰期较长，每日仅需给药 $1\sim2$ 次，使用方便。

（7）不受质粒介导耐药机制的影响，因此与其他抗感染药物之间未见明显交叉耐药，但不同品种的喹诺酮类药物之间呈现交叉耐药性。

（8）药物价格低于半合成抗生素。

3. 不良反应　氟喹诺酮类药物的不良反应总发生率为 5%，见表 9-20。此表为人医研究所得数据，可供临床兽医参考。

表 9-20　第三代喹诺酮类药物的不良反应

不良反应	平均发生率（%）	范围（%）
消化道（恶心、呕吐、纳差等）	3.8	2.3~7.7
神经系统（头昏、头痛、兴奋、失眠等）	1.8	0.5~5.7
过敏反应（皮疹、皮肤瘙痒、药物热等）	0.6	0.4~0.7
实验室检查结果异常（白细胞减少、血清转氨酶增高、血尿素氮增高等）	2.0	1.3~2.7
总发生率	5.0	3.2~9.0

（1）**胃肠道反应**　如恶心、呕吐、纳差、腹痛、腹泻和上腹不适等，是该类药物最常见的不良反应。多见于培氟沙星、氟罗沙星和环丙沙星口服给药时。人

医约有 1%的患者因严重不良反应而中止治疗。

（2）**中枢神经系统反应** 如头痛、头晕、失眠等，与该类药物可抑制中枢神经介质 γ-氨基丁酸（GABA）跟受体结合有关。这类不良反应较为多见，仅次于消化道不良反应。严重者可引起抽搐、癫痫样发作、神志不清、复视、色觉分辨力降低、幻听和幻视等。原有肾功能不全或中枢神经系统疾病病例中较易发生严重的中枢神经反应。

（3）**过敏反应** 如药物热、皮疹、皮肤瘙痒、血管神经性水肿等，偶可发生过敏性休克。

（4）**光敏反应** 又称为光毒性反应，是指用药期间发生的光感性皮炎，皮肤潮红、肿痛。以司帕沙星最为多见，其次为洛美沙星，培氟沙星。由于所有喹诺酮类药物的光过敏产物的细胞毒性比原药增高 10 倍以上，因此，使用该类药物期间应避免皮肤直接暴露在阳光下照射。

（5）**诱发癫痫** 机制同上述中枢神经系统反应。

（6）**影响软骨发育** 动物试验中本品可引起软骨损害。临床上本品可引起严重的关节疼痛和炎症。

（7）**心脏毒性** 动物毒理研究和临床观察显示，喹诺酮类药物引起的心脏毒性常表现为心律失常和 QT 间期延长。其发生频率因药物品种而异，司帕沙星和格帕沙星对心脏毒性可能大于其他喹诺酮类药物。第四代喹诺酮类药物可能引起心电图 QT 间期延长，不宜与ⅠA 类及Ⅲ类抗心律失常药和可延长心电图 QTc 间期的药物，如西沙必利、红霉素、三环抑郁药合用。

（8）**实验室检查异常** 一过性外周血白细胞减少，血清转氨酶、尿素氮和肌酐测定值升高等。大剂量诺氟沙星可引起结晶尿（尤其在碱性尿时）。

（9）**其他症状** 如肌肉疼痛、心悸、关节肿痛等。

（10）**可降低茶碱类药物的代谢率** 使其易于在体内蓄积、中毒。

（11）**严重的多系统损害** 以溶血表现为主，伴有肝、肾功能不全或凝血功能异常等。由于这种严重的不良反应最早发生于新型氟喹诺酮类药物替马沙星（temafloxacin）上市后，故又称为"替马沙星综合征"。其发生机制可能与免疫反应有关，尚不很明确。

（三）应用喹诺酮类药物的注意事项

1. 不宜用于妊娠和哺乳动物 由于该类药物的作用机制为抑制细菌 DNA 旋转酶，对幼年动物的软骨有损害作用，故不应用于妊娠和幼龄动物。由于该类药物可渗入乳汁中，故不宜用于哺乳动物；如必须应用，用药期间应停止哺乳。

2. 不宜常规地用于各种幼龄动物感染 尤其是已知有其他安全有效的治疗药物时。对于目前尚无其他安全有效的治疗药物者，在充分权衡利弊后采用氟喹诺酮类药是合理的。

3. 不宜应用于有中枢神经系统疾病的病例　尤其是有癫痫史的病例，如山羊癫痫。

4. 避免与茶碱类、咖啡因和口服抗凝药（华法林）等药物同时应用　因为喹诺酮类药物可抑制上述药物在肝脏中的代谢，可使它们的血药浓度增高而引起不良反应。依诺沙星的上述抑制作用最强，其次为环丙沙星和培氟沙星，氧氟沙星的抑制作用不明显。如果喹诺酮类必须与上述药物同时使用，应选用抑制作用较小者，并监测茶碱等药物的血浓度或凝血酶原时间。

5. 不宜与阿的平和 H_2 受体阻断剂合用　H_2 受体阻断剂主要有西咪替丁、雷尼替丁等制酸药。

6. 不宜与抗酸剂同时应用　因为抗酸剂可与该类药物络合而减少该类药物自胃肠道的吸收。常用的抗酸剂有氢氧化铝、氧化镁、铝碳酸镁、碳酸钙等。

7. 肝、肾功能不全者应用此类药物时应酌情调整剂量　主要经肾脏排泄的氟喹诺酮类药物如氧氟沙星、洛美沙星、氟罗沙星和依诺沙星等，应根据肾功能减退情况减少给药剂量；可由肝肾两种途径排泄的药物如环丙沙星，在肾功能明显受损或肝肾功能同时受损时，也应减少剂量；为避免发生严重的中枢神经反应，肾衰竭患病动物应避免使用该类药物。

8. 一般不做革兰氏阳性菌治疗的经验用药　由于该类药物中除了司帕沙星外，对葡萄球菌属等革兰氏阳性菌仅具有中等强度抗菌活性，而且大多数耐甲氧西林葡萄球菌对其耐药，因此除了司帕沙星外，该类药物一般不宜作为治疗革兰氏阳性菌的经验用药。

9. 应用时注意不同品种的口服吸收率　口服吸收差的诺氟沙星仅适用于治疗单纯性下尿路感染和肠道感染，而不适合用于呼吸道、上尿路、腹腔和胆道等感染的治疗。环丙沙星口服吸收虽然较差，但因其抗菌活性强，应用较大剂量时仍可用于呼吸道、上尿路、腹腔和胆道等感染的治疗。

10. 注意联合用药时毒性增强　与含镁和铝盐的抗酸剂和非甾体抗炎药合用，可加重喹诺酮类药物兴奋中枢神经系统，甚至引起惊厥的副作用，临床上应予重视。

（四）喹诺酮类药物的合理应用

中国药学会抗生素专业委员会对于喹诺酮类药物的合理应用提出了下列建议。

1. 防止耐药性的发展　①临床用药有明确的应用指征，不应用于轻微感染者和没有希望获得治疗效果的感染者。②用药前尽可能分离出病原菌，并做药敏试验，减少无根据的预防用药。③正规治疗 72h 后，如症状、体征及实验室检查均无好转或者有加重者，可考虑换药。④不将本类药物作为局部外用药。⑤掌握合适的剂量与疗程，防止诱发耐药性。⑥限制本类药物在农业等方面的应用。

细菌耐药性的增长和蔓延与不合理使用抗感染药物直接有关。食用动物及海产养殖业中滥用喹诺酮类抗菌药物的现象十分严重。应调查和了解国内各种抗感染药物在食用动物、海产养殖业和农作物中的使用情况，开展应对抗生素后生态环境的变化、常见细菌耐药性变迁的研究，特别应开展对人兽共患致病菌的耐药性监测，制订我国合理使用抗感染药物指导原则，以保护人类健康的资源——抗生素及合成抗菌药物。

2. 氟喹诺酮类药物在治疗结核病中的应用　目前不少医院把氧氟沙星作为抗结核一线药物常规应用并非确当。因其对结核分枝杆菌的抗菌活性并不比经典抗结核药物强，且利福平可以部分抵消其作用。因此，如果在结核病例中广泛应用氧氟沙星，不仅疗效不尽如人意，且易诱发其他细菌耐药。

氟喹诺酮类药物中司帕沙星的抗结核杆菌活性强，MIC 为 0.1mg/L，为环丙沙星的 1/3、氧氟沙星的 1/10、依诺沙星的 1/30，可与异烟肼、对氨基水杨酸、链霉素相比，即使是对异烟肼、对氨基水杨酸、链霉素等均耐药的结核杆菌，对司帕沙星仍敏感，MIC 值仍为 0.1mg/L，表明司帕沙星与抗结核药物之间无交叉耐药。司帕沙星对偶发分枝杆菌的 MIC_{90} 值为 0.25mg/L，表明它对结核杆菌的敏感及耐药菌株均有作用。常规抗结核药物产生耐药后，或发生多重耐药结核分枝杆菌感染时，可考虑用目前抗结核分枝杆菌活性最强的司帕沙星与其他抗结核药联合治疗。非典型结核杆菌以及耐经典抗结核药物者可选用新的氟喹诺酮类药物，不宜普遍以这类药物治疗结核病。

3. 预防用药　抗菌药物预防应用的指征远较治疗用药为少，一般情况下，不主张预防用药。与现症伤寒、菌痢等疾病有非常密切接触者，可足量、短程用药，有感染可能的手术，又无其他药物可选择者亦可考虑应用。免疫功能低下（特别是低白细胞症病例）、预防旅行腹泻，尤其是老年人可选用氟喹诺酮类药物，且注意掌握合适的剂量与疗程，防止诱发细菌耐药性的产生。

（五）新喹诺酮类药物的研究趋势

1. 抗菌活性的改善　西他沙星（sitafloxacin，Du‐6859a）对革兰氏阳性菌、阴性菌和厌氧菌都有很强的抗菌活性。抗 MRSA 的活性比司帕沙星、氧氟沙星和环丙沙星强 4、16、64 倍；对幽门螺杆菌的 MIC_{90} 仅 0.025mg/L，与阿莫西林相似；对结核杆菌与堪萨斯分枝杆菌的 MIC_{90} 分别为 0.2 和 0.78mg/L；抗铜绿假单胞菌的活性也比其他喹诺酮类药物强。该药本身没有抗真菌作用，但与两性霉素 B、氟康唑和咪康唑等抗真菌药有明显的协同作用。上述三种抗真菌药

物对白色念珠菌的 *MIC* 依次为 4.62、2.5 和 1.25mg/L，加入西他沙星后 *MIC* 分别下降至 1.16、0.3 和 0.15mg/L。SYN - 1253（大鹏药品）是抗金黄色葡萄球菌，特别是抗 MRSA 最强的化合物之一，有可能替代万古霉素。加替沙星（gatifloxacin，AM - 1155）由日本杏林公司开发。本品对革兰氏阳性菌的抗菌活性明显增强。对慢性支气管炎的有效率高达 90％以上。有希望作为治疗衣原体感染的有效药物。

2. 药代动力学性能的改善　在原有的喹诺酮类药物中氧氟沙星的药代动力学性能最好。近年来上市的洛美沙星、氟罗沙星、芦氟沙星、司帕沙星、曲伐沙星等血药浓度虽未提高，但半衰期明显延长。喹诺酮类药物的前体药可增加口服吸收，提高血药浓度。向喹诺酮类药物分子的适当部位导入氨基酸，可改善其水溶性。例如曲伐沙星的水溶性低，连上两分子氨基酸的阿拉曲杀星则可供注射用。

3. 安全性的改善　帕珠沙星（pazufloxacin，T - 3762）注射剂的毒性明显降低，对中枢神经系统毒性很小。

在 6 位和 8 位上有二氟取代的和 6 位为氯取代的喹诺酮类药物都可能引起光敏反应，服药后应避免阳光直接照射。新药加替沙星、莫西沙星、PD - 141831（Warner Lanbert）、SYN - 1253（大鹏药品）、Y - 688（吉福制药）的 8 位为甲氧基；CS - 940（三共）的 8 位为二氟甲氧基，它们都不会引起光敏反应。

巴洛沙星（balofloxacin，Q - 35）对革兰氏阳性菌、革兰氏阴性菌、厌氧菌、衣原体、支原体和军团菌等均有广谱抗菌作用。由于 8 位上甲氧基的引入，明显地减少了光毒性。

4. 新活性的结构研究　①1 - 位非氮化合物的探索：将萘啶环系和喹啉环系的 1 - 位 N 移到 4，5 位间，如 A - 86719 - 1（ABT - 719）抗耐万古霉素肠球菌（VRE）的活性很强，MRSA 的 MIC_{90} 为 1mg/L，铜绿假单胞菌的 MIC_{90} 为 1mg/L。②6 - 位非氟取代化合物的探索：如富山化学公司研制的 T - 3811 的抗菌谱广、抗菌活性强，抗 VRE 活性比曲伐沙星强。③7 - 位非 C - N 键相连化合物的探索：如帕珠沙星等。

5. 微生物来源的新喹诺酮类药物的研究　1996 年 Kamigiri 等由印度尼西亚西加里曼丹土壤中分离出一株节杆菌（*Arthrobacter* sp. YL - 02729s），它所产生的喹诺酮 YM - 30059 对革兰氏阳性菌（包括多耐药性金黄色葡萄球菌、表皮葡萄球菌等）有较强的抗菌活性。

6. 抗肿瘤与抗病毒药物的探索　近来发现 7 - 位直接连有芳香环或 8 - 位有卤原子的喹诺酮类药物具有抗肿瘤活性。A - 74932 是第一个被报告对实体瘤治疗有效的喹诺酮类药物。这种新的抗肿瘤药物与传统的细胞毒性抗肿瘤药物相比，具有可降低细菌感染的优点。

二、磺胺类和甲氧苄啶类药物的特点及合理应用

1907 年 Gelmo 首先报告磺胺药是毒性低而抗菌活性强的化学药物。1935 年合成磺胺衍生物百浪多息（prontosil）首次应用于临床。1969 年甲氧苄啶（TMP，可增强磺胺类药物的疗效）问世。迄今，这类药物在感染性疾病的防治中发挥了很大的作用。

（一）分类

1. 根据磺胺药的吸收特点和临床应用情况分类　可将其分为三类：

（1）口服易于吸收的磺胺药　如磺胺甲（基异）噁唑（SMZ）、磺胺嘧啶（SD）、磺胺甲氧嗪（SMPZ）、磺胺间甲氧嘧啶（SMM）等。

（2）口服不易吸收的磺胺药　如磺胺脒（SG）、酞磺胺噻唑（PST）、琥珀酰磺胺噻唑（SST）、柳氮磺吡啶（SASP）。

（3）局部用磺胺药　如磺胺嘧啶银（SD-Ag）、磺胺米隆（SML）、磺胺醋酰钠（SC-Na）等。

2. 根据其作用时间的长短分类　可将其分为三类：

（1）**短效磺胺**　如磺胺异噁唑（SIZ）等。

（2）**中效磺胺**　如磺胺甲噁唑（SMZ）、磺胺嘧啶（SD）等。

（3）**长效磺胺**　磺胺间甲氧嘧啶（SMM）、磺胺多辛（周效磺胺，SDM）等。

目前人医临床主要保留使用中效磺胺，其他已经少用。而兽医似更加青睐长效磺胺，因一天给药一次具有较好的可操作性。

（二）特点

（1）磺胺药在结构上与 PABA（对氨基苯甲酸）类似，竞争性作用于二氢叶酸合成酶，阻断核酸的合成。

（2）复方新诺明为磺胺甲基异噁唑（SMZ）和甲氧苄啶（三甲氧苄氨嘧啶，TMP）的复方制剂。体内分布广泛，可透过血脑屏障和眼屏障。

（3）柳氮磺吡啶（SASP）口服不吸收，从肠壁结缔组织中释放出磺胺吡啶而起抗菌、消炎和免疫抑制作用。磺胺脒（SG）口服亦不吸收，在肠道内形成高浓度，保证较好的肠内抑菌作用。此药在兽医临床上仍然得到广泛应用。

（4）SIZ 抗菌谱同 SD，但对葡萄球菌、大肠杆菌、痢疾杆菌的作用较强。

（5）增效磺胺为 SD、SMZ 与磺胺增效剂［甲氧苄啶类，如 TMP 或二甲氧苄氨嘧啶（DVD）］的复方制剂。

（6）磺胺类体外抗菌作用活性由强至弱排列顺序为：SMM＞SMZ＞SIZ＞SQ（磺胺喹噁啉）＞SD。

（三）缺点

（1）不良反应较多。

（2）对肝、肾功能均有一定影响。

（3）该类药物之间有完全性交叉耐药。

（四）合理应用

（1）复方新诺明适用于尿路感染、流脑、沙眼、包含体结膜炎等，但不良反应较多。妊娠后期、哺乳期、肝肾功能不全、老龄及幼龄动物慎用。

（2）SD可作为流脑的首选药物，并可用于易感者的预防。口服时须加等量碳酸氢钠以碱化尿液，降低SD乙酰化物的肾毒性。

（3）柳氮磺吡啶主要用作溃疡性结肠炎的治疗。

（4）SIZ可用于尿路感染和流行性脑脊髓膜炎、痢疾等疾病的治疗，不需要同服 $NaHCO_3$。

（5）增效磺胺适用于脑膜炎、气管炎、肺炎、咽炎、扁桃体炎、肠炎和尿路感染等。肝肾功能不全者慎用。

三、硝基呋喃类药物的特点及合理应用

（一）特点

1. 广谱　呋喃妥因（呋喃呾啶）的抗菌谱包括多数大肠杆菌、金黄色葡萄球菌、表皮葡萄球菌、肠球菌属等；呋喃唑酮（痢特灵，禁用于食品动物）的抗菌谱包括沙门氏菌属、志贺菌属、大肠埃希氏菌、金黄色葡萄球菌、霍乱弧菌和毛滴虫、贾第氏鞭虫等。

2. 不易产生耐药性，无交叉耐药性

3. 毒性强　此类药物毒性较强，呋喃妥因有一定的肾毒性，亦可引起迁延难愈的多发性神经炎；呋喃唑酮偶可引起溶血性贫血和黄疸；呋喃西林因毒性过大，仅限于局部使用。

（二）合理应用

（1）主要用于尿路感染（包括急性下尿路感染和慢性菌尿症）的治疗，对上尿路感染的疗效欠佳。

（2）肾功能不全、妊娠、新生动物，葡萄糖-6-磷酸脱氢酶（G-6-PD）缺

乏症病例禁用本类药物。哺乳期动物用药期间应停止哺乳。

（3）呋喃妥因主要用于尿路感染，对急性下尿路感染和慢性菌尿症有效，但对上尿路感染疗效欠佳；呋喃唑酮可用于细菌性痢疾，以及旅行者腹泻和幽门螺旋杆菌引起的胃窦炎。

（4）可与甲氧苄啶类合用以提高效力。呋喃妥因与萘啶酸合用会产生拮抗作用。呋喃唑酮可抑制乙醛脱氢（氧化）酶，致双硫醒反应。

四、硝基咪唑类药物的特点及合理应用

硝基咪唑类药物主要有甲硝唑、替硝唑和奥硝唑等用于临床。早年，这类药物主要用于抗原虫感染，后来发现其良好的抗厌氧菌作用而广泛应用于临床，成为治疗厌氧菌感染的重要药物。

（一）特点

（1）对厌氧菌、阿米巴、滴虫、贾第氏鞭虫等作用甚强。
（2）口服吸收良好，组织分布广，能透入脑脊液。直肠给药时，血药浓度亦可达有效水平。
（3）较少发生耐药。

（二）主要品种比较

硝基咪唑类药物主要品种比较见表9-21。

表9-21　硝基咪唑类药物主要品种比较

比较项目	甲硝唑	替硝唑	奥硝唑
抗厌氧菌、原虫作用	+++	+++	+++至++++
抗需氧菌	—	—	—
口服吸收	好	好	好
血药浓度	高	更高	更高
半衰期（h）	5～10	9～11	14
不良反应	较多	较少	少

注："+++"示效果很好；"—"示无效。

（三）不良反应

（1）消化道反应最常见，症见恶心、呕吐、厌食、腹痛、腹泻等。尤以甲硝唑最多见。

（2）本类药物有致畸作用，妊娠早期应禁用。

（3）肝肾功能不全病例慎用。

（4）有活动性中枢神经系统疾病的动物慎用。

（5）甲硝唑和替硝唑可抑制乙醛脱氢（氧化）酶，致双硫仑（双硫醒）反应。奥硝唑此作用不明显。

（6）可致血象变化，白细胞减少，需注意。

（7）甲硝唑可致钠潴留，使用期间应控制钠盐的摄入量。

（四）合理应用

1. 抗厌氧菌感染　治疗各种厌氧菌引起的腹腔感染、盆腔感染、牙周脓肿、鼻窦炎、骨髓炎、脓毒性关节炎、脓胸、肺脓肿、脑膜炎和脑脓肿等。如混合有需氧菌感染，需联合使用其他抗菌药。

2. 预防外科手术后厌氧菌感染　如盆腔手术、腹腔手术等。

3. 口服可治疗假膜性肠炎

4. 治疗原虫感染　如阴道滴虫病、组织滴虫病、肠道及肠外阿米巴感染、贾第氏鞭虫病、小袋纤毛虫病、皮肤利氏曼虫感染等。

五、其他

（一）磷霉素

磷霉素为化学合成抗菌药物。其抗菌谱广，与其他抗菌药物无交叉耐药，与多种抗菌药物具有协同作用，不良反应少，因而成为临床常用抗生素。

1. 药物特点

（1）抗菌谱广，属繁殖期杀菌剂。对大多数革兰氏阳性菌（包括部分 MRSA 和 MRSE）及阴性菌均有中等水平的抗菌活性。对葡萄球菌属、大肠埃希氏菌、志贺菌属及沙雷菌属有较高的抗菌活性，对铜绿假单胞菌、变形杆菌属、产气荚膜杆菌、链球菌属、肺炎球菌及部分厌氧菌也有一定的抗菌活性。

（2）细菌对其及其他抗菌药无明显交叉耐药，可用于部分耐药菌感染。

（3）与 β-内酰胺类、氨基糖苷类抗生素合用具有协同作用，并可减少耐药菌产生概率。

（4）其钙盐口服吸收差，磷霉素氨丁三醇口服生物利用度高。不与血浆蛋白结合。组织分布广泛，肾中浓度高。可通过胎盘，进入乳汁，也可透过血脑屏障。

（5）作用于细菌细胞壁，对动物机体毒性甚微。

2. 临床应用

（1）磷霉素抗菌谱广，抗菌效力中等，单用只适合一般感染，严重感染须联合使用其他抗菌药物。可用于敏感菌所致各种感染和病原菌不明的感染。

（2）口服用于敏感菌所致轻度感染，如五官科感染、尿路感染、肠道感染、皮肤软组织感染等。革兰氏阴性菌所致败血症、骨髓炎、肺部感染、脑膜炎等严重感染，可静脉给药，并配合使用β-内酰胺类或氨基糖苷类抗生素。也可与万古霉素、β-内酰胺类、利福平或大环内酯类联合使用治疗金黄色葡萄球菌等革兰氏阳性菌所致的严重感染。

（3）由于毒性较低，肝肾功能不全者可选用。

3. 注意事项

（1）不良反应轻微，偶见胃肠道反应，如呕吐、腹泻等，一般可以耐受。

（2）肌内注射疼痛剧烈，应注意。

（3）静脉注射有刺激性，但如为中性制剂，刺激性较小。

（4）与一些金属盐类可形成不溶性沉淀，勿与钙、镁盐配伍使用。

第三节　抗感染中药的合理应用

早在 1928 年，就有人在实验室里对中药的抗感染作用进行了研究。我国已通过体外抗感染试验，筛选出近千种对细菌和其他病原微生物具有抑制或杀灭作用的中药。其中，抗感染效果肯定、作用比较强的抗感染中药主要有黄连、黄柏、大黄、黄芩、厚朴、板蓝根、鱼腥草、金银花、穿心莲、苦参、金荞麦、大蒜等。

一、抗感染中药的特点

（1）有一些中药成分在体外虽然不具有抗菌活性，但对很多感染性疾病却有良好的疗效。例如穿心莲，其水溶性黄酮成分，在体外有抗菌活性，临床疗效却很差。相反地，其内酯成分，在体外无抗菌活性，在临床应用中却有效。经研究证实，穿心莲的抗感染作用，不是直接地杀菌或抑菌作用，而是通过增强机体吞噬细胞功能来达到退热抗炎作用的。

（2）黄连味苦、性寒。入心、肝、胃、大肠经，清热燥湿、泻火解毒；黄柏味苦、性寒，入肾、膀胱、大肠经，泻火解毒、清湿热。两者的主要成分都是小檗碱（黄连素，berberine）。小檗碱对痢疾杆菌、结核杆菌、金黄色葡萄球菌的作用较强，对其他细菌如链球菌、白喉杆菌、大肠埃希氏菌也有抑制作用。

（3）鱼腥草性凉，味苦，有清热解毒、消炎退肿等功效。其主要成分是癸酰乙醛。对于甲型流感病毒 FM1 株的复制有明显抑制作用，对耐药金黄色葡萄球菌、白喉杆菌、白色念珠菌有抑制作用。还能增强体内吞噬细胞功能，提高机体抵抗力。

（4）部分兽用抗感染中成药主要成分、功能、主治与用法见表 9-22，供参考。

表 9-22　部分兽用抗感染中成药处方、功能、主治和用法

品　名	处　方	功能与主治	用　法
百部射干散	虎杖、党参、桔梗、荆芥各 91g，紫菀、百部、白前、黄芪各 114g，射干、甘草各 68g，半夏 34g，干姜 10g	清肺，止咳，化痰。主治肺热咳喘，痰多	拌料：鸡每千克饲料鸡 10g，连用 5d
白莲藿香散	白头翁、穿心莲、广藿香、苦参各 15g，黄柏、黄连、雄黄、滑石各 10g	清热解毒，凉血止痢。主治雏鸡白痢	po：雏鸡 0.25g/只，bid 或 tid
白龙苍术散	龙胆、苍术各 100g，黄连、干姜、木香、甘草各 50g，白头翁 150g，黄芩、白术、黄柏、秦皮、金银花、大黄各 75g	清热解毒，燥湿止痢。主治湿热泻痢	po：仔猪 1～2g/kg，连用 5d
板陈黄注射液	板蓝根 250g，麻黄 200g，陈皮 50g	清热解毒，止咳平喘，理气化痰。主治肺热咳喘	im：猪 0.2～0.4mL/kg，bid×2d
板二黄片	黄芪、板蓝根各 600g，白术 450g，淫羊藿 400g，连翘、山楂各 300g，黄柏（盐炙）、地黄各 350g	清热解毒，益气健脾。用于传染性法氏囊病的预防	po：鸡 2～3 片/kg，bid×5d
板二黄散	参见板二黄片	参见板二黄片	po：鸡 0.6～0.8g/kg，bid×5d
板二黄丸	参见板二黄片	参见板二黄片	po：鸡 2～3 丸/kg，bid×5d
板黄败毒片	板蓝根 120g，黄芪、黄柏、泽泻各 40g，连翘 60g	清热解毒，渗湿利水。主治湿热泻痢	po：鸡 1～2 片，tid
板黄败毒散	参见板黄败毒片	参见板黄败毒片	po：羊、猪 1g/kg，bid×3d
板金痢康散	板蓝根、白头翁各 150g，金银花、白术各 60g，黄芩、黄柏、穿心莲、黄芪、苍术各 100g，木香 30g，甘草 50g	清热解毒，渗湿利水。主治湿热泻痢	po：鸡 1～2g
板金止咳散	板蓝根 250g，金银花、苦杏仁各 75g，连翘 120g，桔梗、甘草各 100g	清热解毒，止咳平喘。主治肺热咳喘	po：鸡 2～4g
板蓝根大黄散	板蓝根、大黄各 125g，穿心莲、黄连、黄柏、黄芩、甘草各 50g	清热解毒，主治鱼类细菌性败血症、细菌性肠炎	拌料：鱼每千克饲料 1～1.5g，bid×3～5d
板翘芦根片	板蓝根 300g，连翘 200g，黄连、黄柏各 70g，黄芩、地黄各 50g，甘草、石膏各 80g，芦根 100g	清热解毒，凉血止痢。主治湿热泻痢	po：雏鸡 1 片，tid

（续）

品　名	处　方	功能与主治	用　法
板青败毒口服液	金银花、大青叶各 500g，板蓝根 400g，蒲公英、白英、连翘、甘草各 240g，天花粉、白芷各 150g，防风 100g，赤芍 60g，浙贝母 140g	清热解毒，疏风活血。用于鸡传染性法氏囊病的辅助治疗	混饮：鸡 2mL/L，连用 3d
板术射干散	板蓝根 80g，苍术、射干各 60g，冰片 13g，蟾酥 6g，桔梗 50g，硼砂 12g，青黛 15g，雄黄 14g	清咽利喉，止咳化痰，平喘。主治肺热咳喘	拌料：鸡每千克饲料 5g，连用 3d
柏麻口服液	黄柏、苦参各 100g，麻黄、大青叶各 50g，苦杏仁 75g	清热平喘，燥湿止痢。用于鸡传染性支气管炎的辅助治疗	混饮：鸡 9mL/L，连用 3～5d
柴辛注射液	柴胡 2 500g，细辛 500g	解表退热，祛风散寒。主治感冒发热	im：马、牛 10～20mL；羊、猪 3～5mL；犬、猫 1～3mL
蟾胆片	蟾酥、冰片各 3g，胆膏 20g，珍珠母 300g	清热解毒，消肿散结，通窍止痛，止咳平喘。用于鸡慢性呼吸道病的辅助治疗	po：鸡 0.5～1 片/kg，bid×5d
穿甘苦参散	穿心莲 150g，甘草 125g，吴茱萸 10g，苦参 75g，白芷、板蓝根各 50g，大黄 30g	清热解毒，燥湿止泻。主治湿热泻痢	拌料：鸡每千克饲料 3～6g，连用 5d
常青克虫散	地锦草 160g，墨旱莲、青蒿、柴胡各 80g，常山 100g，槟榔、仙鹤草、黄芩、白芍、山楂、甘草各 60g，鸦胆子 20g，黄柏 90g，木香 30g	清热，燥湿，杀虫，止血。主治鸡球虫病	po：鸡 1～2g
常青球虫散	常山、白头翁、苦参各 700g，仙鹤草、马齿苋、地锦草各 400g，青蒿、墨旱莲各 350g	清热燥湿，凉血下痢。主治球虫病	拌料：兔、禽每千克饲料 1～2g，连用 7d
穿白地锦草散	白头翁、地锦草、穿心莲各 180g，黄连 100g，大青叶、地榆、山楂（炒）、麦芽（炒）、六神曲、甘草各 60g	清热解毒、燥湿止痢。主治湿热下痢	po：鸡 1～2g
穿苦功劳片	穿心莲 500g，苦参、功劳木、木香各 125g	清热燥湿，理气止痢。主治雏鸡白痢	po：雏鸡 0.5～1 片
穿苦功劳散	参见穿苦功劳片	参见穿苦功劳片	po：雏鸡 0.15～0.3g
穿苦黄散	穿心莲 60g，苦参 100g，黄芩 80g	清热解毒、燥湿止痢。主治湿热泻痢	拌料：鸡每千克饲料 5g，连用 3～5d
穿苦颗粒	黄芪、白芷、蒲公英、白头翁、甘草各 200g，穿心莲 800g，吴茱萸 80g，大黄 320g，苦参 600g	清热解毒、燥湿止泻。主治湿热泻痢	混饮：鸡 0.5g/L，连用 3～5d

（续）

品　名	处　方	功能与主治	用　法
穿心莲末	本品为穿心莲经加工制成的散剂	清热解毒。主治湿热下痢	po：鸡 1～3g
穿鱼金荞麦散	蒲公英、桔梗、黄芩各 80g，甘草、桂枝、麻黄、板蓝根、野菊花、辛夷各 50g，苦杏仁 35g，冰片 5g，穿心莲、金荞麦各 100g，鱼腥草 120g	清热解毒，止咳平喘，利窍通鼻。主治肺热咳喘	拌料：鸡每千克饲料 10g，连用 5～7d
大黄解毒散	大黄、绵马贯众、槟榔各 20g，黄柏、鹤虱各 30g，甘草 5g，地肤子 25g，玄黄 35g，苦参 40g	清热燥湿，杀虫。主治细菌性出血症、败血症	拌料：鱼每千克饲料 1～1.5g
大蒜苦参注射液	大蒜、苦参各 1 000g	清热燥湿，止泻止痢。主治仔猪黄痢、仔猪白痢	im：仔猪 0.2～0.25mL/kg
地丁菊莲注射液	穿心莲、野菊花各 250g，紫花地丁 500g	清热解毒，燥湿止痢。主治仔猪白痢	im：仔猪 5～10mL
地锦鹤草散	地锦草、仙鹤草各 35g，辣蓼 20g	清热解毒，止血止痢。主治烂鳃、赤皮、肠炎、白头白嘴等细菌性疾病	po：鱼 0.5～1g/kg，拌饵投喂，连用 3～5d。预防，疾病流行季节，鱼 0.5g/kg，拌饵投喂，隔 15d 重复投喂一次
甘矾解毒片	白矾、甘草各 100g，雄黄 20g	清瘟解毒，燥湿止痢。主治鸡白痢	po：鸡 6 片，分 2 次服
葛根连柏散	葛根 60g，黄连 20g，黄柏 48g，赤芍、金银花各 36g	清热解毒，燥湿止痢。主治温病发热，湿热泻痢	拌料：鸡每千克饲料 8g，连用 3～5d
公英青蓝颗粒	蒲公英、大青叶、板蓝根各 200g，金银花、黄芩、黄柏、甘草各 100g，藿香、石膏各 50g	清热解毒。用于鸡传染性法氏囊病的辅助治疗	混饮：鸡 4g/L，连用 3d
公英青蓝合剂	参见公英青蓝颗粒	参见公英青蓝颗粒	混饮：鸡 4mL/L，连用 3d
归芪乳康散	黄芪、蒲公英、紫花地丁、陈皮各 40g，当归、鱼腥草各 35g，皂角刺 30g，路路通 60g，泽泻 45g	清热解毒，消肿散结。主治奶牛临床型乳房炎	po：奶牛 360g，bid
黄花白莲颗粒	黄连、黄柏、菊花、白头翁、苍术、石榴皮、蒲公英、地榆、板蓝根、五倍子各 200g，金银花、穿心莲各 300g，茯苓 100g	清热解毒，利湿止痢。主治湿热下痢	混饮：鸡 1g/L，连用 3～5d
黄金二白散	黄芩、黄柏各 60g，金银花、连翘各 40g，白头翁、白芍各 45g，栀子 50g	清热解毒，燥湿止痢。主治湿热泻痢，鸡白痢	拌料：鸡每千克饲料 6～12g

（续）

品　名	处　方	功能与主治	用　法
加味麻杏石甘散	麻黄、苦杏仁、石膏、浙贝母、桔梗、连翘、白花蛇舌草、枇杷叶、山豆根、甘草各30g，金银花60g，大青叶90g，黄芩50g	清热解毒，止咳化痰。主治肺热咳喘	po：鸡0.5～1.0g，连用3～5d
鸡痢灵丸	雄黄、藿香、滑石、黄柏各10g，白头翁、诃子、马齿苋、马尾连各15g	清热解毒，涩肠止痢。主治雏鸡白痢	po：雏鸡4丸
金黄连板颗粒	金银花、黄芩、板蓝根各375g，连翘750g，黄连125g	清热，燥湿，解毒。主治湿热泻痢	混饮：鸡1g/L，连用3～5d
金芩芍注射液	金银花150g，黄芩70g，白芍60g	疏散风热，清热解毒。主治外感风寒，湿病初起	im：一次量，猪5～10mL，bid×3～5d
金叶清瘟散	金银花、大青叶各320g，板蓝根、柴胡各240g，鹅不食草128g，蒲公英、紫花地丁、连翘、甘草各160g，天花粉、白芷各120g，防风80g，赤芍48g，浙贝母112g，乳香、没药各16g	清瘟败毒，凉血消斑。主治热毒壅盛	拌料：禽每千克饲料5～10g
桔百颗粒	桔梗375g，陈皮、百部、黄芩、连翘、远志、桑白皮各250g，甘草150g	清热化痰，止咳平喘。主治肺热咳喘	混饮：鸡1g/L，连用5d
桔梗栀黄散	桔梗60g，山豆根、苦参各30g，栀子、黄芩各40g	清肺止咳，消肿利咽。主治肺热咳喘，咽喉肿痛	po：马、牛50～150g；羊、猪10～30g；兔、禽2～3g
苦参麻黄注射液	苦参1500g，麻黄500g	清热燥湿，宣肺利水。主治仔猪白痢	im：仔猪2.5～5mL
苦参注射液	本品为苦参提取物制成的灭菌水溶液	清热燥湿，杀虫去积。主治湿热泻痢	im：猪0.2mL/kg，连用4d
苦木注射液	本品为苦木经加工制成的注射液	清热，解毒。主治风热感冒，肺热	im：小猪10mL，连用3d
连翘解毒散	连翘、黄芩各20g，半夏、羌活、甘草各10g，知母25g，独活5g，金银花15g，滑石35g	清热解毒，祛风除湿。主治黄鳝、鳗鲡的发狂病	全池泼洒：黄鳝7.5g/m³，鳗鲡0.3g/m³
蓼苋散	辣蓼90g，马齿苋60g，黄芩18g，木香15g，秦皮30g，白芍27g，干姜、甘草各9g	清热解毒，燥湿止痢。主治湿热泻痢	po：鸡0.9～1.2g，连用3d
麻黄苦参散	麻黄100g，苦参50g，黄芩、百部各40g，板蓝根45g，山豆根20g，甘草80g	清肺祛痰，止咳平喘。主治上呼吸道感染引起的发热、气喘、咳嗽、痰多等症	拌料：猪每千克饲料8～10g

（续）

品　名	处　方	功能与主治	用　法
麻黄葶苈散	板蓝根、桔梗、穿心莲各 80g，麻黄、黄芪、葶苈子各 100g，鱼腥草 120g，茯苓 60g，石膏 200g	清热泻肺，化痰平喘。主治肺热咳喘	拌料：鸡每千克饲料 20g，连用 5d
麻杏二膏散	麻黄、苦杏仁各 350g，鱼腥草、石膏、黄芩各 600g，葶苈子、甘草、桑白皮各 300g，胆膏 100g	清热宣肺，止咳平喘。主治肺热咳喘	po：鸡 0.6～0.8g/kg，bid×5d
马莲苍术散	马齿苋、黄连、黄芩各 200g，苦参 100g，苍术 300g	清热解毒，燥湿止痢。主治仔猪白痢	po：仔猪 1g/kg，bid×3d
梅香散	刺苋、辣蓼、苦参各 200g，十大功劳、苍术、乌梅、滑石、广藿香、桃金娘根各 100g，穿心莲 150g	清热解毒，燥湿止痢。主治湿热泻痢	po：猪 0.15～0.3g/kg
牛蟾颗粒	人工牛黄 4g，蟾酥、冰片各 2g，黄芩 1 000g，甘草 200g	清热解毒，止咳平喘。作为鸡毒支原体感染的辅助治疗	po：鸡 0.3～0.6g，bid×5d
七清败毒散	黄芩、虎杖、板蓝根各 100g，大青叶 40g，白头翁、苦参各 80g，绵马贯众 60g	清热解毒，燥湿止痢。主治湿热泻痢	po：鸡 2 片/kg，bid×3d
七味石榴皮散	白头翁、绿豆、石榴皮各 15g，艾叶、陈皮、焦山楂各 10g，甘草 5g	清热解毒、利尿消肿、涩肠止泻。主治猪大肠杆菌	拌料：猪每千克饲料 10g，连用 5d
芪蓝囊病饮	黄芪 300g，板蓝根、大青叶、地黄各 200g，赤芍 100g	解毒凉血、益气养阴。主治鸡传染性法氏囊病	po：鸡 1mL，连用 3～5d
芪贞增免颗粒	黄芪 180g，淫羊藿、女贞子各 90g	滋补肝肾、益气固表。主治鸡免疫力低下	混饮：鸡 1g/L，连用 3～5d
芩连注射液	黄芩、龙胆各 250g，连翘 500g	清肺热，利肝胆。主治肺热咳喘，湿热黄疸	im：猪 10mL
青黛紫菀散	板蓝根 55g，青黛、玄明粉、紫菀各 40g，冰片 15g，硼砂 30g，黄连 50g，胆矾 45g，朱砂 10g	清热化痰、止咳平喘。主治咳嗽痰多，气喘等症	拌料：鸡每千克饲料 10g，连用 3d
青蒿常山颗粒	青蒿、常山各 300g，白头翁、黄芪各 200g	清热，凉血、止痢。主治鸡球虫病	混饮：鸡 1.5g/L
清热解毒散	大黄、甘草、石膏各 60g，黄芩 45g，黄连、四季青各 18g，黄柏、北豆根各 30g，蒲公英 75g，黄药子、茵陈各 24g，柴胡 21g，麻黄 20g	清热解毒，消肿止痛。主治三焦火盛，肺热咳嗽，湿热黄疸，咽喉肿痛，口舌生疮	po：马、牛 150～300g；驼 250～400g；猪、羊 10～20g

（续）

品　名	处　方	功能与主治	用　法
驱球止痢合剂	参见驱球止痢合剂	参见驱球止痢合剂	混饮：兔、禽 4～5mL/L
驱球止痢散	常山 960g，白头翁、仙鹤草、马齿苋各 800g，地锦草 640g	清热凉血，杀虫止痢。主治球虫病	拌料：兔、禽每千克饲料 2～2.5g
桑仁清肺口服液	桑白皮、前胡、橘红各 100g，知母、苦杏仁各 80g，石膏、连翘各 120g，枇杷叶、甘草各 60g，海浮石 40g，黄芩 140g	清肺，止咳，平喘。主治肺热咳喘	混饮：鸡 1.25mL/L，连用 3～5d
三花当归灌注液	蒲公英、金银花各 500g，野菊花、当归各 250g	清热解毒，活血通乳，散结消肿。主治奶牛临床型乳房炎	乳室内灌注：奶牛 20～30mL/乳室，连用 2～3d
三黄痢康散	黄芩、黄连、栀子各 154g，黄柏、大黄、诃子、白芍各 77g，白术、肉桂、茯苓、川芎各 38g	清热燥湿，健脾止泻。主治湿热泻痢	po：鸡 1g
三黄双丁片	黄连、黄芩、黄柏、野菊花、紫花地丁、蒲公英各 100g	清热燥湿，泻火解毒。主治肺热咳喘	po：鸡 5 片/kg，bid×3～5d
三黄双丁散	黄连、黄芩、黄柏、野菊花、紫花地丁、蒲公英各 100g，石膏 150g，甘草 50g，雄黄 10g，冰片 35g，肉桂油 5g	清热燥湿，泻火解毒。主治肺热咳喘	po：鸡 1g/kg，bid×3～5d
三黄翁口服液	黄柏、黄芩、大黄、白头翁、陈皮、地榆、白芍、苦参、青皮、板蓝根各 200g	清热解毒，燥湿止痢。主治湿热泻痢	混饮：鸡 1.25mL/L，连用 3～5d
石穿散	石膏 500g，板蓝根、穿心莲、白头翁各 300g，葛根、黄连、地黄、白芍、秦皮、黄芪各 200g，木香、连翘各 150g，甘草 100g	清热解毒，凉血止痢。用于鸡传染性法氏囊病的辅助治疗	po：鸡 0.6～0.9g/kg，bid
石知散（水产用）	石膏、黄芩各 300g，知母、黄柏、连翘、地黄、玄参各 100g，大黄 200g，赤芍、甘草各 50g	泻火解毒，清热凉血。主治鱼细菌性败血症	拌料投喂：鲤科鱼类 0.5～1g/kg，连用 3～5d
双丁注射液	蒲公英 1 200g，紫花地丁 600g	清热解毒，消痈散疖。主治奶牛临床型乳房炎	im：奶牛 0.1mL/kg，连用 5d
双黄穿苦片	黄连、黄芩、金荞麦、六神曲各 30g，穿心莲 25g，苦参 20g，马齿苋、苍术、广藿香各 15g，雄黄 10g	清热解毒，燥湿止痢。主治鸡白痢	po：鸡 3～4 片/kg，bid 或 tid
双黄穿苦散	参见双黄穿苦片	参见双黄穿苦片	po：鸡 0.7～0.9g/kg，bid 或 tid

（续）

品　名	处　方	功能与主治	用　法
双黄穿苦丸	参见双黄穿苦片	参见双黄穿苦片	po：鸡 3～4 丸/kg，bid 或 tid
双黄苦苋散	黄芩、苦参各 150g，黄连 200g，葛根、马齿苋各 100g，救必应、滑石、山楂、六神曲各 50g，广藿香 80g	清热解毒，燥湿止痢。主治湿热泻痢	po：猪 10～20g，小猪酌减
双黄连可溶性粉	金银花、黄芩各 750g，连翘 1 500g	辛凉解表，清热解毒。主治感冒发热	混饮：仔猪 1g/L，连用 3d
双黄连散	金银花、黄芩各 375g，连翘 750g	疏风解表，清热解毒。主治感冒发热	po：犬、猫 1.5～7.5g；鸡 0.75～1.5g
四味穿心莲片	穿心莲 90g，辣蓼 30g，大青叶、葫芦茶各 40g	清热解毒，去湿止泻。主治湿热泻痢	po：鸡 3～6 片
翁柏解毒片	白头翁、滑石各 120g，黄柏、苦参、穿心莲各 60g，木香 30g	清热解毒，燥湿止痢。主治湿热泻痢；雏鸡白痢	po：鸡 3～6 片；雏鸡 1～2 片。bid
翁柏解毒散	参见翁柏解毒片	参见翁柏解毒片	po：鸡 0.6～1.2g；雏鸡 0.2～0.4g。bid
翁柏解毒丸	参见翁柏解毒片	参见翁柏解毒片	po：鸡 3～6 丸；雏鸡 1～2 丸。bid
翁连片	黄连、功劳木、穿心莲、白头翁 200g，苍术、木香、白芍、乌梅各 150g，甘草 100g	清热燥湿，涩肠止痢。主治鸡白痢	po：仔鸡 1 片
翁连散	参见翁连片	参见翁连片	po：仔猪 2～4g
香葛止痢散	藿香、板蓝根各 15g，葛根、紫花地丁各 10g	清热解毒，燥湿醒脾，和胃止泻。主治仔猪黄痢、白痢	po：带仔或产前 1 周的母猪 0.25g/kg，bid×5d
银柴注射液	金银花 400g，柴胡、黄芩、板蓝根、栀子各 200g	辛凉解表，清热解毒。主治外感发热	im：猪 10mL，bid×3～5d
银黄口服液（提取物）	金银花提取物（以绿原酸计）2.4g，黄芩提取物（以黄芩苷计）24g	清热疏风，利咽解毒。主治风热犯肺，发热咳嗽	混饮：猪、鸡 1mL/L，连用 3d
银藿散	蒲公英、淫羊藿、当归、赤芍、漏芦各 40g，忍冬藤 80g，黄芪、党参各 45g，玄参、瓜蒌各 30g，莪术、柴胡各 35g	益气活血，通经下乳。主治奶牛隐性乳房炎	po：牛 250g，连用 10～15d
银翘豆根散	金银花、板蓝根、连翘、黄芪、山豆根各 50g	清热解毒，扶正祛邪。主治肺热咳嗽，咽喉肿痛	po：猪 0.5g/kg，bid×3d

（续）

品　名	处　方	功能与主治	用　法
银翘片	金银花 60g，连翘、牛蒡子各 45g，薄荷、荆芥、芦根、淡豆豉各 30g，桔梗 25g，淡竹叶、甘草各 20g	辛凉解表，清热解毒。主治风热感冒，咽喉肿痛，疮痈初起	po：羊、猪 15～30 片；鸡 1～2 片
鱼枇止咳散	鱼腥草、枇杷叶、蒲公英各 240g，麻黄 100g，甘草 80g	清热解决，止咳平喘。主治肺热咳喘	拌料：鸡每千克饲料 5g，连用 5～7d
郁黄口服液	郁金 250g，诃子 220g，栀子、黄芩、大黄、黄柏、黄连各 50g，白芍 30g	清热燥湿，涩肠止泻。主治湿热泻痢	po：鸡 1mL，雏鸡酌减
镇喘片	香附、干姜各 300g，黄连 200g，桔梗 150g，山豆根、甘草各 100g，皂角、人工牛黄各 40g，蟾酥、雄黄各 30g，明矾 50g	清热解毒，止咳化痰，平喘。主治肺热咳嗽，气喘	po：鸡 2～5 片
止喘注射液	麻黄 100g，洋金花 30g，苦杏仁 120g，连翘 200g	宣肺平喘，祛痰止咳。主治肺热咳喘	im：猪 0.1～0.2mL/kg

注：1）本表格药品均为《兽药国家标准汇编：兽药地方标准上升国家标准》（第三册）收载之部分药品。

2）表中英文缩写详见表 1-1。

二、抗感染中药的合理应用

（1）从临床治疗学的要求看，单味药很难适应复杂而多变的病情，因此需要组成复方进行治疗。中成药多数为复方制剂。通过药物之间协同作用，抑制或杀灭病原微生物，以达到治疗感染性疾病的目的。

（2）每一种抗感染中成药，根据其主要抗感染成分的不同，只对通过中医学辨证施治划分的某一种（些）疾病类型（例如肺炎中的"风热"或"风寒"等）较为适宜、疗效较好。

（3）应注意抗感染中成药（特别是注射剂）的不良反应。

（4）对于急性或中重度感染，还应配合西医抗感染药物进行治疗。

第四节　兽医临床常用抗菌复方制剂简介

当前，临床兽医所用兽药多为复方制剂，有效成分单一的兽药制剂较少，因此，从事临床工作的兽医要熟悉常用的兽药复方制剂规格、主要成分、药理作用和用法等内容。表 9-23 列举了几个兽药复方制剂，供参考。

表 9-23 兽医临床抗感染兽药复方制剂列举

品名	规格及主要成分	药理作用	用　法
		注射剂	
奥克舒	粉针剂，3g：阿莫西林、克拉维酸钾	用于猪、禽的细菌感染性疾病	im 或 iv：马、牛、羊、猪每 50～100kg 体重用 1 支，禽每 35kg 体重用 1 支，q12～24h×2～3d 混饮：每 1 瓶（3g）加水 10～15kg，1～2h 内饮完，q12h×3～5d
速可宁	40％头孢噻呋、60％免疫球蛋白	用于各种病毒与细菌的混合感染或继发细菌感染	溶于 20mL 注射用水，im：0.065～0.1mL/kg，qd×2～3 次
高热蓝链灭	10mL：林可霉素、庆大霉素、葡甲胺、免疫增强剂等	用于链球菌病、呼吸道感染、病毒性疾病继发或并发细菌感染的高热病症	im：猪、犬、猫 0.1mL/kg，q12～24h×3～5d
百病金方	10mL：盐酸沙拉沙星、高分子溶酶、牛胆酸盐	广谱杀菌、抗菌消炎、退烧止痢	im：马、牛 0.1mL/kg，qd×3～5d
附特-120	10mL：10％磺胺间甲氧嘧啶、5％氟苯尼考、三甲氧普林、抗炎退热因子	用于防治家畜细菌性呼吸道及消化道感染，附红细胞体、弓形虫及其他混合感染	iv 或 im：猪 0.1～0.2mL/kg，仔猪 0.2～0.3mL/kg，qod，重症者，qd
高效附弓净	10mL：磺胺间甲氧嘧啶钠、恩诺沙星、咪唑苯脲、吡罗昔康、TMP	防治家畜弓形虫、附红细胞体、链球菌及其他敏感菌感染性疾病	im：马、牛 0.05～0.1mL/kg，羊、猪 0.1～0.2mL/kg，qd×2～3d，重症首次加倍
驱虫金针	5mL：阿维菌素、缓释增效剂、稳定剂	防治畜禽体内外寄生虫	sc：马、牛、羊、猪、鹿 0.02～0.03mL/kg，一次即可，也可在 7～10d 后重复一次
		口服剂	
卵肠康	阿莫西林、左旋氧氟沙星、舒巴坦钠、生育酚、抗炎因子	治疗蛋鸡输卵管炎、卵黄性腹膜炎	预防：100g 兑水 300kg 治疗：100g 兑水 150kg，集中饮水效果更佳，连用 3～5d
菌痢先锋	头孢噻呋、乙酰甲喹、肠道清理剂、肠黏膜保护因子	主治大肠杆菌及沙门氏菌等引起的肠炎	预防：100g 兑 400kg 水 治疗：100g 兑 200kg 水，集中饮水更好，连用 3～5d
高利高	100g：盐酸林可霉素、硫酸大观霉素	主要用于猪呼吸道及消化道的细菌感染性疾病	混饲：每 1 000g 拌料 1 000kg，连用 5～7d，重症酌情加量
呼毒圆蓝康	500g：泰乐菌素、强力霉素、黄芪、板蓝根、淫羊藿、蟾酥、冰片、青蒿、甘草	适用于猪无名高热综合征、圆环病毒病、猪繁殖与病、呼吸道综合征及其混合感染	预防：每 500g 拌料 600kg 治疗：每 500g 拌料 300kg，自由采食，连用 5～7d
氟奇米先	硫氰酸红霉素、SD、TMP、氯苯那敏、盐酸溴己新、微囊控释因子	主治各种敏感菌引起的呼吸道疾病	预防：100g 兑水 400kg 治疗：100g 兑水 200kg，集中于 2～3h 内饮完，连用 3～5d

（续）

品名	规格及主要成分	药理作用	用　　法
毒感舒	盐酸多西环素、泰妙菌素、增效剂、免疫增强剂	防治动物细菌性呼吸道感染	预防：100g 兑 400kg 水，治疗用量加倍，集中饮水效果更佳，连用3～5d
安痢	包被氟苯尼考、盐酸多西环素、肠道清理剂、肠黏膜保护剂	消化道广谱抗菌	预防：100g 兑水 400kg 治疗：100g 兑水 200kg，集中饮水效果更佳，连用 3～5d
肠福	100g：利福平、地美硝唑、缓泻因子等	用于治疗猪细菌性顽固肠炎及其他原因引起的腹泻、便血等	预防：100g 拌料 200kg，连用5～7d 治疗：100g 拌料 100kg，连用3～5d
病毒绝杀	100g：板蓝根、黄芪、淫羊藿、穿心莲、辣蓼、大青叶、葫芦茶、蟾蜍、黄精、脱氧葡萄糖等	又名四味穿心莲散，清热解毒、扶正固本、增强机体免疫力。用于治疗家禽常见病毒病	混饲：100g 拌料 100kg 混饮：100g 兑水 200kg，集中饮用连用 3～5d；预防减半
毒威康	黄芪、金银花、黄芩、黄连、连翘、柴胡等多种中药材	预防禽的病毒性疾病	预防：500mL 兑水 1 500kg 治疗：500mL 兑水 750kg，集中饮水更好，连用 3～5d
肽能	虫草多糖、核糖核酸、复合氨基酸、天然维生素等	防治家禽病毒性疾病	混饮： 治疗：每 100mL 兑水 200kg，连用 3d 预防、抗应激：每 100mL 兑水 400kg，连用 5d

注：表中英文缩写详见表1-1。

第五节　兽医临床常用抗菌药物表解

表 9-24　兽医临床常用抗菌药物

名称	别名	剂型与规格	作用及用途	用法及剂量	注意事项
青霉素钠[典]	苄青霉素、青霉素 G	粉 针 剂：80 万U、160 万U	窄谱繁殖期杀菌剂，对革兰氏阳性（G⁺）菌、革兰氏阴性（G⁻）球菌、螺旋体、放线菌有良效。为马腺疫、炭疽、破伤风、猪丹毒、乳腺炎、恶性水肿、气肿疽及钩端螺旋体病的首选药	im 或 iv：马、牛 1 万～2 万 U/kg；羊、猪、驹、犊 2 万～3 万 U/kg；犬、猫 2 万～4 万 U/kg；禽 5 万 U/kg。q8～12h ×2～3d 乳管内注入：牛每一乳室每次 80 万 U，qd 或 bid	①内服无效 ②金黄色葡萄球菌易产生耐药性，临床无效时应及时改药 ③治疗梭菌病（如破伤风）和炭疽时，宜与相应抗毒素联用 ④与四环素等酸性药物及磺胺类有配伍禁忌 ⑤青霉素安全范围广，但可引起大多数家畜过敏，还可引起某些动物胃肠道的二重感染 ⑥青霉素水溶液不稳定，冰箱中（2～8℃）可保存7d，室温保存24h ⑦休药期：0d；弃奶期72h

（续）

名称	别名	剂型与规格	作用及用途	用法及剂量	注意事项
青霉素钾[典]	参见青霉素钠	参见青霉素钠	参见青霉素钠	参见青霉素钠	①肌内注射刺激性较强，静脉注射不可过快 ②高钾血症患畜禁用 其他参考青霉素钠
普鲁卡因青霉素[典]	油西林、油剂青霉素	粉针剂：40万U或80万U 注射液：10mL：300万U、450万U	粉针剂或油溶液肌内注射后吸收缓慢，适用于一些敏感菌所致的慢性感染，如尿路感染、链球菌肺炎、化脓性链球菌扁桃体炎、喉炎等	im：马、牛1万～2万U/kg；羊、猪、驹、犊2万～3万U/kg；犬、猫3万～4万U/kg。qd×2～3d	①只供肌内注射，禁止静脉注射 ②不宜单独用于严重感染 ③注射液休药期：牛10d，羊9d，猪7d；弃奶期48h。粉针弃奶期72h
苄星青霉素[典]	长效青霉素、长效西林、比西林	粉针剂：30万U、60万U或120万U	肌内注射吸收和排泄缓慢，维持时间较长，但血药浓度较低。抗菌谱及抗菌作用与青霉素相似，亦不耐青霉素酶。只适用于青霉素敏感菌所致的轻度和慢性感染。主要用于预防或需长期用药的动物，如预防呼吸道感染等	im或sc：马、牛2万～3万U/kg；羊、猪3万～4万U/kg；犬、猫4万～5万U/kg。必要时3～4d重复一次	①不宜单独用于严重感染，急性感染应与青霉素合用 ②其他参考青霉素钠 ③休药期：牛、羊4d，猪5d；弃奶期72h
青霉素V	苯甲氧青霉素	片剂：25mg或125mg	属于半合成耐酸青霉素，抗菌谱、抗菌作用与青霉素相似，抗菌活性较青霉素弱。口服吸收良好，但不耐青霉素酶。不宜用于严重感染	po：马40～70mg/kg；犬、猫10～30mg/kg。bid×3～5d	①青霉素过敏患病动物禁用 ②肾功能不全患病动物慎用或减量 ③宜空腹服用 ④其他参考青霉素钠
苯唑西林[典]	苯唑青霉素、新青霉素Ⅱ	粉针剂：0.5g或1g	用于耐青霉素葡萄球菌所致的感染，如败血症、肺炎、乳腺炎、皮肤或软组织感染。因不易透过血脑屏障，不适用于中枢神经系统感染	im：一次量，马、牛、羊、猪10～15mg/kg；犬、猫15～20mg/kg。q8～12h×2～3d	①对青霉素敏感菌仍以青霉素为首选 ②与氨基糖苷类混合会减效，应分开注射 ③与氨苄西林或庆大霉素合用可增强对肠球菌的抗菌活性 ④局部刺激性较强 ⑤休药期：牛、羊14d，猪5d；弃奶期72h

（续）

名称	别名	剂型与规格	作用及用途	用法及剂量	注意事项
氯唑西林钠[典]	邻氯青霉素钠	粉针剂：0.5g	作用与抗菌谱与苯唑青霉素相似，抗菌活性有所增强，口服吸收效果好、速度快。主要用于耐药金黄色葡萄球菌引起的败血症、肺炎、心内膜炎、骨髓炎、皮肤软组织感染	po、im 或 iv：马、牛、羊、猪 10～15mg/kg；犬、猫 15～20mg/kg。q8～12h×2～3d 牛乳管注入：奶牛200mg/乳室，qd 或 qod	①宜空腹给药 ②局部刺激性较小 ③大剂量可致抽搐反应 ④现用现配，不可与碱性药物合用 ⑤其他参考苯唑西林钠 ⑥休药期：牛 10d；弃奶期 48h
苄星氯唑西林[典]		注射液：10mL：50 万 U 或 250 mL：1 250万 U 乳房注入剂（干乳期）：3.6g：600mg	作用与抗菌谱参见氯唑西林，但本品具有长效作用，仅用于治疗奶牛乳腺炎	注射液牛乳管注入：奶牛 50 万 U/乳室，qd 或 qod 注入剂乳管注入（干乳期）：奶牛600mg/乳室，产犊前42d 使用	①专供干乳期乳腺炎使用，泌乳期禁用 ②产犊后4d 内禁用 ③休药期：牛 28d；弃奶期产犊后4d
氨苄西林苄星氯唑西林[典]		乳房注入剂（干乳期）：4.5g：氨苄西林 0.25g 与苄星氯唑西林0.5g 乳房注入剂（泌乳期）：5.0g：氨苄西林 0.075g 与苄星氯唑西林0.2g	用于 G⁺ 和 G⁻ 菌引起的奶牛乳腺炎	乳管注入：干乳期奶牛，4.5g乳房注入剂（干乳期）/乳室，隔21d 后再注入一次。泌乳期奶牛，5g乳房注入剂（泌乳期）/乳室，按病情需要，bid，连用数日	①乳房注入剂（干乳期）专用于奶牛干乳期乳腺炎，产犊前49d 使用 ②乳房注入剂（泌乳期）专用于奶牛泌乳期乳腺炎 ③休药期：干乳期制剂，牛 28d；弃奶期产犊后 4d。泌乳期制剂，牛 7d；弃奶期 60h
氯唑西林氨苄西林钠[典]		乳剂（干乳期）：4.5 g：氨苄西林 0.25g 与氯唑西林 0.5g 乳剂（泌乳期）：5.0g：氨苄西林 0.075g 与氯唑西林0.2g	用于 G⁺ 和 G⁻ 菌引起的奶牛乳腺炎	乳管注入：干乳期奶牛，最后一次挤奶后，4.5g乳剂（干乳期）/乳室，怀孕期发病时，每隔21d 注入一次。泌乳期奶牛，挤奶后，5g乳剂（泌乳期）/乳室，按病情需要，bid，连用数日	①乳剂（干乳期）专用于奶牛干乳期乳腺炎，泌乳期禁用 ②乳剂（泌乳期）专用于奶牛泌乳期乳腺炎 ③弃奶期产犊后48h

（续）

名称	别名	剂型与规格	作用及用途	用法及剂量	注意事项
氟氯西林	氟氯青霉素	粉针剂：0.25g、0.5g或1g 胶囊剂：0.25g或0.5g	半合成耐酸、耐酶青霉素，抗菌谱与苯唑西林相似。主要用于耐药金黄色葡萄球菌引起的败血症、肺炎、骨髓炎、心内膜炎、脑膜炎及皮肤和软组织感染，也用于钩端螺旋体感染	iv、im 或 po：犬、猫 15mg/kg，qid	
哌拉西林	哌氨苄青霉素、氧哌嗪青霉素	粉针剂：1g	广谱抗菌作用，毒性低，无蓄积作用。对 G⁺ 菌作用低于氨苄青霉素，但对 G⁻ 菌中的铜绿假单胞菌、变形杆菌等的抗菌效力优于氨苄青霉素、羧苄西林、羟氨苄西林。主要用于败血症、肺炎、心内膜炎、脓胸、尿道感染、肾盂肾炎、胆道感染、腹腔和盆腔感染等	im：马、牛 15～20g/次；猪 2～4g/次；犬、猫 50～100mg/kg。bid 或 tid	与庆大霉素、丁胺卡那霉素有协同作用。常与青霉素酶抑制剂他唑巴坦组成复方制剂
替卡西林	羧噻吩青霉素	粉针剂：1g 或 5g	抗菌活性与羧苄西林相似。对 G⁺ 菌作用低于青霉素 G，对 G⁻ 菌较羧苄西林强数倍，口服不吸收。主要用于治疗铜绿假单胞菌、变形杆菌、肠杆菌属等引起的败血症、脑膜炎及呼吸系统、尿路、软组织、骨骼等感染	im 或 iv：犬、猫 15～25mg/kg，tid	与氨基糖苷类抗生素有协同作用，但不能混合注射
美洛西林	美洛林、磺唑氨苄青霉素、诺美、诺塞林	粉针剂：1g	主要用于一些 G⁻ 病原菌，如假单胞菌、克雷伯菌、肠杆菌属、沙雷菌、变形杆菌、大肠杆菌、嗜血杆菌以及拟杆菌和其他一些厌氧菌（包括 G⁺ 粪链球菌）所致的下呼吸道、腹腔、胆道、泌尿生殖系统、皮肤及软组织感染以及败血症	im 或 iv：犬、猫 50～75mg/kg，bid	妊娠动物避免应用，十分必要时慎用。哺乳期动物可用。与氨基糖苷类可互相影响活力，勿混合给药

（续）

名称	别名	剂型与规格	作用及用途	用法及剂量	注意事项
氨苄西林[典]	氨苄青霉素、安比西林	粉针剂（钠盐）：0.5、1g 或 2g 可溶性粉：55%	对 G⁺ 菌的作用与青霉素相似，对青霉素耐药的 G⁻ 菌也有一定抗菌活性，具广谱抗菌作用。适用于敏感的 G⁺ 菌和 G⁻ 菌引起的呼吸系统、肠道、泌尿系统、胆道感染及脑膜炎和心内膜炎等	im 或 iv：马、牛、羊、猪 10～20mg/kg；犬、猫 10～50mg/kg。q8～12h×2～3d sc：兔 25mg/kg，bid 乳管内注入：每一乳室，奶牛 0.2g，qd 拌料：禽 0.02%～0.05% 混饮：禽 0.6g/L	①对青霉素耐药 G⁺ 菌所致感染无效 ②家兔、豚鼠禁用，成年反刍动物慎用 ③青霉素过敏动物禁用 ④严重感染可与其他抗生素如庆大霉素等联用 ⑤休药期：鸡 7d，牛 6d，猪 15d；弃奶期 48h
氨苄西林混悬注射液[典]		混悬注射液：100 mL：15g	主要用于氨苄西林敏感 G⁺ 球菌和 G⁻ 菌引起的感染	sc 或 im：家畜 5～7mg/kg，qd G⁻ 菌引起的感染需每日给药 2 次	①用前先将药液摇匀 ②注射后应作注射部位多次轻轻按摩 ③其他参考氨苄西林
复方氨苄西林[典]		片剂：氨苄西林 40mg 与海他西林 10mg 粉剂：氨苄西林 80% 与海他西林 20%	主要用于氨苄西林敏感 G⁺ 球菌和 G⁻ 菌引起的感染	po：鸡 20～50mg/kg，bid 或 qd	①蛋鸡产蛋期禁用 ②休药期：鸡 7d
阿莫西林[典]	羟氨苄青霉素、阿莫仙	可溶性粉：5%、10% 片剂：0.05g、0.1g、0.125g、0.25g 或 0.4g 混悬注射液：15%	作用应用及抗菌谱与氨苄西林基本相似，对肠球菌和沙门氏菌的作用强于氨苄西林。主要用于敏感菌所致肺部、尿道感染，如马、牛肺炎、巴氏杆菌病、乳腺炎、猪传染性胸膜肺炎、鸡白痢、禽伤寒等，亦可用于消化道和胆道感染，以及败血症和心内膜炎	im 或 sc：混悬注射液，牛、猪、犬、猫 15mg/kg，如需要，48h 后再用 1 次 po：禽 20～30mg/kg，bid×5d 混饮：鸡 60mg/L，连用 3～5d 乳管内注入：奶牛每一乳室 0.2g，bid×2～3d	①现用现配 ②蛋鸡产蛋期禁用 ③混悬注射液用前摇匀 ④休药期：鸡 7d，牛、猪 28d；弃奶期 4d

（续）

名称	别名	剂型与规格	作用及用途	用法及剂量	注意事项
复方阿莫西林[典]		粉剂：50g：阿莫西林5g与克拉维酸钾1.25g 注射液：阿莫西林14%与克拉维酸钾3.5% 乳房注入剂（泌乳期）：3g：阿莫西林0.2g与克拉维酸钾50mg和泼尼松龙10mg	作用强于阿莫西林单用，抗菌谱有所扩大。用于畜禽及小动物阿莫西林敏感菌所致感染。乳剂主要用于治疗G^+菌和G^-菌引起的奶牛泌乳期乳腺炎	混饮：鸡0.5g粉剂/L，bid×3～7d im或sc：牛、猪、犬、猫 0.05mL/kg，qd×3～5d 乳管注入：泌乳奶牛，挤奶后，3g乳房注入剂（泌乳）/乳室，bid×3d	①水溶液不稳定，须现用现配 ②蛋鸡产蛋期禁用 ③注射液用前摇匀 ④乳房注入剂仅供泌乳期奶牛使用。对青霉素过敏者（人）不可接触本品 ⑤休药期：鸡7d，牛、猪14d；弃奶期60h。乳房注入剂休药期，牛7d；弃奶期60h
海他西林[典]	缩酮氨苄西林	粉针剂：0.5g、1g或2g 胶囊剂：0.25g或0.5g	由氨苄西林与丙酮缩合而成，内服血药峰浓度比氨苄西林高，作用同氨苄西林，但更持久。适用于配制动物饮用剂	po、iv或im：马、牛、羊、猪4～15mg/kg；犬、猫10～40mg/kg。bid或tid 乳管内注入：奶牛62.5mg/乳室，qd×2～3d	参考氨苄西林
头孢噻呋钠[典]	速解灵	粉针剂：0.5g或1g	动物专用第三代头孢菌素，对G^+菌、G^-菌有效，敏感菌有沙门氏菌、大肠杆菌、巴氏杆菌、嗜血杆菌、链球菌、葡萄球菌、坏死梭菌、放线菌等，抗菌活性比氨苄西林强，但铜绿假单胞菌和肠球菌对本品耐药。用于敏感菌所致局部或全身性感染，也可用于坏死杆菌和产黑素拟杆菌感染所致的奶牛腐蹄病	im：牛1.1～2.2mg/kg；马2～3mg/kg；猪3～5mg/kg；犬、猫2mg/kg。qd×3d sc：1日龄雏鸡0.1mg/羽	①本药肾毒性较强，与氨基糖苷类、利尿药等肾毒性较强的药物合用时须慎重 ②与林可胺类拮抗 ③现用现配 ④休药期：牛3d、猪1d、雏鸡0d；弃奶期12h

（续）

名称	别名	剂型与规格	作用及用途	用法及剂量	注意事项
注射用头孢噻呋[典]		粉针剂：1g	参见头孢噻呋钠，主要用于猪细菌性呼吸道感染和鸡的大肠杆菌、沙门氏菌感染	im：猪 3mg/kg，qd×3d sc：1日龄雏鸡0.1mg/羽	参考头孢噻呋钠 休药期：猪 1d
盐酸头孢噻呋[典]		注射液：100mL：5g 或100mL：0.5g	参见头孢噻呋钠，主要用于猪细菌性呼吸道感染	im：猪 3～5mg/kg，qd×3d	①用前充分摇匀，不宜冷冻。第一次使用后须在14d内用完 ②其他参考头孢噻呋钠 ③休药期：猪 4d
头孢吡肟	头孢匹美、马斯平	粉针剂：0.5g、1g 或2g	为第四代头孢菌素。用于 G^+ 和 G^- 菌感染的肺炎、菌血症、败血症等严重细菌感染，特别适用于耐药菌株感染	sc：牛、马、猪 1mg/kg，bid×3～5d	
头孢噻吩	先锋霉素Ⅰ	粉针剂：0.5g或1g	一代头孢菌素。对 G^+ 菌和 G^- 菌有效。用于耐药金黄色葡萄球菌及某些 G^- 菌，如大肠杆菌、痢疾杆菌、肺炎球菌、巴氏杆菌等引起的消化道、呼吸道、泌尿道感染及牛乳腺炎和预防手术后败血症等	im：马、牛、猪、羊 10～20mg/kg，tid	①与氨基糖苷类抗生素合用可加重肾损害 ②肌内注射常引起注射部位疼痛 ③G^- 菌可产生 β-内酰胺酶，分解本品而致耐药
头孢氨苄[典]	先锋霉素Ⅳ	片剂：0.125g或 0.25g 胶囊：0.125g或 0.25g 乳剂：2%	抗菌谱及应用与头孢噻吩相似，活性较差，但本品口服吸收良好。主要用于敏感菌所致消化道、呼吸道、泌尿道及皮肤和软组织感染，也用于 G^+ 菌（如链球菌、葡萄球菌）和 G^- 菌（如大肠杆菌）引起的奶牛乳腺炎等。口服剂不宜用于严重感染	po：马 22mg/kg；犬、猫 10～30mg/kg；禽 30～50mg/kg。tid 乳管注入（乳剂）：奶牛 0.2g/乳室，bid×2d	①肾功能严重受损者酌减用量 ②服药后偶见胃肠道反应及腹泻、食欲不振等 ③与保泰松、氨基糖苷类、利尿剂联用可增加对肾的毒性。禁与氨基糖苷类混合，因可致降效 ④与抑菌剂红霉素、土霉素联用可影响抗菌活性；与青霉素偶尔有交叉过敏反应 ⑤乳房灌入的弃奶期为48h

（续）

名称	别名	剂型与规格	作用及用途	用法及剂量	注意事项
头孢拉啶	先锋霉素Ⅵ	粉针剂：0.5g或1g 胶囊剂、片剂：0.25g或0.5g	对 G^+ 和 G^- 菌都有杀菌作用，对产生青霉素酶的金黄色葡萄球菌和大肠杆菌效果显著。抗菌活性低于头孢唑林和头孢噻吩。用于敏感菌所致的呼吸道、泌尿生殖道、皮肤、软组织感染等	im 或 iv：犬、猫 15～25mg/kg，bid 或 tid po：猪、禽 10mg/kg，犬、猫、兔 15～35mg/kg。bid 或 tid 混饮：猪、禽 100mg/L，连用 3～5d 混饲：猪每千克饲料 150mg，禽每千克饲料 200mg，连用3～5d。水产动物用药量加倍	①犬常出现严重的过敏反应，引起死亡，慎用 ②肾毒性较大 ③不宜与其他药物相混合 ④可致菌群失调、二重感染和维生素缺乏
头孢唑啉	先锋霉素Ⅴ	粉针剂：0.25g或0.5g	除肠球菌和 MRSA 外，对 G^+ 球菌均有良好活性。用于敏感菌所致的呼吸道、软组织感染以及心内膜炎、骨髓炎等。可用于术前给药，防止手术感染	im 或 iv：马 15～25mg/kg；犬、猫 20～25mg/kg。bid 或 tid	①肾毒性较大 ②肾功能不全时，大剂量应用会引起脑病反应
头孢羟氨苄	羟氨苄头孢菌素	胶囊剂、片剂：0.125g或0.25g	对 G^+ 球菌作用类似于头孢氨苄，但对 G^- 菌作用较弱。用于敏感菌所致的呼吸道、泌尿道、软组织和骨关节感染	po：犬、猫 20～25mg/kg，bid 或 tid	
头孢克洛	头孢氯氨苄	胶囊剂、片剂：0.125g或0.25g	第二代头孢菌素，对 G^+ 和 G^- 菌均有效，对葡萄球菌和链球菌的作用是头孢氨苄的 4 倍。用于敏感菌所致呼吸道、泌尿道、皮肤、软组织感染及中耳炎和角膜结膜炎	po：犬、猫 20～50mg/kg，bid 或 tid	与丙磺舒合用可使本品肾排泄变慢而延长半衰期
头孢呋辛	头孢呋肟、西力欣	粉针剂：0.25g或0.5g	为第二代头孢菌素，对青霉素酶极稳定。对 G^- 菌强于第一代，对肠道杆菌有良好的抗菌活性。对 G^+ 菌不如第一代。可用于预防术部感染及严重的骨科疾病	im：犬、猫 20～50mg/kg，bid 或 tid	肌内注射有疼痛反应

（续）

名称	别名	剂型与规格	作用及用途	用法及剂量	注意事项
头孢西丁	头孢甲氧噻吩、美福仙	粉针剂：1g 或 1.5g	为第二代头孢菌素，对青霉素酶较稳定。对厌氧菌及 G^- 菌有较强抗菌活性，尤其对肠道专性厌氧杆菌作用强。对铜绿假单胞菌无效。用于 G^- 菌或厌氧菌引起的肠道感染、腹膜炎、败血症、骨、关节感染、软组织损伤及手术期预防感染。尤其适用于吸入性肺炎、腹腔及盆腔的需氧菌和厌氧菌混合感染	im、iv 或 sc：犬、猫 30 ～ 40mg/kg，q6～8h	
头孢噻肟	头孢氨噻肟	粉针剂：0.5g、1g 或 2g	为第三代头孢菌素，对青霉素酶较稳定。对 G^- 菌尤其对肠道杆菌作用比第一代、第二代头孢菌素和氨苄西林强，对 G^+ 菌的作用比第一代、第二代头孢菌素弱。多用于急性败血症，呼吸道、泌尿道感染或氨基糖苷类治疗效果不佳的病例，尤其是肾功能障碍病例	iv、im 或 sc：犬、猫 20 ～ 50mg/kg，q6～8h	①与青霉素偶尔有交叉过敏反应 ②肌内注射或皮下注射疼痛反应明显 ③可致肝酶异常，如 AST 和 ALT 升高
头孢他啶	复达欣、头孢羧甲噻肟	粉针剂：0.5g、1g 或 2g	为第三代头孢菌素，对青霉素酶很稳定。对 G^- 菌作用强，对 G^+ 菌的作用不如第一代、第二代头孢菌素。多用于 G^- 菌、铜绿假单胞菌引起的腹腔感染，皮肤、软组织等各器官系统感染及手术期预防感染	iv、im 或 sc：犬、猫 50 ～ 100mg/kg，q8～12h×3～5d	①与青霉素偶尔有交叉过敏反应 ②90%以上以原型经肾排泄，肾功能不全时慎用 ③与氨基糖苷类、哌拉西林、美洛西林等可产生协同或累加作用

（续）

名称	别名	剂型与规格	作用及用途	用法及剂量	注意事项
头孢曲松	头孢三嗪、罗氏芬、菌必治	粉针剂：0.5g或1g	为第三代头孢菌素。对青霉素酶稳定。对G⁻菌尤其是肠道菌的作用强。多用于敏感菌所致的呼吸道、尿道、胆道、腹腔、盆腔、骨、关节、皮肤、软组织的感染，以及败血症、脑膜炎等	iv、im或sc：犬、猫50～100mg/kg，qd×3～5d	①不宜加入含钙的溶液中使用 ②丙磺舒能阻滞本品的排泄，进一步延长其半衰期
克拉维酸钾	棒酸钾		本品是由棒状链霉菌所产生的一种新型β-内酰胺抗生素。仅有微弱的抗菌活性，但可与多数的β-内酰胺酶牢固结合，生成不可逆的结合物。它具有强力而广谱的抑制β-内酰胺酶的作用，不仅对葡萄球菌的酶有作用，而且对多种G⁻菌所产生的酶也有作用，因此为一种有效的β-内酰胺酶抑制剂		
舒巴坦	舒巴克坦、青霉烷砜钠	粉针剂：0.5g或1g	本品为不可逆竞争型β-内酰胺酶抑制剂，由合成法取得。可抑制β-内酰胺酶Ⅱ、Ⅲ、Ⅳ、Ⅴ等型酶（对Ⅰ型酶无效）对青霉素、头孢菌素类的破坏；与氨苄西林联合应用，可使葡萄球菌、卡他球菌、奈瑟球菌、嗜血杆菌、大肠杆菌、克雷伯菌、部分变形杆菌以及拟杆菌等微生物对氨苄西林的最低抑菌浓度下降而增效，可使产酶菌株对氨苄西林恢复敏感；而单纯应用则仅对奈瑟球菌（淋球菌、脑膜炎球菌）有抗菌作用		
他唑巴坦	三唑巴坦		本品既属β-内酰胺类抗生素，又为β-内酰胺酶抑制剂，但其抗菌作用微弱，而具有较广谱的抑酶功能，作用比克拉维酸钾和舒巴坦强，故临床上常与β-内酰胺类抗生素联合应用		
氨曲南	噻肟单酰胺菌素、君刻单	粉针剂：1g（效价），并含精氨酸0.78g（稳定、助溶作用）	对G⁻菌作用强，对铜绿假单胞菌有良效。用于敏感G⁻菌所致肺炎、胸膜炎、腹腔感染、胆道感染、脑膜炎、骨和关节感染，皮肤和软组织炎症等，尤适用于尿路感染，也用于败血症。由于本品有较好的耐酶性能，因此，当细菌对青霉素类、头孢菌素类、氨基糖苷类等药物不敏感时，可试用本品	iv或im：犬每天100mg/kg，分2～3次使用	①本品与青霉素之间不存在交叉过敏反应，但对于青霉素过敏者及过敏体质者慎用 ②肾功能不全者调整用药剂量 ③对肝脏毒性不大，但对肝功能已损伤的病例应观察其动态变化

（续）

名称	别名	剂型与规格	作用及用途	用法及剂量	注意事项
磷霉素	复美欣、美乐力	磷霉素钙胶囊：0.1g、0.2g 或 0.5g 粉针剂：1 g 或 4g	临床主要用于敏感菌引起的尿路、肠道、皮肤及软组织感染，对肺部、脑膜感染和败血症也可考虑应用。可与其他抗生素联合治疗由敏感菌所致重症感染，也可与万古霉素合用治疗 MRSA 感染	po：禽、猪混饮 0.15～0.3g/L；拌料 0.1～0.2g/kg 饲料	①心、肝、肾功能不全，高血压者慎用 ②妊娠期、哺乳期动物慎用 ③勿与钙、镁等金属盐及抗酸药物配伍
红霉素[典]		片剂：0.05 g、0.125 g 或 0.25g 眼膏：0.5% 软膏：1%	抗菌谱与青霉素相似，对多种 G⁺菌、部分 G⁻菌，如嗜血杆菌、巴氏杆菌、布鲁氏菌等敏感。对支原体、衣原体、军团菌、立克次氏体、某些厌氧菌及钩端螺旋体有效。用于治疗 G⁺菌及支原体等各种敏感菌引起的呼吸系统等各种感染	po：仔猪、羔羊、犊牛、驹一日量 7～10mg/kg，分 3～4 次内服；犬、猫 10～20mg/kg，bid×3～7d 外用：将眼膏或软膏涂于眼睑内或皮肤黏膜上，q6～8h	①马属动物慎用 ②本制剂内服可引起胃肠道反应，应注意 ③金黄色葡萄球菌对本品耐药 ④不宜与青霉类、头孢菌素类、酰胺醇类和林可胺类合用 ⑤在碱性环境下作用增强
乳糖酸红霉素[典]		粉针剂：0.25g 或 0.3 g	作用同红霉素。主要用于治疗对青霉素耐药金黄色葡萄球菌、溶血性链球菌等所致轻、中度感染及巴氏杆菌和支原体引起的畜禽呼吸道感染	iv：马、牛、羊、猪 3～5mg/kg；犬、猫 5 ～ 10mg/kg。bid×2～3d。用前用适量灭菌用水溶解，然后用 5% 葡萄糖注射液稀释，浓度不超过 0.1%，使用时，先在每 100mL 5% 葡萄糖中加入维生素 C 钠 0.2g，使 pH 升高至 6 左右，再加入溶解好的红霉素，以保证其稳定性	①本品不可用生理盐水等含盐溶液溶解 ②应缓慢静脉注射或静脉滴注 ③注射剂刺激性强，宜采用深部肌内注射 ④其他注意事项见红霉素 ⑤2～4 月龄驹使用红霉素后，可出现体温升高，呼吸困难，高热环境中尤易出现 ⑥休药期：牛 14d，羊 3d，猪 7d；弃奶期 72h
硫氰酸红霉素[典]	高力米先	可溶性粉：5% 或 5.5%	抗菌谱同红霉素。主要用于防治畜禽 G⁺菌感染性疾病以及家禽的慢性呼吸道病、传染性鼻炎、传染性滑膜炎等	混饮：鸡 2.5g 可溶性粉/L，连用 3～5d	①不宜用于对大环内酯类耐药菌的感染 ②成年反刍动物内服无效；马属动物慎用 ③蛋鸡产蛋期禁用 ④休药期：鸡 3d

（续）

名称	别名	剂型与规格	作用及用途	用法及剂量	注意事项
吉他霉素[典]	北里霉素、柱晶白霉素	粉针剂：0.25g 或 0.3 g 片剂：5 mg、50mg 或 100mg 预混剂：10%或50% 可溶性粉（酒石酸盐）：50%	抗菌谱与红霉素相似，其特点是对支原体作用强，对 G⁺菌的作用较红霉素弱；对耐药金黄色葡萄球菌的效力强于红霉素，对某些 G⁻菌、衣原体、立克次氏体也有抗菌作用。主要用于 G⁺菌所致的感染、支原体感染、螺旋体病及猪弧菌性痢疾等 预混剂亦可作为鸡、猪促生长剂	po：猪 20～30mg/kg；禽 20～50mg/kg。bid×3～5d 混饲（治疗）：猪每千克饲料 80～300mg；鸡每千克饲料 100～300mg。连用 5～7d 混饲（促生长）：猪每千克饲料 5～50mg；鸡每千克饲料 5～10mg 混饮：猪 0.1～0.2g/L；鸡 0.25～0.5g/L。连用 3～5d im 或 sc：牛、马、猪、羊 5～25mg/kg；禽 25～50mg/kg。qd×3～5d	①蛋鸡产蛋期禁用 ②治疗连续用药不宜超过 7d ③休药期：鸡、猪 7d
罗红霉素	严迪、罗力得	片剂：75mg 或 150mg	抗菌谱与红霉素相似，口服生物利用度较红霉素高 2～4 倍。宠物口服时与牛奶同服，可提高罗红霉素生物利用度并降低胃肠事件发生率	po：猪、羊、犬、猫 2.5～5mg/kg，bid×3～7d 混饮：禽0.005%～0.02% 拌料：禽 0.01%～0.03%	与与红霉素存在交叉耐药性
螺旋霉素		粉针剂：0.25g 或 0.5 g 片剂：0.1 g	抗菌谱与红霉素相似，由于在组织和血液中维持时间长，故在体内具有较好的抗菌效力，特别是对肺炎球菌、链球菌效力更佳。临床上多用于畜禽呼吸道感染	po：牛、马 8～20mg/kg；猪、羊 20～100mg/kg；禽 50～100mg/kg。qd×3～5d 混饮：鸡 400mg/L，连用 3～5d im：牛、马 4～10mg/kg；猪、羊 10～50mg/kg；禽 25～55mg/kg。qd×3～5d	

（续）

名称	别名	剂型与规格	作用及用途	用法及剂量	注意事项
交沙霉素	丙酸交沙霉素、妙沙	片剂：0.1 g 散剂：0.1 g（效价）	抗菌性能与红霉素相近似。对葡萄球菌属、链球菌属（包括粪链球菌、肺炎链球菌、化脓性链球菌等）、梭状芽孢杆菌、白喉杆菌、炭疽杆菌、奈瑟菌属、布鲁氏菌、军团菌、螺旋杆菌、支原体、立克次氏体、衣原体等有抗菌作用。临床用于敏感菌所致的口咽部、呼吸道、肺、副鼻窦、中耳、皮肤及软组织、胆道等部位感染	混饲：猪每千克饲料 50～100mg	口服交沙霉素片时，应避免接触胃酸而损失效价
泰乐菌素[典]	泰农、泰乐霉素	注射液50mL：2.5 g 或100 mL：20g 片剂：200mg 预混剂：100g：2g	动物专用十六员大环内酯类抗生素，对 G^+ 菌作用较红霉素弱，对大多数 G^- 菌作用差，对支原体作用较强，是大环内酯类中对支原体作用最强的药物之一。用于防治畜禽支原体病，如猪气喘病、支原体关节炎、家禽慢性呼吸道病等	po：猪 10mg/kg，bid 混饲：鸡每千克饲料 4～50mg im：猪、牛、羊、马 2～13mg/kg；家禽 20～25mg/kg。bid×3～7d	①用于对大环内酯类抗生素耐药性细菌效果极差 ②刺激大，宜深层肌内注射 ③休药期：猪 21d
酒石酸泰乐菌素[典]		可溶性粉：10%、20% 或50 % 粉针剂：2g、3g 或 6.25g	作用同泰乐菌素。以本品给禽混饮防治支原体感染性疾病。但本品易与铁、铜、铝等离子形成络合物而降低药效	混饮：禽 0.5g/L，连用 3～5d。治疗鸡坏死性肠炎（产气荚膜杆菌引起）0.05～0.15g/L，连用 7d 拌料：禽每千克饲料 1g，连用 3～5d im 或 sc：猪、禽 5～13mg/kg	①本品不宜用于对红霉素耐药的感染 ②不能与聚醚类（盐霉素等）抗生素合用 ③蛋鸡产蛋期禁用 ④休药期：鸡 1d，猪 21d

（续）

名称	别名	剂型与规格	作用及用途	用法及剂量	注意事项
磷酸泰乐菌素[典]		预混剂：2.2%、8.8%、10%或22%	作用同泰乐菌素	拌料：用于畜禽细菌及支原体感染时，猪每千克饲料10～100mg、鸡每千克饲料4～50mg，连用3～5d；治疗鸡坏死性肠炎（产气荚膜杆菌引起）时，每千克饲料50～100mg，连用7d	参考酒石酸泰乐菌素休药期：猪、鸡5d
磷酸泰乐菌素磺胺二甲嘧啶[典]		预混剂：100g：泰乐菌素和磺胺二甲嘧啶等量，分别为2.2、8.8g或10g	用于治疗畜禽G⁺菌及支原体感染，也用于预防猪痢疾	拌料：以泰乐菌素和磺胺二甲嘧啶总量计，猪每千克饲料0.2g，连用5～7d	参考磷酸泰乐菌素休药期：15d
酒石酸泰万菌素[典]		可溶性粉：5%、25%或85%	用于治疗畜禽G⁺菌及支原体感染，也用于预防猪螺旋体感染性痢疾	混饮：猪50～85mg/L，连用5d；鸡200mg/L，连用3～5d 混饲：每千克饲料50mg；鸡每千克饲料100～300mg。连用7d	①蛋鸡产蛋期禁用 ②休药期：猪3d，鸡5d
替米考星[典]		注射液：10mL：3g 预混剂：10%或20% 溶液：10% 预混剂（磷酸盐）：20%	动物专用十六员大环内酯类抗生素，对G⁺菌和部分G⁻菌、支原体、螺旋体均有抑菌效果，对放线杆菌、巴氏杆菌、支原体等抗菌活性均强于泰乐菌素。主要用于防治传染性胸膜肺炎、巴氏杆菌病、鸡毒支原体病及泌乳动物的乳腺炎	混饮：鸡75mg/L，连用3d 混饲（预混剂）：猪、鸡每千克饲料200～400mg，连用15d 混饲（磷酸盐预混剂）：猪每千克饲料400mg，连用15d sc：牛、猪10～20mg/kg；兔10mg/kg。只用一次 牛乳室内注射：300mg/乳室	①蛋鸡禁用 ②对眼睛有刺激性，避免接触 ③泌乳期奶牛和肉牛禁用 ④肌内注射刺激大，禁止静脉注射 ⑤其他注意事项参考泰乐菌素 ⑥休药期：猪14d，牛35d，鸡12d

（续）

名称	别名	剂型与规格	作用及用途	用法及剂量	注意事项
泰拉霉素[典]		注射液：20mL ： 2g、50mL ： 5g、100mL：10g、250mL ： 25g 或 500mL ：50g	动物专用抗生素，抗菌作用与泰乐菌素相似，主要抗 G$^+$菌和支原体，对胸膜肺炎放线杆菌、巴氏杆菌及畜禽支原体作用比泰乐菌素强。主要用于上述病原引起的家畜肺炎、禽支原体病及泌乳动物乳腺炎	sc：牛 2.5mg/kg，一个注射部位用药剂量不应超过牛 7.5mL 颈 部 im：猪 2.5mg/kg，一个注射部位用药剂量不应超过 2mL	①泰拉霉素对眼睛有刺激性，如果眼睛接触本品，应立即用清水冲洗。泰拉霉素接触皮肤可能造成过敏，如沾染皮肤，应立即用肥皂或水清洗。用后洗手 ②使用本品奶牛所产牛奶不可供人食用 ③本品不可与其他大环内酯类或林可胺类抗生素同时使用 ④在首次开启或抽取药液 28d 后不宜再用 ⑤存放于儿童不可触及之处 ⑥休药期：牛 49d，猪 33d
克拉霉素	甲红霉素、甲氧基红霉素、克红霉素、克拉红霉素	粉针剂：0.5g 片剂：0.25g 或 0.5g	为红霉素的衍生物，但抗菌活性更强，抗菌谱与青霉素 G 相似，可用于对青霉素过敏或耐药的病例。对衣原体、支原体和厌氧菌的作用强于红霉素。主要用于动物呼吸道、皮肤、软组织感染	po 或 iv：犬、猫 5～10mg/kg，bid	与阿莫西林、恩诺沙星或利福平联合应用，有协同作用
阿奇霉素	阿奇红霉素、阿齐红霉素	粉针剂：0.25g 胶囊剂：0.25g 或 0.5g	为红霉素的衍生物，抗菌谱与青霉素 G 相似，对 G$^+$ 菌、G$^-$菌、专性厌氧菌、支原体、衣原体和弓形虫均有抗菌活性。大多数肠道杆菌耐药。主要用于动物呼吸道以及轻、中度皮肤和软组织感染，为治疗支原体和军团菌肺炎首选药物之一	po 或 iv：犬、猫 7.5 ～ 12.5mg/kg，qd×2～3d	①静滴浓度不得超过 0.2% ②为减少胃肠反应，可同时静脉滴注维生素 B$_6$ 或口服碳酸氢钠 ③与利福平联合应用，有协同作用

（续）

名称	别名	剂型与规格	作用及用途	用法及剂量	注意事项
硫酸链霉素[典]		粉针剂：1g、2g 或 5g	对多数 G^- 杆菌有效，对结核杆菌、林氏放线菌及葡萄球菌的某些菌株有良好的抗菌活性。多数 G^+ 菌、病毒、真菌耐药。内服难吸收。肌内注射给药用于治疗敏感菌引起的全身和尿道感染，如巴氏杆菌病、禽传染性鼻炎、鼠疫杆菌病、布鲁氏菌病等。与青霉素联用可产生协同作用	im 或 sc：马、牛、猪、羊等家畜 10～15mg/kg，bid×2～3d。家禽，20～30mg/kg；犬 20～30mg/kg；兔 50mg/kg。qd	①具有耳毒和肾毒性 ②剂量过大或静脉注射过快的急性中毒，可试用新斯的明或葡萄糖酸钙解救 ③治疗尿路感染的同时服用碳酸氢钠碱化尿液，可提高效力 ④若经 2～3d 治疗未见好转，应及时改换他药 ⑤反复使用易产生耐药性，宜与其他抗菌药联合使用 ⑥与青霉素类和头孢菌素类钠盐、磺胺类钠盐、氨茶碱、碳酸氢钠、维生素 C 等有配伍禁忌 ⑦患病动物脱水或肾功能损害时慎用 ⑧休药期：牛、羊、猪 18d；弃奶期 72h
硫酸双氢链霉素[典]		粉针剂：0.75g、1g 或 2g 注射液：2 mL：0.5 g、5mL：1.25g 或 10mL：2.5g	本品抗菌谱和作用与链霉素相似，应用同链霉素。用于治疗 G^- 菌和结核杆菌感染	im：家畜 10mg/kg，bid	①本品耳毒性比链霉素强，慎用。其他参考链霉素 ②休药期：粉针剂，28d，弃奶期 7d；注射液，牛、羊、猪 18d，弃奶期 72h
硫酸卡那霉素[典]		注射液：2 mL：0.5 g、5mL：1.25g 或 10 mL：2.5g 粉针剂：0.5g、1g 或 2g	抗菌谱类似链霉素，但抗菌活性更强，对大多数 G^- 菌有效，对结核菌和耐青霉素金黄色葡萄球菌也有效，对铜绿假单胞菌、多数 G^+ 菌、立克次氏体、厌氧菌和真菌无效。内服用于敏感菌所致肠道感染，肌内注射用于治疗敏感菌引起的呼吸道、肠道和泌尿道感染及败血症等严重感染	im 或 iv：马、牛、猪、羊、兔、水貂、狐狸、犬、猫 10～15mg/kg；家禽 10～30mg/kg。bid×2～3d 混饮：鸡 0.01%～0.02%	①钙离子可减弱本品的抗菌活性，不宜与钙制剂配伍 ②其他注意事项参考链霉素 ③休药期：28d；弃奶期 7d

（续）

名称	别名	剂型与规格	作用及用途	用法及剂量	注意事项
硫酸庆大霉素[典]	硫酸艮他霉素、硫酸正泰霉素	注射液：1 mL：40 mg、2mL：80 mg、5mL：200 mg 或 10 mL：400mg	对多数 G⁻ 菌、多种 G⁺ 菌（如金黄色葡萄球菌）、绿脓杆菌有效，对厌氧菌和链球菌属效果较差。用于治疗敏感菌引起的败血症、乳腺炎，及肠道、泌尿道、呼吸道和烧伤等感染	po：一日量，仔猪、羔羊、犊、驹 10～15mg/kg，分 3～4 次内服；im 或 sc：马、牛、羊、猪 2～4mg/kg；家禽 2mg/kg；犬、猫、兔 3～5mg/kg。qd 或 bid×2～3d；混饮：鸡 0.01%～0.02%	①毒性反应较卡那霉素稍轻。但用量过大或疗程延长，仍可发生耳、肾损害。因有呼吸抑制作用，故不宜静脉推注 ②与 β-内酰胺类抗生素合用通常可取得协同作用，与甲氧苄啶-磺胺合用对大肠杆菌及克雷伯菌有协同作用，与青霉素合用对链球菌有协同作用 ③与四环素或红霉素合用可能出现拮抗作用 ④与青霉素类、头孢菌素类、大环内酯类、磺胺类、碳酸氢钠、维生素 C 等药物在体外混合有配伍禁忌 ⑤其他注意事项参考链霉素 ⑥休药期：猪 40d
硫酸新霉素[典]	硫酸弗氏霉素、硫酸新霉素 B	可溶性粉：3.25%、6.5% 或 32.5% 预混剂：15.4% 片剂：100mg 或 250mg 眼药水：8mL：40mg（4 万 U）软膏：1g：5mg	主要对 G⁻ 菌有效，对 G⁺ 菌如葡萄球菌也有效。因其耳、肾毒性太强而很少注射给药。兽医临床多用内服治疗胃肠道感染，局部应用对皮肤创伤、眼、耳、口腔感染及子宫内膜炎等有良效。眼药水用于治疗结膜炎、角膜炎等眼部感染	po：一日量，仔猪、羔羊 0.75～1g，犊、驹 2～3g，分 2～4 次内服；犬、猫 10～20mg/kg。bid×3～5d；混饮：禽 50～75mg/L，连用 3～5d；混饲：禽、猪每千克饲料 77～154mg，连用 3～5d；外用：眼药水滴眼，q4～6h；软膏涂抹，q6～8h	①在氨基糖苷类中毒性最大，不宜注射给药，其耳、肾毒性可因动物脱水而加重 ②与庆大霉素、卡那霉素交叉耐药 ③治疗胃肠炎、乳腺炎及子宫炎时，宜与其他抗菌药并用以增强疗效 ④产蛋鸡禁用 ⑤本品内服可影响维生素 A、维生素 B₁₂的吸收 ⑥休药期：鸡 5d，火鸡 14d，猪 0d
硫酸新霉素甲溴东莨菪碱[典]		溶液剂：100mL：硫酸新霉素 45～60mg 与甲溴东莨菪碱0.225～0.228mg	新霉素抗菌，东莨菪碱抑制肠道分泌和蠕动。用于治疗仔猪细菌性感染所致腹泻	po：体重 7kg 以下者 1mL；体重 7kg 以上者 2mL	参考新霉素

（续）

名称	别名	剂型与规格	作用及用途	用法及剂量	注意事项
硫酸阿米卡星	硫酸丁胺卡那霉素	注射液：1mL：0.1g 或 2mL：0.2g	抗菌谱同庆大霉素。但对庆大霉素、卡那霉素耐药的绿脓杆菌、大肠杆菌、肺炎杆菌等仍有效。用于治疗耐药菌引起的菌血症、败血症、呼吸道感染、腹膜炎及敏感菌所致各种感染	im：马、牛、羊、猪、水貂、狐狸 5～8mg/kg；犬、猫 10mg/kg；家禽、兔 10～15mg/kg。bid 混饮：禽0.005%～0.01% 拌料：禽 0.01%～0.02%	①参考卡那霉素 ②与氨苄青霉素、头孢唑啉钠、红霉素、新霉素、维生素C、氨茶碱、四环素类盐酸盐、地塞米松、环丙沙星等有配伍禁忌
盐酸大观霉素[典]	盐酸壮观霉素、盐酸奇霉素	可溶性粉：50%	对多种 G⁻ 菌，如大肠杆菌、沙门氏菌、志贺氏菌、变形杆菌等有中度抑菌作用，A 型链球菌、肺炎球菌、表皮葡萄球菌和某些支原体（如鸡毒支原体、滑液支原体、猪鼻支原体等）常敏感。金黄色葡萄球菌、铜绿假单胞菌和密螺旋体通常耐药。主治仔猪大肠杆菌病、肉鸡慢性呼吸道病和传染性滑液囊炎等敏感菌所致感染性疾病	混饮：鸡每升 1～2g 可溶性粉，连用 3～5d	①大观霉素与四环素合用可能有拮抗作用 ②蛋鸡产蛋期禁用 ③其他参见硫酸链霉素 ④休药期：鸡 5d
硫酸大观霉素[典]	硫酸壮观霉素、硫酸奇霉素	盐酸林可霉素硫酸大观霉素可溶性粉；盐酸林可霉素硫酸大观霉素预混剂	参见盐酸大观霉素	参见盐酸大观霉素	参见盐酸大观霉素

（续）

名称	别名	剂型与规格	作用及用途	用法及剂量	注意事项
盐酸壮观霉素盐酸林可霉素[典]	利高霉素；盐酸大观霉素盐酸林可霉素	可溶性粉：50g：林可霉素10g与大观霉素20g 100g：林可霉素20g与大观霉素40g 30g：林可霉素6.7g与大观霉素13.3g 预混剂：100g：林可霉素2.2g与大观霉素2.2g	壮观霉素对多种G⁻菌有效，对A群链球菌、肺炎球菌、表皮葡萄球菌和某些支原体也有效，金黄色葡萄球菌、铜绿假单胞菌、密螺旋体和厌氧菌通常耐药。本品含壮观霉素和林可霉素。前者作用于需氧菌，后者对厌氧菌有效。二者并用具有协同作用。临床用于G⁺菌、G⁻菌及支原体感染，如猪、鸡沙门氏菌病、大肠杆菌病、支原体感染和猪密螺旋体性痢疾等	混饮：禽（5～7日龄）0.5～0.8g/L，连用3～5d；鸡（1～4周龄）0.15g/L；鸡（4周龄以上）0.075g/L po：猪10mg/kg 混饲：猪每千克饲料1g预混剂，连用1～3周	①产蛋期禁用 ②可能引起猪胃肠道功能紊乱 ③休药期：鸡、猪5d
硫酸庆大小诺霉素[典]	小诺米星、沙加霉素	注射液：2mL：80mg、5mL：200mg或10mL：400mg 片剂：20mg	对G⁺菌、G⁻菌均有较好的抗菌作用，对G⁻菌强于庆大霉素，而毒副反应比同剂量的低。对卡那霉素和庆大霉素耐药的病原菌对本品仍然敏感。用于敏感菌所致的各种感染，如败血症、泌尿生殖道感染、呼吸道感染等	im或sc：猪、羊、马1～2mg/kg；家禽2～4mg/kg；兔、犬3～5mg/kg。bid	①有耳毒性和肾毒性，需注意，其他参考庆大霉素 ②休药期：猪、鸡40d
硫酸妥布霉素	乃柏欣、托普霉素	注射液：2mL：40mg或2mL：80mg 滴眼液：8mL：24mg	抗菌谱与庆大霉素相似。对大多数G⁻菌不及庆大霉素，而对铜绿假单胞菌高效，比庆大霉素强2～8倍，对链球菌无效。用于铜绿假单胞菌的感染及其他敏感G⁻菌所致的呼吸道、尿道、肠道、皮肤、软组织、骨、腹腔感染和败血症	im：犬、猫2～4mg/kg；禽10～30mg/kg。bid po：猪2～4mg/kg，bid×3d 混饮：鸡30～120mg/L，连用5d 外用：滴眼，q6～8h	猫比较敏感，易发生毒性反应

（续）

名称	别名	剂型与规格	作用及用途	用法及剂量	注意事项
硫酸核糖霉素	硫酸威他霉素、硫酸威斯他霉素	粉针剂：0.5g 或 1g	临床上用于敏感的 G^- 杆菌所致呼吸道、腹腔、胸腔、泌尿道、皮肤和软组织、骨组织，以及眼、耳、鼻部感染。毒性较低，尤其是对耳和肾脏的毒性均较小，这是最主要的优点	im：犬、猫、猪、羊 10～20mg/kg，bid×3～5d	微生物对本品与卡那霉素、新霉素等常显示交叉耐药性
硫酸阿普拉霉素[典]	硫酸阿布拉霉素、硫酸安普霉素	预混剂：100g：40g	是一种杀菌性抗生素，用于治疗禽和猪的多种 G^- 菌如大肠杆菌、假单胞菌、沙门氏菌、克雷伯菌、变形杆菌、巴氏杆菌、猪密螺旋体和其他敏感菌所致疾病。对鸡的大肠杆菌、沙门氏菌、支原体有特效。可治疗犊牛大肠杆菌和沙门氏菌引起的腹泻	po：猪、犊牛 12.5mg/kg，连用 7d 混饮：鸡 0.25～0.5g/L，连用 5d 混饲：猪每千克饲料 80～100mg，连用 7d	①与青霉素类或头孢类联合有协同作用，不宜与氨基苷类合用（增强毒性）。很多兽药制剂含安普霉素，但使用过多可能导致动物机体虚软，所以用量要适当 ②蛋鸡产蛋期禁用 ③现用现配 ④本品遇铁锈易失效，也不宜与微量元素制剂混合 ⑤休药期：猪 21d，鸡 7d
土霉素[典]	地霉素、氧四环素	片剂：0.05g、0.125g 或 0.25g 注射液：10% 或 20%	对 G^+ 菌和 G^- 菌均有抑制作用，对衣原体、支原体、立克次氏体、螺旋体等也有抑制作用。可用于防治大多数动物因细菌（主要是 G^- 菌）、立克次氏体、支原体和少数原虫（如牛无浆体虫）引起的疾病，如犊牛白痢、羔羊痢疾、仔猪黄痢和白痢、雏鸡白痢、牛出败、猪肺疫、禽霍乱、猪气喘病、鸡慢性呼吸道病等，对泰勒焦虫病、放线菌病和钩端螺旋体病等也有效	po：一日量，猪、驹、犊、羔 10～25mg/kg；犬 15～50mg/kg；禽 25～50mg/kg。q8～12h×3～5d im：家畜 10～20mg/kg；禽 25mg/kg。bid iv：家畜 5～10mg/kg，bid×2～3d	①成年反刍动物、马属动物及兔慎内服，因易引起消化系统紊乱，维生素 B、维生素 K 缺乏，甚至引起死亡。长期服用可诱发二重感染。马注射后亦可引起胃肠炎，慎用 ②内服给药应避免与乳制品和含钙、镁、铅、铁等药物同用 ③与丁胺卡那霉素、氨茶碱、青霉素 G、氨苄青霉素、头孢菌素类、新生霉素、红霉素、磺胺嘧啶钠、碳酸氢钠等药物有配伍禁忌 ④肝肾功能严重不良患病动物慎用 ⑤休药期：片剂，牛、羊、猪 7d，禽 5d，弃奶期 72h，弃蛋期 2d；注射液休药期，牛、羊、猪 28d，弃奶期 7d

（续）

名称	别名	剂型与规格	作用及用途	用法及剂量	注意事项
长效土霉素[典]		注射液：含土霉素 200mg/mL、100mg/mL	维持药效时间长达 2～3d，适用于非急性感染。兽医临床用于防治 G+ 菌和 G- 菌、立克次氏体、支原体等引起的感染性疾病，如猪禽支原体肺炎、巴氏杆菌病、布鲁氏菌病、炭疽、牛无浆体病等	im：家畜 10～20mg/kg	①产乳奶牛不宜使用 ②肌内注射每点不应超过 10mL ③其他参考土霉素 ④休药期：牛、羊、猪 28d
盐酸土霉素[典]		粉针剂：0.2g、1g、3g 或 4g 长效针：100mL：10g	用于治疗某些 G+ 菌和 G- 菌、立克次氏体、支原体引起的感染性疾病	iv（粉针剂）：家畜 5～10mg/kg，bid×2～3d im（长效针）：10～20mg/kg	①盐酸土霉素刺激性大，不宜作肌内注射，静脉注射须缓慢，而长效针仅用于肌内注射 ②其他参考土霉素
四环素[典]		片剂：0.05g、0.125g 或 0.25g 粉针剂（盐酸盐）：0.25g 或 0.5g	作用及应用与土霉素相似。但对 G- 菌的作用较好，对 G+ 菌如葡萄球菌的效力不及金霉素。用于治疗某些 G+ 菌和 G- 菌、立克次氏体、支原体、螺旋体和衣原体引起的感染性疾病	po：家畜 10～20mg/kg，bid 或 tid iv：家畜 5～10mg/kg，bid×2～3d	①四环素过期变质生成有毒性的差向四环素，不可再用 ②注射剂见光易变色，在碱性溶液中不稳定 ③产蛋期和产奶期禁用 ④其他注意事项见土霉素 ⑤休药期：片剂，牛 12d，猪 10d，禽 4d；注射液，牛、羊、猪 8d；弃奶期 48h
四环素醋酸可的松[典]		眼膏：10g	用于眼部细菌感染	眼部外用，bid 或 tid	
盐酸金霉素[典]	盐酸氯四环素	注射液：2mL：0.25g 胶囊剂、片剂：0.125g 或 0.25g 眼膏：0.5% 软膏：1%	作用与用途类似土霉素，但抗菌作用较土霉素和四环素强。局部刺激性强、稳定性差。常作为抗生素促生长剂使用	po：剂量同土霉素 外用：涂于患眼和皮肤黏膜	①注意事项参考土霉素 ②因毒性较大和刺激性大，现多用于局部感染

（续）

名称	别名	剂型与规格	作用及用途	用法及剂量	注意事项
盐酸多西环素[典]	盐酸强力霉素、盐酸脱氧土霉素	粉针剂：0.1g、0.2g 或 0.25g 片剂：0.05g 或 0.1g	抗菌谱与四环素相似，但抗菌活性比四环素强10倍，对耐四环素的细菌仍有效。用于治疗禽类慢性呼吸道病、大肠杆菌病、沙门氏菌病、巴氏杆菌病及鹦鹉热等	po：猪、驹、犊、羔 3～5mg/kg；犬、猫 5～10mg/kg；禽 15～25mg/kg。qd×3～5d　混饲：猪每千克饲料 0.05～0.1g；禽每千克饲料 0.1～0.2g　混饮：鸡 0.05～0.1g/L，连用 3～5d　iv 或 im：牛 1～2mg/kg；猪、羊 1～3mg/kg；犬、猫 2～3mg/kg。qd	①肝肾功能严重障碍者慎用　②胃肠反应大，应予注意　③刺激性大，静脉注射宜缓慢　④在四环素类中毒性最小，但马属动物慎用。蛋鸡产蛋期禁用　⑤其他注意事项见土霉素　⑥休药期：28d
米诺霉素	二甲基胺四环素、美满霉素	片剂：0.05g 或 0.1g	抗菌作用在四环素类中最强。抗菌谱与四环素相似，内服后吸收良好，分布广泛，滞留时间长，尤其在脂肪组织。对四环素或青霉素耐药的链球菌、金黄色葡萄球菌和大肠杆菌仍敏感。主要用于立克次氏体、衣原体、支原体及敏感菌引起的各种感染	po：犬、猫 3～5mg/kg，bid×3～5d	参考多西环素
氯霉素	氯胺苯醇	注射液：0.25g 或 0.5g 胶囊剂、片剂：0.25g 或 0.5g 滴眼液：8mL：20mg 软膏：1% 滴耳液：5%	广谱抑菌剂。对 G^+菌、G^-菌、厌氧菌、钩端螺旋体、衣原体、支原体、立克次氏体等都有作用，对伤寒杆菌、沙门氏菌作用最强，但对铜绿假单胞菌无效。兽医临床曾用于 G^+菌、G^-菌、衣原体、钩端螺旋体所致各种感染，对中枢神经系统的需氧及厌氧菌感染有良效	po：犬、猫 10～20mg/kg　im 或 iv：犬、猫 40～50mg/kg，bid 或 tid　局部用药：眼部1～2 滴/次，q4×8h；滴耳 2～12 滴/次，q6～12h	①禁用于食品动物所有用途　②用于犬猫，应严格掌握适应证、剂量、疗程　③在疫苗免疫期间禁用　④不宜与林可霉素类、大环内酯类或氟喹诺酮类联合应用　⑤与保泰松、秋水仙碱和青霉胺同用，可增加毒性　⑥忌与碱性药物配伍

（续）

名称	别名	剂型与规格	作用及用途	用法及剂量	注意事项
甲砜霉素[典]	甲砜氯霉素、硫霉素	片剂：25mg或100mg 预混剂：5%或15%	抗菌谱及抗菌活性与氯霉素近似。用于幼畜副伤寒、白痢、肺炎及家畜肠道感染、禽大肠杆菌、沙门氏菌、呼吸道细菌感染的治疗，也可用于防治鱼类由嗜水气单胞菌等细菌引起的败血症，以及肠炎、赤皮病等多种细菌性疾病，还用于河蟹、鳖、虾、蛙等特种水生生物的细菌性疾病	po：畜、禽 5～10mg/kg；水产动物每千克饲料7g，拌饵投喂。bid×2～3d 混饮或拌料：禽0.02%～0.03%	①可抑制红细胞、白细胞及血小板生成，但程度比氯霉素轻 ②与大环内酯类、林可胺类、氟喹诺酮类及β-内酰胺类药物联用可产生拮抗作用 ③对免疫的抑制作用强于氯霉素6倍，疫苗接种期或免疫功能严重缺损动物禁用 ④长期应用可引起消化紊乱，维生素缺乏或二重感染症状 ⑤有胚胎毒性，妊娠和哺乳期母畜慎用 ⑥肾功能不全动物宜减量或延长给药时间间隔 ⑦休药期：28d；弃奶期7d
氟苯尼考[典]	氟甲砜霉素	注射液：2mL：0.6g、5mL：1g或10mL：2g 粉剂：5%、10%或20% 预混剂：2% 溶液剂：5%或10%	为动物专用抗生素，抗菌谱和抗菌活性优于甲砜霉素，对耐氯霉素的大肠杆菌、克雷伯菌等有效。用于畜禽伤寒、巴氏杆菌病、肠炎、猪呼吸道疾病、嗜血杆菌病等，以及各种病原菌所致奶牛乳房炎，也常用于防治水产动物的敏感菌感染	im：猪、鸡、犬、猫 15～20mg/kg，qod×2次 po：猪、鸡 20～30mg/kg，bid×3～5d；鱼 10～15mg/kg，qd 拌料：猪每千克饲料1～2g预混剂，连用7d 混饮：鸡 100mg/L，连用3～5d	①与大环内酯类、林可胺类、氟喹诺酮类及β-内酰胺类药物联用可产生拮抗作用 ②肾功能不全动物宜减量或延长给药时间间隔 ③妊娠动物禁用。蛋鸡产蛋期禁用 ④疫苗接种期及免疫功能低下动物禁用 ⑤休药期：粉剂，猪20d，鸡5d；预混剂，猪14d；溶液，鸡5d；注射剂，猪14d，鸡28d

（续）

名称	别名	剂型与规格	作用及用途	用法及剂量	注意事项
盐酸林可霉素[典]	盐酸洁霉素、盐酸林可霉素	片剂：0.25g或0.5g 注射液：2mL：0.6g或10mL：3g 预混剂：0.88%或11% 可溶性粉：100g：40g	抗菌作用与红霉素相似，对 G^+ 作用明显。对支原体作用同红霉素，但比其他大环内酯类稍弱；对葡萄球菌、溶血性链球菌和肺炎球菌作用强，但不及青霉素类和头孢菌素类；对一些厌氧菌，如破伤风梭菌、产气荚膜杆菌等有效；对猪密螺旋体和弓形虫有效。需氧 G^- 菌对本品耐药。用于 G^+ 菌引起的呼吸道感染、骨髓炎、关节炎、软组织感染、胆道感染、败血症及化脓性感染。混饮或混饲给药可防治仔猪腹泻、支原体感染、鸡呼吸道病和 G^+ 菌感染	po：猪 10～15mg/kg；犬、猫 15～25mg/kg。q12～24h×3～5d im 或 sc：猪10mg/kg，qd×3～5d；犬、猫 10mg/kg，bid×3～5d 混饲：禽每千克饲料 22～44mg；猪每千克饲料 44～77mg。连用 7～21d 混饮：猪 40～70mg/L；鸡17mg/L。连用 3～5d	①不宜长期添加，以免产生耐药菌株，或与其他抗菌药物联用以延缓耐药性产生 ②马属动物、兔及其他草食动物禁用，猪亦可引起消化功能紊乱 ③本类药物与红霉素联用产生拮抗作用 ④蛋鸡产蛋期禁用，哺乳母畜用药会引起哺乳仔畜腹泻，应慎用 ⑤与多黏菌素、卡那霉素、新生霉素、青霉素G、链霉素、复合维生素B等药物有配伍禁忌 ⑥具有神经肌肉阻断作用 ⑦休药期：片剂，猪6d；可溶性粉，猪、鸡5d；预混剂，猪、禽5d；注射液，猪2d
盐酸林可霉素硫酸新霉素[典]		乳房注入剂（泌乳期）：10mL：盐酸林可霉素33万U与硫酸新霉素10万U	用于治疗葡萄球菌、链球菌和肠杆菌引起的奶牛泌乳期乳腺炎	乳管注入：泌乳期奶牛，挤奶后，10mL乳房注入剂（泌乳期）/乳室，bid×3d	①乳房注入剂（泌乳期）仅供泌乳期奶牛乳腺炎使用 ②不宜与大环内酯类（如红霉素、替米考星等）同时使用 ③休药期：乳房注入剂（泌乳期），牛1d；弃奶期60h
克林霉素	氯洁霉素、氯林可霉素	片剂：0.075g或0.15g 注射液：2mL：0.15g或2mL：0.6g	抗菌谱、适应证与林可霉素同，但体内、体外抗菌活性比林可霉素强。两者间有完全的交叉耐药性，不良反应较林可霉素轻。用于厌氧菌和敏感菌引起的感染	po：犬、猫 7.5～15mg/kg，bid×3～5d im：犬、猫 20mg/kg，q8～12h×2d	①与氨基糖苷类抗生素一样能引起神经肌肉传导阻滞，特别是与神经肌肉阻断药、全麻药并用时易出现 ②其他参考林可霉素

（续）

名称	别名	剂型与规格	作用及用途	用法及剂量	注意事项
吡利霉素	海利乳		是林可霉素的衍生物。对葡萄球菌属和链球菌属的抗菌活性优于克林霉素和林可霉素。适用于其他药物治疗无效的耐药金黄色葡萄球菌引起的乳房炎	美国药典推荐使用量为：奶牛 50mg/乳室，qd	①美国规定，肉禽使用该药后的休药期为9d，乳牛废奶期为36h ②中国兽药监察所孙雷等研究表明，废奶期应为48h ③可与其他抗生素联合使用
硫酸黏菌素[典]	硫酸多黏菌素E、抗敌素、硫酸黏杆菌素	可溶性粉：2%、5%或10% 预混剂：2%、4%、5%或10% 片剂：2.5mg或25mg	本品是一种碱性阳离子表面活性剂，可与细菌胞膜内磷脂相互作用，进入细菌胞膜内，破坏其结构，引起膜通透性发生变化，导致细菌死亡，从而起杀菌作用。本品内服或在烧伤创面上用药均不易吸收，适用于G⁻菌所致的肠道感染及铜绿假单胞菌（绿脓杆菌）感染的治疗，注射后吸收良好。可用于治疗动物大肠杆菌性下痢和对其他药物耐药的菌痢、肠炎。外用于烧伤和外伤引起的铜绿假单胞菌局部感染和眼、耳、鼻等部位敏感菌的感染。也可作为促生长剂	po，一日量：仔猪、犊牛2mg/kg；犬、猫7mg/kg；家禽3～8mg/kg。分3次内服 可溶性粉混饮：猪40～200mg/L；鸡20～60mg/L 可溶性粉混饲：猪（哺乳期）每千克饲料40～80mg 预混剂混饲：牛（哺乳期）每千克饲料10～40mg；猪（哺乳期）每千克饲料2～40mg；仔猪、禽每千克饲料2～20mg 乳管内注入：奶牛5～10mg/乳室，bid或qd 子宫内注入：牛10mg，bid或qd	①本品不宜长期添加作促生长剂，连续使用不得超过7d ②内服吸收极少，全身感染时不宜口服给药 ③与增效磺胺、四环素类合用时，可产生协同作用 ④因其肾脏和神经系统毒性较大，现多作局部应用 ⑤与氨茶碱、青霉素G、头孢菌素、四环素、红霉素、卡那霉素、维生素B₁₂、碳酸氢钠等有配伍禁忌 ⑥蛋鸡产蛋期禁用 ⑦休药期：猪、鸡7d
杆菌肽锌[典]	杆菌肽、枯草菌肽	片剂：2.5mg 注射液：5mg 预混剂：10%或15% 可溶性粉：50%	杆菌肽通过非特异性地阻断磷酸化酶反应，抑制细菌的黏肽合成而产生抗菌作用。对G⁺菌有强效，对放线菌、螺旋体也有效。敏感菌对其很少产生耐药现象。本品与青霉素、链霉素、新霉素、金霉素并用，对多种细菌呈协同作用。临床主要用于治疗家畜细菌性腹泻、猪密螺旋体血痢	混饲（促生长）：犊牛（3月龄以下）每千克饲料10～100mg；犊牛（3～6月龄）、猪（6月龄以下）、禽（16周龄以下）每千克饲料4～40mg 混饮：鸡（用于耐青霉素金黄色葡萄球菌治疗）50～100mg/L，连用5～7d；鸡（预防）25mg/L 乳管内注射：奶牛15mg/乳室，qd×3d	①肾脏毒性太大且不吸收，仅能局部应用或内服，不能作全身感染性疾病的治疗 ②专作饲料添加剂用 ③禁用于种禽和种畜 ④与黏菌素组成的复方制剂与四环素类、吉他霉素、恩拉霉素、维吉尼霉素和喹乙醇有拮抗作用 ⑤休药期：0d

（续）

名称	别名	剂型与规格	作用及用途	用法及剂量	注意事项
杆菌肽锌硫酸黏菌素预混剂[典]		散　剂：100g：杆菌肽锌5g与黏菌素1g	主要用于预防猪、禽的G^+菌和G^-菌感染	混饲：猪2月龄以下每千克饲料2～40mg；猪2～4月龄每千克饲料2～20mg；鸡每千克饲料2～20mg	①蛋鸡产蛋期禁用 ②与四环素、吉他霉素、恩拉霉素、维吉尼霉素、喹乙醇合用时产生拮抗作用 ③休药期：猪、鸡7d
维吉尼霉素[典]	弗吉尼亚霉素	预混剂：100g：50g	该药不易产生耐药性，对G^+菌，尤其是产生耐药的金黄色葡萄球菌、肠球菌等有较强的抑制作用，对支原体亦有作用，大多数G^-菌对其耐药。其作用主要是抑制细菌的核糖体（Ribosome），从而阻止细菌蛋白质的合成而达到杀菌效果。常用于促进猪、鸡生长	用作饲料添加剂：猪每千克饲料5～10mg；鸡每千克饲料5～15mg 预防敏感菌所致的肠炎：猪每千克饲料10～25mg；鸡每千克饲料5～20mg 治疗猪泻痢：每千克饲料100mg，连用2周	①蛋鸡产蛋期禁用 ②与杆菌肽有拮抗作用 ③休药期：猪、鸡1d
恩拉霉素[典]	安来霉素	预混剂：100g：4g或100g：8g	不饱和脂肪酸与十几种氨基酸结合的多肽类抗生素，主要作用于G^+菌，阻碍细菌细胞壁的合成。低浓度长期拌料对肉鸡、后备鸡和猪均能起到促生长和改善饲料报酬的作用	混饲：猪每千克饲料2.5～20mg；鸡每千克饲料1～5mg	①禁止与四环素、吉他霉素、杆菌肽和维吉尼霉素合用 ②禽产蛋期禁用 ③休药期：鸡、猪7d
那西肽[典]		预混剂：100g：0.25g	动物专用抗生素，对G^+菌抗菌活性强，如葡萄球菌、梭状芽孢杆菌对其敏感。作用机制是抑制细菌蛋白质合成，低浓度抑菌，高浓度杀菌。口服很少吸收，常用作动物促生长剂	混饲（促生长）：鸡每千克饲料2.5mg	①蛋鸡产蛋期禁用 ②休药期：鸡7d
利福平		胶囊剂：100mg或150mg	与其他抗结核药合用治疗各种类型结核病，亦对军团菌等其他细菌感染有效	po：畜禽10mg/kg，bid	与氟喹诺酮类联用可产生拮抗作用

（续）

名称	别名	剂型与规格	作用及用途	用法及剂量	注意事项
阿维拉霉素[典]		预混剂：100g：10g 或 100g：20g	用于提高猪和肉鸡平均日增重和饲料报酬；预防产气荚膜杆菌引起的肉鸡坏死性肠炎	混饲：猪（4 月龄以下）每千克饲料 20～40mg；猪（4～6 月龄）每千克饲料 10～20mg；肉鸡每千克饲料 5～10mg；辅助控制断奶仔猪腹泻每千克饲料 40～80mg，连用 28d	①使用时防止与人的皮肤、眼睛接触 ②放置于儿童接触不到的地方 ③休药期：猪、鸡 0d
黄霉素[典]	斑贝霉素、福乐旺	预混剂：100g ： 4g、100g：8g 或 100g：10g	干扰细菌细胞壁合成，对 G⁺ 菌作用强大，对部分 G⁻ 菌有效，改善消化吸收，促进畜禽生长，提高生产成绩、饲料报酬；调节肠道菌群和 pH，利于糖分分解、蛋白质的合成；增加瘤胃糖分产量，促进 NPN 转化为菌体蛋白，降低氨和细菌毒素含量。用于动物促生长。临床不作抗菌治疗用	po：一日量，每头肉牛 30～50mg 混饲（促生长）：育肥猪每千克饲料 5mg；仔猪每千克饲料 20～25mg；肉鸡每千克饲料 5mg；兔每千克饲料 2～4mg	①不宜用于成年畜、禽 ②休药期：0d
延胡索泰妙菌素[典]	硫姆林、泰妙灵、支原净	可溶性粉：100g：45g 预混剂：100g：10g 或 100g：80g 注射液：100mL：10g	属截短侧耳类抑菌性抗生素，但在浓度非常高时亦可杀菌。对葡萄球菌、链球菌等大多数 G⁺ 菌作用强大，对支原体和猪密螺旋体有效。除对胸膜肺炎嗜血杆菌、部分大肠杆菌和克雷伯菌有效外，对大多数 G⁻ 菌作用弱。主要用于治疗敏感菌所致猪、禽肺炎、肠炎，猪密螺旋体痢疾、鸡慢性呼吸道病等。与金霉素以 1：4 配伍可提高抗菌活性和扩大适应证范围。用于治疗鸡慢性呼吸道病、猪支原体肺炎和嗜血杆菌胸膜肺炎，也可用于猪密螺旋体性痢疾	混饮：猪 45～60mg/L，连用 5d；鸡 125～250mg/L，连用 3d 混饲：猪每千克饲料 40～100mg，连用 5～10d im：猪 10～15mg/kg，qd×3d	①禁止与莫能菌素、盐霉素等聚醚类抗生素同时使用 ②使用者应避免药物与眼和皮肤接触 ③环境温度高于 40℃时，含药饲料贮存期不宜超过 7d ④休药期：猪混饮 7d，混饲 5d，肌内注射 10d；鸡混饮 5d

（续）

名称	别名	剂型与规格	作用及用途	用法及剂量	注意事项
赛地卡霉素[典]	克痢霉素	预混剂：100g ∶ 1g，100g ∶ 2g 或 100g∶5g	对多数 G^+ 菌如葡萄球菌、链球菌、肺炎球菌等和志贺氏菌敏感，对猪痢疾密螺旋体作用强于林可霉素，但不及泰妙菌素。用于治疗密螺旋体引起的猪痢疾	混饲：猪每千克饲料75mg，连用15d	休药期：猪 1d
磺胺噻唑[典]	ST	注射液（钠盐）：5mL ∶ 0.5g、10mL∶ 1g 或 20mL ∶ 2g 片剂：0.5g 或 1g	对大多数 G^+ 菌和 G^- 菌都有效，抗菌力较强，但半衰期较短，不易保持血药浓度，且易引起结晶尿和血尿。临床用于敏感菌引起的肺炎、子宫内膜炎、败血症、鸡霍乱、雏鸡白痢和感染创的治疗	po：猪、牛、羊、马、兔等家畜维持量70～100mg/kg，首次量加倍；家禽 200～300mg/kg。q（8～12）h×（3～5）d im 或 iv：猪、羊、牛、马、兔等家畜50～100mg/kg，bid×3d	①一般情况下，磺胺类药物的首次剂量要加倍，同时维持量和疗程要充足 ②内服时要配合等量的碳酸氢钠 ③休药期：28d
磺胺嘧啶[典]	SD	片剂：0.5g	可用于各种动物的敏感菌及弓形虫所致的感染。不同动物口服生物利用度不同，顺序为：禽＞犬＞猪＞马＞羊＞牛；其体内乙酰化率也因动物不同而有差异，其顺序为：牛＞兔＞绵羊＞马、猫＞犬＞禽，药物乙酰化后失去抗菌活性，但保持毒性。本品易进入脑脊液中，是治疗脑部感染的首选药之一。为减少肾损害，可与碳酸氢钠同服	po：家畜维持量0.07～0.1g/kg，首次加倍。bid×3～5d	①急性或严重感染患畜，不宜口服给药 ②肾功能损害或脱水、酸中毒时不用或慎用 ③长期用药需补充维生素 B 和维生素 K ④禁与华法林、氯化铵、氨苯砜合用 ⑤用药期间应给患病动物供给足量饮水。大剂量、长时间应用时，宜同时给予等量碳酸氢钠 ⑥休药期：猪 5d，牛28d
复方磺胺嘧啶[典]	双嘧啶	预混剂：1 000g∶SD 125g 与 TMP 25g 混悬液：100mL∶SD 10g 与 TMP 2g，100mL ∶ SD 25g 与 TMP 5g 片剂：SD 25mg＋TMP 5mg	用于猪、鸡的链球菌、葡萄球菌、巴氏杆菌、大肠杆菌、沙门氏菌和李氏杆菌等感染的防治	po：以 SD 计，每日量，猪 15～30mg/kg，连用5d；鸡25～30mg/kg，连用10d 混饮：以 SD 计，鸡 80～160mg/L，连用 5～7d	①蛋鸡禁用 ②注意混匀 ③其他参考 SD ④休药期：猪 5d，鸡 1d

（续）

名称	别名	剂型与规格	作用及用途	用法及剂量	注意事项
磺胺嘧啶钠[典]	SDNa	注射液：2mL：0.4g，5mL：1g，10mL：1g 或 50mL：5g	易溶于水，作用与应用同磺胺嘧啶	iv：家畜 50～100mg/kg，首次量加倍，bid×2～3d	①遇酸可析出结晶，故不宜用5%葡萄糖稀释 ②需同用碳酸氢钠以防止结晶尿，但忌与碳酸氢钠配伍，否则产生沉淀 ③不能与拉沙菌素、莫能菌素、盐霉素配伍 ④产蛋鸡禁用 ⑤休药期：牛 10d，羊 18d，猪 10d；弃奶期 72h
复方磺胺嘧啶钠[典]	双嘧啶钠	注射液：1mL、2mL 或 10mL	用于家畜敏感菌及弓形虫感染	im：以 SD 计，家畜 20～30mg/kg，q12～24h×2～3d	①参考 SDNa 注射液 ②休药期：牛、羊 12d，猪 20d；弃奶期 48h
磺胺二甲嘧啶[典]	磺胺二甲基嘧啶、SM₂	注射液（钠盐）：5mL：0.5g，10mL：1g 或 100mL：10g 片剂：0.5g	抗菌作用比 SD 弱，但乙酰化率低，不良反应小，不易引起泌尿道损害。用于治疗巴氏杆菌病、乳腺炎、子宫内膜炎以及呼吸道、消化道感染和防治禽、兔球虫病和猪弓形虫病	po：猪、羊、牛、马、兔等家畜 0.07～0.1g/kg，首次量加倍，q12～24h×3～5d iv 或 im：猪、牛、羊、马、兔 50～100mg/kg，q12～24h×2～3d	注意事项参考磺胺嘧啶 休药期：28d
磺胺甲基异噁唑[典]	磺胺甲噁唑、新诺明、SMZ	片剂：0.5g	抗菌谱与磺胺嘧啶相近，但抗菌作用较强。适用于敏感菌引起的尿道和呼吸道感染	po：猪、羊、马、牛、兔维持量 25～50mg/kg，首次量加倍，bid×3～5d	①大剂量长时间应用宜与碳酸氢钠同服 ②其他参考磺胺嘧啶 ③休药期：28d；弃奶期 7d
复方磺胺甲噁唑[典]	复方新诺明	片剂：SMZ 400mg 与 TMP 80mg 粉散剂：100g：10g	双重阻断细菌叶酸代谢，增强抗菌效力。临床用于敏感菌引起的呼吸道、泌尿系统感染	po：以 SMZ 计，畜禽 20～25mg/kg，bid×3～5d 混饮：禽 0.03%～0.05% 拌料：禽 0.05%～0.1%	参考 SMZ
磺胺-6-甲氧嘧啶[典]	制菌磺、磺胺间甲氧嘧啶、SMM、泰灭净	片剂：0.5g	为磺胺类体外抗菌活性最强的药物。用于呼吸道、肠道和泌尿道感染。对球虫病、鸡白细胞虫病、猪弓形虫病作用也较强，常作紧急治疗药物	po：家畜 25～50mg/kg，首次加倍，bid×3～5d 混饲：禽，治疗量为每千克饲料 50～200mg，预防量减半，连用 3～5d	①连续用药不宜超过10d ②其他注意事项见 SD ③休药期：28d

（续）

名称	别名	剂型与规格	作用及用途	用法及剂量	注意事项
磺胺-6-甲氧嘧啶钠[典]	泰灭净钠	注射液：10mL：1g、20mL：2g或50mL：5g 可溶性粉：100g：10g	作用及用途同SMM。本品易溶于水，多注射或混饮给药，为磺胺类中抗菌活性最强者，宜与碳酸氢钠同用以增强效果并降低肾脏毒性	im或iv：家畜50mg/kg，q12～24h×2～3d 混饮：鸡0.25～2g/L，连用3～5d	参见磺胺-6-甲氧嘧啶
磺胺对甲氧嘧啶[典]	消炎磺、磺胺-5-甲氧嘧啶、SMD	片剂：500mg	抗菌作用比SMM弱，从尿中排泄缓慢。主要用于尿路感染，疗效显著，也用于生殖道和呼吸道的感染。与DVD按25：5合用防治动物肠道感染、菌痢和球虫病	po：家畜维持量25～50mg/kg，首次量加倍，q12～24h×3～5d	注意事项见SD 休药期：28d
复方磺胺对甲氧嘧啶[典]	复嘧啶	片剂：SMD 400mg与TMP 80mg 预混剂：10g：SMD2g与DVD0.4g、100g：SMD 20g与DVD 4g	主要用于畜禽胃肠道、泌尿道、呼吸道和皮肤软组织细菌性感染，球虫病	po：以SMD计，家畜20～25mg/kg，q12～24h×3～5d 混饲：猪、禽每千克饲料1g预混剂	①连用不应超过10d ②产蛋期禁用 ③其他参考SD ④休药期：片剂28d，弃奶期7d；预混剂10d
复方磺胺对甲氧嘧啶钠[典]		注射液：10mL：SMD 1g与TMP 0.2g、10 mL：SMD 2g与TMP 0.4g	主要用于敏感菌引起的泌尿道、呼吸道和皮肤软组织感染	im：以SMD计，家畜15～20mg/kg，q12～24h×2～3d	①注意事项见SD钠注射液 ②休药期：28d，弃奶期7d
磺胺二甲氧嘧啶	SDM	片剂：125mg、250 mg或500 mg	抗菌力与SD相似，乙酰化率低，血浆蛋白结合率高。主要用于呼吸道、泌尿道、消化道及局部感染。对鸡球虫病优于呋喃类和其他磺胺药	用法用量同SD	

（续）

名称	别名	剂型与规格	作用及用途	用法及剂量	注意事项
磺胺氯达嗪钠[典]	SPDZ	复方预混粉：100g ： SPDZ 10g 与 TMP 2g 或 100g：SPDZ · 62.5g 与 TMP 12.5g	抗菌谱同 SMM，但抗菌活性稍弱。用于猪、鸡大肠杆菌病或巴氏杆菌病等	po：以 SPDZ 计，猪、鸡 20mg/kg，猪连用 5～10d，鸡连用 3～6d	①蛋鸡产蛋期禁用，反刍动物禁用 ②不得作为饲料添加剂长期应用 ③其他参考 SD ④休药期：猪 4d，鸡 2d
磺胺甲氧嗪[典]	SMP、磺胺甲氧哒嗪、长效磺胺	片剂：0.5g 或 1g 注射液（钠盐）：10%	作用特点是对链球菌、葡萄球菌、肺炎球菌、大肠杆菌、李氏杆菌等有较强的抑菌作用。用于敏感菌所致感染	po：家畜维持量 70mg/kg，首次量 100mg/kg，bid×3～5d iv 或 im：家畜 70mg/kg，qd×2～3d	参考磺胺嘧啶
磺胺喹噁啉[典]	SQ		参见抗球虫药		
磺胺氯吡嗪[典]	ESB₃		参见抗球虫药		
磺胺脒[典]	磺胺胍、SG	片剂：0.5g	内服吸收较少，在肠道内浓度较高。临床用于畜禽肠炎或腹泻等消化道感染治疗	po：家畜 0.1～0.2g/kg，bid×3～5d	①无需同服碳酸氢钠 ②新生动物肠内吸收率高，此外，用量过大、肠阻塞或严重脱水病畜，吸收量会增加，可致结晶尿 ③不宜长期服用 ④休药期：28d
琥珀酰磺胺噻唑	SST，琥磺噻唑	片剂：0.5g、1g	均为肠道应用类磺胺，在肠道内的抗菌作用 PST＞SST＞PSA＞SG；PSA 还可用于防止肠道手术后的细菌感染	po：治疗肠炎和菌痢，犊、羔、猪、犬、猫 0.1～0.15g/kg，bid×3～5d	参考 SG
肽磺胺噻唑[典]	PST，肽磺噻唑				
肽磺醋酰	PSA				
磺胺嘧啶银[典]	烧伤宁、SD - Ag	混悬液：2%	对铜绿假单胞菌和大肠杆菌作用强，对致病细菌和真菌都有抑菌作用，且有收敛创面和促进愈合的作用。主要用于烧伤感染	撒布于烧伤创面或配成 2% 混悬液湿敷	局部应用时，须清创排脓，因脓汁和坏死组织中含有大量 PABA，可减弱磺胺类作用

（续）

名称	别名	剂型与规格	作用及用途	用法及剂量	注意事项
磺胺醋酰	SA、磺胺乙酰	滴眼液：15%	主要用于由易感细菌引起的表浅性结膜炎、角膜炎、睑缘炎等，也用于霉菌性角膜炎的辅助治疗，以及眼外伤、眼部手术前后预防感染	滴眼：2～3滴/次，q4～6h	注意可能发生过敏
氨苯磺胺	SN	软膏：10% 粉剂：5g	水溶性较高，蛋白结合率低，透入脑脊液、羊水、乳汁、眼房水中浓度较高，但由于抗菌力较低，毒性大，常外用治疗感染创	配成10%软膏或粉剂，直接外用	
磺胺米隆[典]	氨苄磺胺、磺胺苄胺、甲磺灭脓、SML	溶液剂（醋酸盐）：5%～10%	抗菌谱广，对大多数 G$^+$ 菌和 G$^-$ 菌都有效，尤其是对铜绿假单胞菌有较强抗菌作用。其抗菌作用不受 PABA 干扰，而且对化脓和有坏死组织的创伤感染有治疗作用，并能渗入被灼烧的焦痂，同时促进愈合。用于烧伤感染、外科手术、外伤的局部炎症及铜绿假单胞菌感染的治疗	外用湿敷	由于本品在血液中很快灭活，故只作局部应用，不用于内服或注射
甲氧苄啶[典]	甲氧苄氨嘧啶、三甲氧苄氨嘧啶、TMP	常与磺胺药物以 1∶4 或 1∶5 的比例组成增效制剂	与磺胺类相似而效力较强，但单用时细菌易产生耐药性，故不作单独给药。口服易吸收。与磺胺类或抗生素合用或制成复方增效剂供临床应用于细菌感染的防治	与磺胺类药物合用可产生协同作用。常以 1∶5 比例与 SMD、SMM、 SMZ、 SD、SQ 等合用	①蛋鸡产蛋期禁用。可造成孕畜和仔畜叶酸吸收障碍，慎用；还因可致畸胎，怀孕初期动物最好不用 ②与拉沙菌素、莫能菌素、盐霉素等抗球虫药有配伍禁忌 ③不能与青霉素、维生素 B_1、维生素 B_6、维生素 C 混合使用 ④大量长期应用可抑制骨髓造血机能

（续）

名称	别名	剂型与规格	作用及用途	用法及剂量	注意事项
二甲氧苄啶[典]	二甲氧苄氨嘧啶、敌菌净、DVD	片剂：500mg	抗菌作用与 TMP 相同，但较弱，为动物专用的抗菌增效剂。内服吸收少，在肠内浓度高。用于治疗鸡兔球虫病和各种细菌性肠道感染引起的肠炎、下痢与血痢。由于易形成耐药性，因此不宜单独使用	常作为增效剂与磺胺药、抗生素、氟喹诺酮类按 1∶5 合用取得协同作用。如 SQ＋DVD 预混剂，混饲，禽每千克饲料 100mg，连用 3～5d，治疗鸡球虫病	①蛋鸡产蛋期禁用。肉鸡宰前 10d 停止给药 ②其他参考 TMP
二甲氧甲基苄啶	奥美普林，OMP	片剂：125mg、250mg 或 500mg	具有广谱抗菌作用，对部分球虫也有活性。常与磺胺药按 1∶5 比例组成复方制剂，用于治疗肺炎、皮肤、软组织及尿道感染	复方磺胺二甲嘧啶片（SM₂＋OPM）用法用量同 SDM	
呋喃唑酮	痢特灵	片剂：0.1g 预混剂：20%	对多数 G⁺菌、G⁻菌、某些真菌和原虫有杀灭作用。内服吸收不良，适用于肠道抗感染。可用于防治幼年动物大肠杆菌性腹泻和沙门氏菌病、鸡球虫病、白细胞虫病、火鸡黑头病等	po：犬、猫 4mg/kg，bid 已禁用于食品动物的所有用途	大剂量或长期应用可抑制造血功能。严格控制浓度、剂量及用药时间
呋喃妥因	呋喃咀啶	片剂：50mg 或 100mg 口服液：5mL∶25mg	对 G⁺菌和 G⁻菌均有抗菌作用，对白色念珠菌和原虫有杀灭作用，其中对大肠杆菌、沙门氏菌作用强。不易产生耐药性，吸收后呈高浓度经尿排泄。主要用于防治敏感菌所致的尿道感染	po：犬、猫 4mg/kg；家畜 4～5mg/kg。tid	①连续用药不宜超过两周 ②禁与碳酸氢钠及碱性药物合用
呋喃西林	呋喃星、硝基呋喃腙	溶液剂：0.02%～0.1% 软膏：0.2%～1%	毒性大，一般不作口服。外用，治疗创伤、烧伤及黏膜的各种炎症	po：观赏鱼 12mg/kg，连用 2～3d 外用：用 0.02%～0.1%溶液或 0.2%～1%软膏涂于患处	

（续）

名称	别名	剂型与规格	作用及用途	用法及剂量	注意事项
呋喃肟 肟	硝呋醛 肟	片剂：100mg	抗白色念珠菌作用强。常与呋喃唑酮合用治疗阴道炎，兼具抗滴虫和真菌作用	同呋喃西林	
呋喃苯 烯酸钠		粉剂：2%	主要用于鲈目鱼类的类结节菌和鲽目鱼类的滑行菌感染	混饲：鲈目鱼类50mg/kg，连用 3～10d 药浴：鲽目鱼类5～10mg/L，药浴 2h，qd×3d	
吡哌酸		片剂：200mg	对 G⁻菌如大肠杆菌、沙门氏菌等有良好抗菌作用。临床主要用于畜禽肠道感染和菌痢	po：猪 4mg/kg；家禽 10mg/kg。bid×5～7d 混饲：每千克饲料100～200mg	
恩诺沙星[典]	乙基环 丙沙星、 百病消	片剂： 2.5 mg或5 mg 可溶性粉：2.5%或5% 溶液剂：0.5%、2.5%、5% 或10% 注射液：0.5%、2.5% 或5%	动物专用广谱杀菌性抗菌药物，对大多数 G⁺菌和 G⁻菌都有效，抗支原体效力比泰乐菌素强。对泰乐菌素耐药的支原体仍有效。对大多数菌株的 MIC 小于1μg/mL，并有明显的抗菌后效作用（PAE），其作用具有明显的浓度依赖性，血药浓度大于8 倍 MIC 时可发挥最佳治疗效果。对铜绿假单胞菌和厌氧菌作用弱。用于敏感菌引起的消化道、呼吸道、尿道、生殖道、皮肤软组织感染及畜禽支原体病	po：犬、猫 2.5～5mg/kg；大 家 畜2.5mg/kg；家禽 5～7.5mg/kg。bid×3～5d 混饮：鸡 25～75mg/L，连用 3～5d im：牛、羊、猪2.5mg/kg；犬、猫、兔 2.5～5mg/kg。q12～24h×2～3d	①不适用于 8 周龄前的犬 ②对中枢神经有潜在兴奋作用，可诱导癫痫发作，患癫痫病的动物慎用 ③肾功能不全动物慎用，可诱发结晶尿 ④为防止细菌产生耐药性，不应在亚治疗剂量下长期使用 ⑤蛋鸡禁用 ⑥休药期：口服，禽8d，猪 5d；注射，牛、羊、兔14d，猪10d
烟酸诺 氟沙星[典]	烟酸氟 哌酸	可溶性粉：2%或5% 溶液剂：2% 软膏：10g：0.1g，250g：2.5g 滴眼液：8mL：24mg 注射液：100mL：2g	对 G⁻菌如大肠杆菌、沙门氏菌、巴氏杆菌病、绿脓杆菌等，以及多数 G⁺菌及支原体有效，抗菌作用强于萘啶酸和吡哌酸，弱于恩诺沙星。临床用于畜禽消化系统、呼吸系统、尿道细菌感染的治疗，如禽大肠杆菌病、禽巴氏杆菌病、鸡白痢、仔猪黄痢和仔猪白痢等	po：家畜、犬10mg/kg，bid 混饮：家禽（预防）200mg/L，连用 3～5d；家禽（治疗）1 000mg/L，连用3～5d 外用：软膏涂抹或滴眼液滴眼，bid 或 tid im：仔猪 10mg/kg，bid×3～5d	①因其损害关节软骨，幼年动物和孕畜慎用，泌乳动物禁用 ②与氯霉素、利福平等联用，可产生拮抗作用 ③与氨茶碱、碳酸氢钠有配伍禁忌，但对茶碱类影响较小 ④其他参考恩诺沙星 ⑤休药期：鸡、猪28d

（续）

名称	别名	剂型与规格	作用及用途	用法及剂量	注意事项
乳酸诺氟沙星[典]	乳酸氟哌酸	可溶性粉：5%	同烟酸诺氟沙星	混饮：鸡 125～250mg/L，连用 3～5d	参考烟酸诺氟沙星 休药期：鸡 8d
乳酸环丙沙星[典]	乳酸环丙氟哌酸	片剂：25mg 胶囊剂：250mg 注射液：10mL：50mg 或 10mL：200mg 滴眼液：5mL：15mg 可溶性粉：2%	抗菌谱类似诺氟沙星，但抗菌活性是目前应用的氟喹诺酮类中最强的之一。对消化道、呼吸道、尿道、生殖道、皮肤软组织的细菌及支原体感染有效。主要用于鸡慢性呼吸道病、大肠杆菌病、传染性鼻炎、禽巴氏杆菌病、禽伤寒、葡萄球菌病、仔猪黄痢、仔猪白痢等	po：家畜、犬 5～10mg/kg，bid×3～5d 混饮：家禽 40～80mg/L，连用 3～5d 混饲：家禽每千克饲料 100mg im：家畜 2.5mg/kg；家禽 5mg/kg。bid×2～3d iv：家畜 2mg/kg，bid×2～3d 外用：滴眼液滴眼，bid 或 tid	参考恩诺沙星 休药期：可溶性粉，禽 8d；注射剂，牛 14d，猪 10d，禽 28d；注射剂弃奶期 84h
盐酸环丙沙星[典]	盐酸环丙氟哌酸	可溶性粉：2% 注射液：10mL：200mg	同乳酸环丙沙星，用于畜禽细菌感染性疾病及支原体感染	混饮：鸡 15～25mg/L，连用 3～5d iv 或 im：家畜 2.5～5mg/kg；家禽 5～10mg/kg。bid×2～3d	参考恩诺沙星 休药期：畜禽 28d
盐酸沙拉沙星[典]		片剂：5mg 或 10mg 可溶性粉：2.5% 或 5% 溶液剂：1%、2.5% 或 5% 注射液：10mL：0.1g，100mL：1g 或 100mL：2.5g	为动物专用抗菌药物，抗菌谱广，对需氧菌、部分厌氧菌及支原体有效，抗菌活性略低于恩诺沙星。内服吸收和消除迅速，残留期短。用于控制畜禽大肠杆菌、沙门氏菌、支原体和葡萄球菌等敏感菌所致各种感染，也用于鱼敏感菌感染性疾病	po：鸡 5～10mg/kg，q12～24h×3～5d 混饮：禽 25～50mg/L，连用 3～5d im：猪、鸡 2.5～5mg/kg；犬、猫、禽 5～10mg/kg。bid×3～5d	参考恩诺沙星 休药期：猪、鸡 0d
氧氟沙星	氟嗪酸	片剂：5mg 注射液：1% 或 2%	广谱杀菌药，对多种 G+ 菌和 G- 菌有效。对绿脓杆菌、结核杆菌有效。用于控制畜禽细菌和支原体所致各种感染	po：猪、犬 5～10mg/kg，qd×3～5d im：猪、犬 3～5mg/kg，bid×3～5d 混饮：家禽 50～100mg/L	参考诺氟沙星

（续）

名称	别名	剂型与规格	作用及用途	用法及剂量	注意事项
甲磺酸达氟沙星[典]	甲磺酸丹诺沙星、甲磺酸达诺沙星	片剂：50mg或100 mg 粉剂：50g；1g、100g：2g 溶液剂：2% 注射液：5mL：50mg，5mL：125mg，10mL：100mg或10mL：250mg	专供兽用的广谱、具有较强抗菌后效应（PAE）的抗菌药。用于防治巴氏杆菌、肺炎支原体、大肠杆菌引起的感染或混合感染所致的败血症、肺炎、下痢等疾病	po：鸡2.5～5mg/kg，qd×3d 混饮：家禽25～50mg/L，连用3d im：猪 1.25～2.5mg/kg，qd×3d	勿与含铁制剂在同一天使用。其他参考恩诺沙星 休药期：鸡5d，猪25d
盐酸二氟沙星[典]	盐酸帝氟沙星、盐酸双氟沙星	片剂：5mg 粉剂：10g；0.25g或50g：1.25g 溶液剂：2.5%或5% 注射液：10mL：0.2g，50mL：1g或100mL：2.5g	为动物专用氟喹诺酮类药物，对G⁺菌、G⁻菌、支原体都有强大的抗菌作用和抗菌后效应（PAE），抗菌活性略低于恩诺沙星。内服半衰期长，尿中浓度高。适用于支原体合并大肠杆菌的感染以及敏感菌引起的畜禽软组织、泌尿道及呼吸道感染，如猪放线菌性胸膜肺炎、猪巴氏杆菌病、鸡慢性呼吸道病等	po：猪、犬、鸡5～10mg/kg，bid×3～5d 混饮：家禽 50～100mg/L，连用5d im：猪、犬 5mg/kg；禽 5～10mg/kg，bid×3d	①肌内注射一过性疼痛 ②注意事项参考恩诺沙星 ③休药期：口服，鸡1d；注射，猪45d
氟甲喹[典]		粉剂：10%	第二代喹诺酮类药物，对大肠杆菌、沙门氏菌、巴氏杆菌、变形杆菌、克雷伯菌、铜绿假单胞菌、鲑单胞菌和鳗弧菌等G⁻菌有效	po：马、牛 1.5～3mg/kg；羊 3～6mg/kg；猪 5～10mg/kg；禽 3～6mg/kg。首次加倍，bid×3～5d 混饮：鸡 30～60mg/L	①蛋鸡产蛋期禁用 ②休药期：鸡2d
萘啶酸[典]		片剂：0.25g	为第一代喹诺酮类药物，对大肠杆菌、沙门氏菌、变形杆菌等G⁻菌有效，对支原体作用弱，对G⁺菌无效，极易产生耐药性。用于治疗畜、禽、犬猫G⁻菌引起的肠道和泌尿道感染性疾病	po：每日量，犬、猫 50mg/kg，分2～4次内服	本品毒性大于氟喹诺酮类药物

（续）

名称	别名	剂型与规格	作用及用途	用法及剂量	注意事项
洛美沙星		片剂：100mg 注射液： 5mL：500mg或 2mL：100mg	抗菌谱、抗菌活性与诺氟沙星相似或略强，较环丙沙星略差，内服吸收良好，生物利用度较高，消除半衰期较长，临床应用同诺氟沙星	po：混饮，家禽50~100mg/L，连用5d im：禽5~10mg/kg；家畜2.5~5mg/kg。q12~24h×3~5d	参考诺氟沙星
麻保沙星	马波沙星	片剂：20mg或80mg 注射液：10%	抗菌谱、抗菌活性与诺氟沙星相似。对耐药病原菌仍有效。半衰期较长，体内分布广泛。主要用于治疗犬、猫的皮肤、尿路、消化道、呼吸道及软组织感染	po：牛、猪、犬、猫2mg/kg，qd im：牛、猪、犬、猫2mg/kg；鸡2.5mg/kg。qd	
依巴沙星		片剂：150mg或300mg	对G$^+$菌、G$^-$菌、衣原体抗菌作用强。对专性厌氧菌无活性。亲脂性强，多数组织细胞内浓度高。用于治疗敏感菌所引起的脓皮病、软组织及上呼吸道感染	po：犬、猫15mg/kg，qd	
奥比沙星		片剂：6.25mg、25mg或75mg	对支原体、G$^+$菌、G$^-$菌抗菌作用强。对专性厌氧菌无效。脂溶性强，多数组织细胞内浓度高。主要用于治疗软组织、泌尿生殖道及皮肤感染	po：犬、猫3~8mg/kg，qd	
可林沙星		粉剂：50g；1g	是抗菌谱广、活性强的第四代喹诺酮类药物，对G$^+$菌、G$^-$菌、厌氧菌、衣原体、支原体等有高活性，对禽类的大肠杆菌和支原体感染以及巴氏杆菌引起的鸭浆膜炎有特效	po：畜禽2~5mg/kg，qd×3~5d 混饮：0.6g/L，连用3~5d 混饲：每千克饲料1~1.2g，连用3~5d	禁止与非甾体类抗炎药合用

（续）

名称	别名	剂型与规格	作用及用途	用法及剂量	注意事项
乙酰甲喹[典]	痢菌净	片剂：0.1g 或0.5g 注射液：10mL：50mg	广谱抗菌药，抗菌机理为抑制菌体DNA合成。为治疗猪密螺旋体痢疾的首选药。对仔猪黄、白痢、犊牛副伤寒、鸡白痢、巴氏杆菌病、大肠杆菌病等有效	po：猪、犬5～10mg/kg；鸡5mg/kg。bid×3d 拌料：禽每千克饲料0.05～0.1g im：猪、牛2.5～5mg/kg，禽2.5mg/kg。bid×3d	①本品毒性较大，需慎重控制剂量和疗程 ②对禽类毒性大，务必拌匀，连用不宜超过3d ③仅用于治疗，不作促生长剂 ④休药期：牛、猪35d
喹乙醇[典]	快育灵、灭霍灵、倍育诺	预混剂：5%	广谱抗菌药，对G⁻菌和部分G⁺菌有效。具有促进蛋白质同化作用，能提高饲料转化率。主要用于畜禽促生长	混饲：猪每千克饲料50～100mg	①禽、鱼对其敏感，禁用 ②体重超过35kg的猪禁用 ③使用时防止人的手和皮肤接触本品 ④休药期：猪35d
喹胺醇		预混剂：5% 混悬剂：10%	毒性较喹乙醇低。对大肠杆菌、沙门氏菌有明显抑制作用，能用于预防雏鸡白痢和仔猪黄白痢	po：鸡50mg/kg，bid×3～5d 断乳仔猪拌料：每千克饲料150mg	
喹烯酮		预混剂：5%	属喹噁啉类药物，对G⁻菌优于G⁺菌。预防动物下痢，促进生长。应用于水产养殖安全可靠，尤其适用于预防鱼类、海参、鲍鱼类育苗的细菌感染性疾病	混饲：猪、禽、水产动物（虾、鳖、海参等）每千克饲料50～75mg 药浴：20～30mg/L，浸洗30～40min（先用乙醇溶解，再加水稀释）	
{SQ＊2洛克沙胂[典]		预混剂：5%、10%	对多种肠道致病菌有较强的抑菌作用，并有促进色素沉积作用。作为饲料添加剂用于促生长，与抗球虫药合用可用于预防球虫病。本品口服很少吸收，大多以原形从粪便排出	混饲：猪每千克饲料25～40mg；鸡每千克饲料25～50mg	①蛋鸡产蛋期禁用 ②过量可使动物中毒 ③本品常与林可霉素、土霉素、金霉素、黄霉素、杆菌肽锌等配伍，以及与球虫药莫能菌素、盐霉素、拉沙诺菌素、马杜拉霉素、球痢灵、尼卡巴嗪、常山酮、SQ、氨丙啉等配伍使用，常有协同作用 ④休药期：5d

（续）

名称	别名	剂型与规格	作用及用途	用法及剂量	注意事项
氨苯胂酸[典]	对氨基苯胂酸、阿散酸	预混剂：10%	为一种抗菌促生长剂，对猪大肠杆菌、弧菌、螺旋体感染所致下痢有效，对猪沙门氏菌感染无效。添加低剂量对猪、鸡有促生长作用，较高剂量可控制猪腹泻和家禽大肠杆菌病。本品口服很少吸收，大多以原形从粪便排出	混饲：猪、鸡每千克饲料100mg	参考洛克沙肿
甲硝唑	甲硝咪唑、灭滴灵	片剂：0.2g或0.25g 注射液0.5%	对大多数厌氧菌有强效。用于防治全身或局部厌氧菌感染。另对滴虫和阿米巴原虫有效（参见驱原虫药）	po：猪 10mg/kg；犬、15～25mg/kg；猫 8～15mg/kg。bid×3d iv：牛 10mg/kg，qd×3d 混饮：禽500mg/L，连用7d	①剂量过大可引起震颤、抽搐、共济失调、惊厥等神经症状 ②孕畜、蛋鸡禁用 ③禁用于食品动物促生长 ④休药期：牛 28d，猪 4d
地美硝唑	二甲硝唑、二甲硝咪唑、迪美唑、滴咪唑、达美素	预混剂：20%	作用及应用同甲硝唑，毒性较小。也可用于防治猪痢疾和禽组织滴虫病（参见驱原虫药）	po：猪 50～100mg/kg，qd 混饲：猪每千克饲料 500mg；鸡每千克饲料 400～500mg	①禽连用不可超过10d ②禁用于食品动物促生长 ③蛋鸡、水禽禁用 ④休药期：3d
替硝唑		片剂：0.25g或0.5g	作用同甲硝唑相似，可用于肠道原虫引起的腹泻，还可作甲硝唑的替代品用于各种厌氧菌的感染	po：犬 15mg/kg，bid；猫 15mg/kg，qd	①连用5d毒性较小 ②剂量过大会导致神经系统症状 ③禁用于食品动物
黄芪多糖注射液	抗病毒Ⅰ号注射液	注射液100mL：2g	本品为豆科植物黄芪提取物的灭菌水溶液。为干扰素诱导剂，还能促进抗体生成，提高机体免疫力。兽医临床用于动物病毒性疾病的防治	sc、im 或 iv：牛、马 0.1～0.2mL/kg；羊、猪 0.1～0.15mL/kg；犬、猫、兔、禽 0.15～0.25 mL/kg。qod 混饮：10mL/L，连用3～5d	本品仅可调节免疫功能，对细菌、病毒无直接作用，应同抗菌、抗病毒药联合使用

（续）

名称	别名	剂型与规格	作用及用途	用法及剂量	注意事项
聚肌胞	聚肌苷酸-聚胞苷酸	注 射 液：2mL：1mg 或 2mL：2mg	为干扰素诱导剂，具有广谱抗病毒作用，对局部或全身病毒感染有效。可用于治疗犬病毒感染如犬病毒性肝炎等	im：犬 1～2mg/次 或 0.04mg/kg，q2～3d	禁用于食品动物
干扰素		注 射 液：5mL：600 万 IU	对同种动物具有广谱抗病毒、免疫调节、抗肿瘤等多种生物活性。可用于防治病毒感染和免疫系统疾病	iv：犬 2.5 万 IU/kg，qd im： 禽 每瓶用注射用水 200mL 稀释，0.2mL/羽，qd×2～3d。 猪 每瓶加注射用水 12mL 稀释，10 日龄以后乳猪 1.5mL/头，仔猪 3mL/头，育 龄 猪 6mL/头。qd×3d 混饮：雏禽2 000羽，中大禽 1 200 羽	
替洛隆	泰洛龙、乙氨芴酮	胶 囊 剂：300mg或500mg	干扰素诱导剂，抗病毒谱广。对疱疹病毒感染、传染性软疣有明显疗效	po：畜禽日用量 10mg/kg，分 3 次服用，连用 7～10d	
异烟肼	雷米封	片剂：100mg	对结核杆菌有抑制和杀灭作用，疗效好	po：牛 1～3g/d，分 3 次服	单用易产生耐药性，常与其他抗结核药合用，可延缓耐药性的发生
盐酸小檗碱[典]	盐酸黄连素	片剂：0.1g 或 0.5g	广谱抗菌，对多种 G^+ 和 G^- 菌有抑菌作用，但其抗菌活性远不及化学药物。另对流感病毒、阿米巴原虫、钩端螺旋体及某些皮肤真菌有一定抑菌作用。用于敏感菌所致胃肠炎、细菌性痢疾等消化道感染	po：马 2～4g/次；牛 3～5g/次；羊、猪 0.5 ～ 1g/次；禽 0.05～0.25g/次。tid	内服可致呕吐
硫酸小檗碱[典]	硫酸黄连素	注 射 液：5mL：50mg 或 5mL：100mg	主要用于治疗动物肠道细菌性感染	im：马、牛 每头 0.15～0.4g/次；猪、羊每头 0.05～0.1g/次；鸡 2mg/kg。bid	①本品不能静脉注射 ②遇冷析出结晶时，用前浸入热水中，振摇溶解澄明后降至常温再用 ③休药期：猪 28d

（续）

名称	别名	剂型与规格	作用及用途	用法及剂量	注意事项
鱼腥草素钠	癸酰乙醛	片剂：30mg 注射液：1mL：4mg	广谱抗菌。用于急性支气管炎、咽喉炎等	po：猪、羊 60～90mg/次，tid im：猪、羊 8～12mg/次；鸡 2mg/kg，bid	注射液易引发过敏反应
板蓝根	靛青根、蓝靛根、大青根	散剂：100g或250g	既能清热解毒凉血，又能利咽消肿，对动物流行性感冒、腮腺炎、急性热性病、大头瘟、热毒斑疹、痈肿疮毒、丹毒等火热证疗效尤佳，对猫、犬的急慢性肝炎、流行性脑脊髓炎、流行性乙型脑炎治疗效果显著	马、牛 15～30g/次；猪、羊 3～12g/次；猫、犬 1～3g/次	
大蒜素	大蒜新素	胶囊剂：20mg 注射液：30mg或60mg 散剂：25%×500g	广谱抗菌。用于防治动物肺部、泌尿道和消化道感染，对阿米巴原虫、滴虫、耐药真菌及各种杆菌和球菌等有效，在其他药物无效时可推荐使用	po：猪、羊 20～60mg/次，tid iv：猪、羊 90～150mg/次，qd 25%大蒜素粉拌料：禽每千克饲料 0.05～0.1g；猪、牛每千克饲料 0.04～0.06g；鱼每千克饲料 0.1～0.2g	刺激性大，不宜作皮下或肌内注射
乌洛托品[典]	六甲烯胺、六亚甲基四胺	注射液：5mL：2g，10mL：4g，20mL：8g或50mL：20g	吸收后以原形从尿中排除，遇酸性尿分解产生甲醛而起尿路消毒作用。本品对 G⁻菌有很好效果。临床用于对磺胺药及抗生素均产生耐药的细菌尿路感染	iv：马、牛 15～30g/次；羊、猪 5～10g/次；犬 0.5～2g/次	①宜加服氯化铵，使尿液呈酸性，不宜与碳酸氢钠配伍使用 ②对胃肠道有刺激作用，长期应用可出现排尿困难

注：1）im 为肌内注射，iv 为静脉注射，po 为口服或灌服，sc 为皮下注射，qd 为 1 天 1 次，bid 为 1 天 2 次，tid 为 1 天 3 次等（参见表 1-1 医学常用符号与缩写）。以下表注相同。

2）表中剂量未作特别注明者，均指药物纯品本身的量，如盐酸沙拉沙星，混饮：禽 25～50mg/L，是指家禽饮用的每升水中加入盐酸沙拉沙星 25～50mg。

3）药物名称右上角标记"［典］"者为《中华人民共和国兽药典兽药使用指南化学药品卷》2010 版收载之药品。以下表注相同。

4）本表休药期及弃奶期引自《中华人民共和国兽药典兽药使用指南化学药品卷》2010 版，与本书附件三之附表一有出入，应以本表为准。

第 十 章

常用抗真菌药物的合理应用

第一节　抗真菌药物概述与分类

一、分类和作用机制

（一）按作用机制分类

按作用机制可将目前应用于临床的抗真菌药物分为以下三类。

1. 抑制真菌细胞膜中甾醇合成的抗真菌药物　包括唑类药物（如酮康唑等）、多烯类抗生素（如两性霉素 B 等）、烯丙胺类（如特比萘芬等）。

2. 抑制真菌细胞壁合成的抗真菌药物　包括抑制真菌细胞壁主要成分1，3-β-D-葡聚糖合成的棘白菌素类（如卡泊芬净等）以及抑制几丁质合成的日光霉素和多氧霉素等。

3. 抑制真菌细胞核酸合成的抗真菌药物　如 5-氟胞嘧啶等。

（二）按照化学结构分类

按照化学结构，可将抗真菌药物分为以下几类。

1. 抗真菌抗生素

（1）**多烯类**　主要药物是两性霉素 B、制霉菌素。

作用机制为药物与敏感真菌细胞膜上的固醇结合，使细胞膜脂质双层形成多孔状，损伤细胞膜的通透性，导致细胞内的重要物质如钾、核苷酸和氨基酸外漏，从而破坏细胞正常代谢，抑制其生长。因为细菌、支原体、立克次氏体等细胞膜中不含固醇类，故此类药物对其无效，而哺乳动物肾脏、肾上腺细胞和红细胞的胞浆膜内含有固醇类，故此类药物对肾脏、肾上腺有毒性。真菌细胞膜含有的是麦角固醇，而哺乳类动物细胞膜含有的是胆固醇，此类药物对麦角固醇的亲和力是胆固醇的 10 倍，故表现出一定的作用选择性。

（2）**非多烯类**　主要有灰黄霉素。

作用机制为干扰真菌核酸的合成，从而抑制真菌细胞的有丝分裂，对代谢旺盛的癣菌敏感，对已经感染的病灶无效。

2. 唑（吡咯）类抗真菌药物

（1）**咪唑类** 主要有克霉唑、咪康唑、益康唑、酮康唑、联苯苄唑、异康唑等。其中益康唑抗真菌效力较强，并有抗菌作用，效力与新霉素相当。抗真菌作用强弱依次排列为益康唑＞咪康唑＞克霉唑＞制霉菌素。

（2）**三唑类** 通过抑制 CYP450 依赖性羊毛甾醇 14α-去甲基化酶的活性，从而导致羊毛甾醇降解，造成真菌细胞异常细胞膜的形成和毒性甾醇前体的增加。

①第一代三唑类抗真菌药物：主要有氟康唑、伊曲康唑，用于全身性真菌感染的治疗。

②第二代三唑类抗真菌药物：目前有伏立康唑、泊沙康唑等。作用优于第一代的氟康唑，但较多烯类抗真菌药起效缓慢。不同的药物对酵母菌有交叉耐药性。

3. 嘧啶类 代表药物是氟胞嘧啶，能特异性地抑制真菌细胞 DNA 合成。

4. 烯丙胺类 主要有萘替芬、特比萘芬、布替萘芬等。

作用机制为抑制角鲨烯环氧化酶，从而抑制麦角固醇合成，干扰细胞膜功能，抑制真菌；另可使角鲨烯聚积，导致脂质沉积，细胞膜破裂，起杀真菌作用。

5. 棘白霉素类 主要有卡泊芬净、米卡芬净和阿尼芬净等。

6. 其他 如阿莫罗芬、碘化钾、环吡酮胺、大蒜素及部分抗真菌中草药等。

二、抗真菌药物的特点及合理应用

目前用于临床的抗真菌药物种类尚不多，真正高效又安全的抗真菌药物更少。

1. 两性霉素 B 仍是迄今抗真菌作用最强的药物。其缺点是毒性大，妨碍了该药在临床的广泛应用。两性霉素 B 脂质体，既保留了两性霉素 B 的高度抗菌活性，又明显降低了毒性，已成为一类有发展前途的抗真菌新制剂。

2. 氟胞嘧啶虽然毒性较低，但抗真菌谱较窄，且真菌易对其产生耐药性，故需与两性霉素 B 等抗真菌药联合应用。

3. 吡咯类（azoles）是近年来发展较为迅速的一类抗真菌药物，包括：

（1）**咪唑类（imidazoles）** 其中的克霉唑（clotrimazole）、咪康唑（miconazole）和益康唑（econazole），由于口服吸收差，不良反应较多，目前主要作为局部用药。酮康唑（ketoconazole）可口服或局部应用，在临床上应用较为广泛，但因其可造成肝功能损害，所以影响了该药的临床推广。

（2）**三唑类（triazoles）** 主要有氟康唑（fluconazole）和伊曲康唑（itraconazole）。前者可口服或静脉滴注，有良好的药物动力学特点，安全、有效，已在临床上广泛应用；伊曲康唑口服吸收良好，对于浅表和深部真菌感染均有良好的疗效。

吡咯类抗真菌药物具有广谱抗真菌作用，在低浓度时起抑菌作用，高浓度时起杀菌作用。

4. 烯丙胺类抗真菌药物中的特比萘芬的作用酶系与细胞色素 P450 酶系无关，故不影响内分泌激素或其他药物代谢。该药对由皮肤癣菌引起的真菌病疗效优于伊曲康唑，但伊曲康唑所拥有的理想的广谱抗菌活性和安全性使其成为合适的经验性治疗的首选药物。特比萘芬与血浆蛋白结合率为 99%，能迅速经真皮层弥散并集中在亲脂的角质层中，停药 48d（人）后的角质层中的药物浓度高于绝大多数皮肤癣菌的最低抑菌浓度。

5. 棘白菌素类抗真菌药物与现有其他种类抗真菌药物相比，具有不良反应及药物相互作用相对少见的优点。此类药物毒性低，杀真菌活力强，药动学特性优良，在严重真菌感染的治疗中具有重要作用。

6. 联合应用抗真菌药物是否比单用的治疗效果更好依然是一个值得研究的问题，但临床已经证实两性霉素 B＋氟胞嘧啶或两性霉素 B＋氟康唑在大多数病例的治疗中具有协同作用。

7. 对于真菌感染，应注意足剂量、足疗程地应用抗真菌药物治疗，否则容易复发。

8. 目前，我国批准兽医临床上应用的抗真菌药物只有水杨酸，但因为宠物与人的特殊关系，要更好地控制其真菌感染，临床兽医还需对其他抗真菌药物方面的知识有所了解。

第二节　兽医临床常用抗真菌药物表解

表 10-1　兽医临床常用抗真菌药物表解

名称	别名	剂型与规格	作用及用途	用法及剂量	注意事项
制霉菌素	制霉素、米可定	片剂：10mg、25mg 或 50mg 混悬液：1mL：10mg 软膏剂：1%	广谱抗真菌药。对多数真菌有抑制作用。内服几乎不吸收，主要用于治疗胃肠道真菌感染；局部应用治疗皮肤、黏膜真菌感染	po：马、牛 250～500mg/次；羊、猪 50～100mg/次；犬 5～15mg/次。tid 家禽鹅口疮：混饲每千克饲料 50～100mg，连喂 1～3 周；雏鸡曲霉菌病 1～2mg/kg；或 50mg/100 羽，bid×2～4d 牛乳管内注入：10mg/乳室，bid×2～4d 子宫内灌注：牛、马 150～200mg/次，bid×2～4d 外阴：软膏涂抹，bid×3～5d	①本品内服不吸收，为局部抗真菌药 ②本品毒性大，不宜用于全身感染

（续）

名称	别名	剂型与规格	作用及用途	用法及剂量	注意事项
两性霉素 B	庐山霉素、两性霉素 B	粉针剂：50mg 软膏：3%	作用同制霉菌素，但效力较强。内服及肌内注射均不吸收，临床以缓慢静脉注射治疗全身性真菌感染	iv：家畜 0.1～0.5mg/kg，qod，总剂量 4～11mg/kg。用前用注射用水溶解，再用 5% 葡萄糖稀释成 0.1% 的药液，缓慢静脉滴注	①本品毒性大，可引起肝、肾损害，贫血和白细胞减少等 ②静脉注射过程中可引起寒战、高热和呕吐 ③在使用该药治疗时，应避免使用其他药物
酮康唑	酮哌噁咪唑、KCZ、里素劳、采乐	片剂或胶囊：0.2g 乳膏 10g：0.2g	对全身及浅表皮肤真菌均有抑菌作用，对曲霉菌、真菌的菌丝体作用弱，对白色念珠菌无效。主要用于防治皮肤真菌病	po：家畜 5～10mg/kg；犬 10mg/kg。bid × 30～180d 乳膏：仅供外用	①吸收和胃液的分泌相关，不宜与抗酸药、抗胆碱药并用 ②妊娠家畜禁用
克霉唑	三苯甲咪唑、抗真菌Ⅰ号	片剂：0.25g 或 0.5g 乳膏 1%～5%	对各种皮肤真菌有强大抑菌作用。临床主要用于体表真菌病，如耳部真菌感染和毛癣	po：一日量，马、牛 5～10g；驹、犊、猪、羊 0.75～1g。分 2 次内服 混饲：雏鸡每 100 羽 1g，混饲给药 乳膏：仅供外用，qd	长期应用可致肝功能损害，停药后可恢复
咪康唑	达克宁、双氯苯咪唑、霉康唑	注射液：20mL：200mg 软膏剂：2% 洗剂：1%	对深部真菌和浅表真菌都有良好的抗菌作用。在真菌产生耐药性时，本品可作为替代药用于深部真菌感染，也可应用于皮肤、黏膜的真菌感染	im 或 iv：10mg/kg，连用 6～12d 外用：含 20mg/g 的硝酸咪康唑霜（达克宁霜）或注入阴道深处（治念珠菌阴道炎），qd	①用 5% 葡萄糖或生理盐水稀释后缓慢静脉滴注 ②妊娠动物慎用
益康唑	氯苯咪唑	软膏剂：2% 酊剂：1%	是合成的广谱速效抗真菌药，对 G+ 菌特别是球菌也有抑菌作用。主要用于皮肤和黏膜的癣病和念珠菌阴道炎等真菌感染	外用：1%～5% 软膏，涂于患处，qd	
氟康唑	大扶康、三维康	胶囊剂：50mg 或 150mg	为三唑类广谱抗真菌药，抗菌谱与酮康唑相似，对深部真菌和浅表真菌都有良好的抗菌作用。其体内抗菌活性比酮康唑强 10～20 倍，且毒性低。对念珠菌、隐球菌最为敏感。用于念珠菌病和隐球菌病的治疗	po：犬 3～5mg/kg，qd×28～56d	

（续）

名称	别名	剂型与规格	作用及用途	用法及剂量	注意事项
伊曲康唑	依他康唑、斯皮仁诺、美扶	胶囊剂：100mg 口服溶液：1mL：10mg	为三唑类广谱抗真菌药，抗菌谱与酮康唑相似，其体内抗菌活性比酮康唑、氟康唑更强。主要用于各种深部真菌引起的系统和全身真菌感染以及不能耐受两性霉素 B 治疗的曲霉、皮肤癣菌等所致的真菌感染	po：犬、猫 3～5mg/kg，bid×15d	
伏立康唑		片剂：50 mg 或 200 mg	为三唑类广谱抗真菌药，抗菌谱与酮康唑相似，作用比氟康唑更强，尤其是对曲霉菌，强于本类中其他药物。用于治疗浅表性和全身性严重真菌感染	po：犬、猫 4～5mg/kg，bid×15d	
氟胞嘧啶	5-氟胞嘧啶	片剂：250mg 或 500mg 注射液：250mL：2.5 g	抗真菌药，对念珠菌、隐球菌及地丝菌有良好的抑制作用，对部分曲霉菌，以及引起皮肤真菌病的分枝孢子菌等也有作用，口服吸收良好。对其他真菌和细菌无作用。用于念珠菌和隐球菌引起的全身及系统感染，单用效果不如两性霉素 B，可与两性霉素 B 合用以增强疗效（协同作用）		
醋酸卡泊芬净		针剂：50mg 或 70mg	用于治疗对其他治疗无效或不能耐受的侵袭性曲霉菌病；对疑似真菌感染的粒缺伴发热病例的经验治疗；口咽及食道念珠菌病；侵袭性念珠菌病，包括中性粒细胞减少症及非中性粒细胞减少症病例的念珠菌血症		

（续）

名称	别名	剂型与规格	作用及用途	用法及剂量	注意事项
米卡芬净	米卡芬净钠、米开民	粉针剂：50mg 或 100mg	用于治疗食管念珠菌病感染；预防造血干细胞移植病例的念珠菌感染		
灰黄霉素	癣净	片剂：100mg 或 250 mg	为抗浅表真菌抗生素。对各种皮肤真菌有较强的抑制作用，但对深部真菌和细菌无效。主要用于毛发、趾甲、爪的真菌感染	po：牛 20mg/kg；兔 20～25mg/kg。qd×15d	
特比萘芬	兰美舒、疗霉舒、丁克	片剂：250mg 软膏剂：1％ 溶液剂：1％	是一种新型合成丙烯胺类抗真菌药。抗真菌谱广，对多数致病性真菌均有抑杀作用，但最敏感的是皮肤癣菌。内服后主要分布于皮肤角质并可长期留存。在体内外抗菌活性明显优于灰黄霉素、制霉菌素、益康唑。主要用于治疗各种皮肤真菌感染	po：犬 30mg/kg，qd×21d；猫 30～40mg/kg，qd×14d 外用：1％软膏剂或乳剂，涂于患处，连续2周	
水杨酸[典]	柳酸	软膏剂：10％	有中等程度的抗真菌作用。在低浓度（1％～2％）时有角质增生作用，能促进表皮的生长；高浓度（10％～20％）时可溶解角质，对局部有刺激性。在体表真菌感染时，可以软化皮肤角质层，角质层脱落的同时菌丝体也随之脱落，从而起到一定的治疗作用。用于皮肤真菌感染	外用：适量，涂敷患处，qd 或 bid	①重复涂敷可引起刺激。不可大面积涂敷，以免吸收中毒 ②皮肤破损处禁用
硫酸铜		原料：25kg 或 50kg	可抗曲霉菌药，对毛滴虫亦有效	混饮：鸡 0.05％	①口服浓度超过2％时对消化道有剧烈刺激作用 ②鸡口服中毒剂量为 1g/kg ③硫酸铜对金属有腐蚀作用，必须用瓷器或木器盛装

注：表中剂量未作特别注明者，均指纯品本身的量，如酮康唑，po：家畜 5～10mg/kg，指家畜每千克体重口服酮康唑 5～10mg。其余英文缩写详见表 1-1。

第 十 一 章

兽医临床常用抗寄生虫药物

第一节 兽医临床常用抗寄生虫药物分类

抗寄生虫药是用于驱除和杀灭体内外寄生虫的药物，根据主要作用特点和寄生虫分类的不同，可分为抗蠕虫药、抗原虫药和杀虫药。

抗蠕虫药： 根据危害动物蠕虫的种类，可分为驱线虫药（如左旋咪唑）、驱绦虫药（如吡喹酮）、驱吸虫药（如肝蛭净）和广谱驱线虫药（如阿苯达唑）。

抗原虫药： 可分为抗球虫药、抗锥虫药、抗梨形虫药和抗组织滴虫药等。

杀虫药： 杀灭动物外寄生虫的药物为杀虫药，主要用于杀灭侵袭动物的螨、蜱、虱、蚤、蠓、蚊、蝇、蝇蛆等节肢动物。

抗寄生虫药物分类详见表 11 - 1。

表 11 - 1　抗寄生虫药物分类

抗寄生虫药物分类			主 要 药 物
抗蠕虫药	驱线虫药	驱肠道线虫药	左旋咪唑、阿苯达唑、噻嘧啶、哌嗪、吩噻嗪、芬苯达唑、伊维菌素
		驱肺线虫药	氰乙酰肼、碘溶液
		抗丝状虫药	乙胺嗪、硫胂酰胺钠、二氯苯胂
	驱绦虫药		吡喹酮、氯硝柳胺、硫双二氯酚、硫酸铜、槟榔碱、南瓜子
	驱吸虫药	驱肝片吸虫药	硝氯酚、三氯苯咪唑、硫双二氯酚、氯氰碘柳胺、溴酚磷
		抗血吸虫药	六氯对二甲苯、硝硫氰胺、吡喹酮
抗原虫药	抗球虫药		氯苯胍、氨丙啉、磺胺喹噁啉、磺胺氯吡嗪、氯羟吡啶、尼卡巴嗪、常山酮、盐霉素、地克珠利
	抗梨形虫药		三氮脒、阿卡普林、锥黄素、台盼蓝、双脒苯脲（咪唑苯脲）、青蒿琥酯
	抗锥虫药		喹嘧胺、萘磺苯酰脲、氯化氮胺菲啶、新胂凡纳明（914）、锥虫胂胺、溴乙菲啶
	抗组织滴虫药		甲硝唑（灭滴灵）、地美硝唑、奥硝唑
	其他		乙胺嘧啶（息疟定）、硫酸铜、阿的平

（续）

抗寄生虫药物分类		主 要 药 物
杀虫药	有机磷	二嗪农、敌百虫、敌敌畏、蝇毒磷、皮蝇磷、马拉硫磷、辛硫磷、乐果
	有机氯	氯芬新、林丹、杀虫脒（氯苯脒）
	氨基甲酸酯	西维因
	除虫菊酯	溴氢菊酯、氯氢菊酯、丙酸菊酯
	脒类化合物	双甲脒
	天然杀虫药	除虫菊、升华硫、硫酸铜
	其他	环丙氨嗪、非泼罗尼

第二节　兽医临床常用抗寄生虫药物表解

表 11-2　兽医临床常用抗寄生虫药物

名称	别名	剂型与规格	作用及用途	用法及剂量	注意事项
左旋咪唑[典]	左噻咪唑、左咪唑	片剂：25mg 或 50mg　注射液：2mL：0.1g 或 5mL：0.25g　涂搽剂：10%	广谱、高效、低毒驱线虫药。主用于驱除畜禽胃肠道、肺和猪肾的线虫。另外，本品低剂量对免疫力水平低下动物的免疫力有显著的改善作用，如可加强布鲁氏菌疫苗等的免疫反应和效果	po、sc 或 im：牛、羊、猪 7.5mg/kg；犬、猫 10mg/kg；禽 25mg/kg　耳根部涂敷：猪1～1.2mL/10kg	①注射给药偶发中毒死亡事故。除治疗肺线虫病外，一般宜内服给药 ②马慎用，骆驼禁用 ③具有烟碱样作用的药物如噻嘧啶、甲噻嘧啶、乙胺嗪，胆碱酯酶抑制剂如有机磷、新斯的明等可增加本品的毒性。中毒时可试用阿托品解毒 ④动物极度虚弱或有明显肝损伤时，牛因免疫、去角、阉割等应激时，应慎用或推迟使用 ⑤动物泌乳期禁用 ⑥休药期：片剂，牛 2d，羊、猪 3d，禽 28d；注射剂，牛 14d，羊、猪 28d
阿苯达唑[典]	丙硫咪唑、丙硫苯咪唑、抗蠕敏、肠虫清	片剂：25mg、50mg、200mg 或 500mg	苯骈咪唑驱虫药。广谱、高效、低毒。对寄生于动物体内的多种线虫有良效，对牛、羊肝片吸虫、绦虫及家禽绦虫也有效。用于畜禽线虫病、绦虫病和吸虫病	po：马、猪 5～10mg/kg；牛、羊 10～15mg/kg；禽 10～20mg/kg；犬、猫 25～50mg/kg。成年羊（控释剂），1 支/次，春秋各用 1 次	①马较敏感，忌大量连续应用 ②有致畸作用，动物妊娠前期（如牛羊妊娠 45d 内）禁用；产奶期禁用 ③长期连续应用易致耐药虫株的产生 ④休药期：牛 14d，羊 4d，猪 7d，禽 4d；弃奶期 60h

（续）

名称	别名	剂型与规格	作用及用途	用法及剂量	注意事项
氧阿苯达唑[典]	氧丙硫咪唑	片剂：0.05g或0.1g	为阿苯达唑在动物体内的一级氧化代谢产物（阿苯达唑亚砜），是主要起抗线虫作用的活性物质，药理作用同阿苯达唑。用于畜禽线虫病和绦虫病	po：羊5～10mg/kg	①可能致皮肤过敏，其他参考阿苯达唑 ②体药期：羊4d
芬苯达唑[典]	硫苯咪唑、苯硫苯咪唑	片剂：100mg 预混剂：5% 口服混悬剂：2.5%或10%	作用机制与阿苯达唑相同，抗虫谱不及阿苯达唑广，但作用略强，有很强的杀虫卵作用。适口性好，毒性低，可用于虚弱动物。用于畜禽线虫病和绦虫病	po：牛、马、羊、猪5～7.5mg/kg；犬、猫25～50mg/kg；禽10～50mg/kg	①单剂量对犬猫无效，必须连用3d ②禁用于供食用的马 ③其他参考阿苯达唑 ④休药期：牛、羊片剂21d，预混剂14d；猪片剂和预混剂均3d；弃奶期片剂7d，预混剂5d
奥芬达唑[典]	磺苯咪唑、亚砜苯咪唑、硫氧苯咪唑	片剂：100mg	作用同芬苯达唑，但活性更强。对反刍动物消化道线虫和幼虫有显著疗效，尤其是对肺线虫的作用更强。用于畜禽线虫病和绦虫病	po：牛5mg/kg；马10mg/kg；羊5～7mg/kg；猪4mg/kg；犬10mg/kg。qd×3d	①单剂量对犬猫无效，必须连用3d ②禁用于供食用的马 ③牛、羊泌乳期禁用 ④其他参考阿苯达唑 ⑤休药期：牛、羊、猪7d
氧苯达唑[典]	丙氧达唑、丙氧苯咪唑	片剂：25mg、50mg或100mg	抗虫谱较窄，仅对马、牛、羊、猪、犬胃肠道线虫有高效，应用不广	po：牛、马10～15mg/kg；羊、猪、犬10mg/kg；禽35～40mg/kg。qd×5d	参考阿苯达唑
噻苯达唑[典]	噻苯咪唑	片剂：25mg或50mg	抗虫谱同阿苯达唑，但作用较弱，抗虫谱窄，用量较大，现已极少用于抗寄生虫。但本品有较强的抗真菌作用，对白色念珠菌、发癣菌等有效	po：家畜50～100mg/kg	①无致畸性，孕畜安全 ②猎犬特别敏感 ③毒副作用较大 ④休药期：牛3d，羊、猪30d
非班太尔[典]		片剂：0.1g 颗粒剂：10%	本身无活性，在体内转化为芬苯达唑和奥芬达唑等起作用。用于驱除羊、猪胃肠道线虫及肺线虫	po：猪、羊5mg/kg	①与吡喹酮合用可增加早期流产频率，禁与吡喹酮合用于妊娠动物 ②其他参考芬苯达唑 ③休药期：猪、羊14d；羊弃奶期48h

（续）

名称	别名	剂型与规格	作用及用途	用法及剂量	注意事项
康苯达唑	丙噻咪唑、坎苯达唑	片剂：25mg 或 50mg	抗虫谱同氧苯达唑，主要用于多种动物胃肠道和呼吸道线虫、双腔吸虫、囊尾蚴等	po：马、羊、犬、禽 20mg/kg；牛 25mg/kg；猪 20～40mg/kg。qd×6d	
氟苯达唑[典]	氟苯咪唑	预混剂：5%或50% 片剂：25mg 或 50mg	抗虫谱较窄，用于驱除猪、鸡胃肠道线虫及绦虫	po：犬 22mg/kg；猪 5mg/kg。qd×4～7d 混饲：每千克饲料猪 30mg，连用 5～10d；鸡每千克饲料 30mg，连用 4～7d	①妊娠动物禁用，其他参考阿苯达唑 ②休药期：猪、鸡 14d
甲苯达唑[典]	甲苯咪唑	片剂：25mg 或 50mg	抗虫谱及抗虫机制与阿苯达唑相似，对胃肠线虫，犬、猫、禽、猴绦虫、旋毛虫有高效，对水产养殖动物寄生虫有效	po：马 8.8mg/kg；羊 15～30mg/kg；犬、猫 20mg/kg；牛 25mg/kg。bid×5d 混饲：禽每千克饲料 60～120mg，连用 14d	①马内服偶见厌食、腹泻和腹痛 ②犬服后可见抑郁、嗜睡和肝功能异常 ③对实验动物（大鼠）有致畸作用，提示妊娠早期动物慎用或禁用
枸橼酸乙胺嗪[典]	海群生	片剂：50mg 或 100mg	对牛羊网尾线虫成虫和幼虫、圆线虫有效，对猪后圆线虫、犬恶丝虫有效。作用机制是作为 γ-氨基丁酸（GABA）激动剂，对虫体产生烟碱样效应，从而被机体排出。用于犬心丝虫病、牛羊肺线虫病，以及马、羊脑脊髓丝虫病的防治。与奥苯达唑组成复方制剂，效果甚好	po：马、牛、羊、猪 20mg/kg；犬、猫 50mg/kg	①推荐剂量时，少数犬可出现腹泻、呕吐等消化道症状。偶见药疹。宜食后服用 ②微丝蚴阳性犬使用可引起过敏反应，出现神经和胃肠道症状，给药后 1～2h 反应达高峰，多数犬能自然恢复，严重的可致死 ③休药期：28d；弃奶期 7d
硫肿胺钠		注射液：10mL：100mg 或 50mL：500mg	主要用于杀灭犬心丝虫的成虫，对微丝蚴无效	iv：犬 2.2mg/kg，bid×2d	
美拉索明		注射液：10mL：250mg	对犬心丝虫的成虫效果好，且控制微丝蚴更方便、有效和安全	im：犬 2.5mg/kg，bid	

（续）

名称	别名	剂型与规格	作用及用途	用法及剂量	注意事项
碘硝酚[典]		注射液：5%或20%	窄谱驱线虫药，对各类钩虫有效，但对蛔虫、鞭虫和丝虫效果差。作用方式除了作为氧化磷酸化解偶联剂外，还直接作用于虫体神经和表皮膜，产生离子载体型作用，使虫体麻痹和膜被破坏。寄生虫仅在摄入含药血液后才受影响，非吸血寄生虫则不会受到影响。主要用于驱杀羊线虫（钩虫）、螨、蜱、鼻蝇蛆、牛皮蝇、捻转血矛线虫、细颈线虫、结节虫、钩虫以及吸虫等	sc：牛、羊、猪、犬 10～20mg/kg，因对组织中幼虫效果差，故3周后宜重复用药	①本品不得用于秋季螨病的防治 ②安全范围窄，常表现为肝脏毒性症状 ③治疗量时可见心率、呼吸加快，体温升高；剂量大时，可见失明、呼吸困难、抽搐死亡 ④休药期：羊 90d；弃奶期 90d
精制敌百虫[典]		片剂：0.1g或0.5g	有机磷类广谱驱虫药，可与虫体胆碱酯酶结合，抑制其活性，造成乙酰胆碱堆积，干扰虫体神经肌肉的兴奋传递，导致敏感寄生虫麻痹而死亡。主要用于猪肠道线虫的驱除，对某些吸虫也有一定效果。外用为杀虫药，可用于杀灭蝇、蛆、螨、蜱、蚤、虱等	po：马 30～50mg/kg（极量 20g）；牛 20～40mg/kg（极量 15g）；山羊 50～70mg/kg；绵羊、猪 80～100mg/kg；犬 75mg/kg。q2～3d×3次 外用：配成 1%溶液，局部涂搽或0.1%溶液喷雾体表，5d后再用1次	①因过度敏感，家禽不宜用，水牛、黄牛、羊慎用 ②碱性药物可使本品生成毒性更大的敌敌畏 ③孕畜及心脏病、胃肠炎患畜禁用 ④与其他有机磷药物、胆碱酯酶抑制剂（毒扁豆碱等）和肌肉松弛药合用时，可增强对宿主的毒性 ⑤中毒时可用阿托品和解磷啶解救 ⑥休药期：28d
哌嗪[典]	驱蛔灵、哌哔嗪、对二氮己环	片剂（枸橼酸盐）：0.25g 或0.5g 片剂（磷酸盐）：0.2g或0.5g 糖浆：100mL：16g	对线虫产生箭毒样作用，阻断神经接头处乙酰胆碱作用，诱导虫体迟缓性麻痹；另可抑制蛔虫琥珀酸合成，干扰其能量代谢。对成虫敏感，对未成熟虫体活性差。用于驱除畜禽蛔虫、马蛲虫、毛首线虫、牛、羊、猪食道口线虫	po：磷酸盐，马、猪 0.2～0.25g/kg；犬、猫 0.07～0.1g/kg；禽 0.2～0.5g/kg po：枸橼酸盐，马、牛 0.25g/kg；猪、羊 0.25～0.3g/kg；犬 0.1g/kg；禽 0.25g/kg	①肝肾疾病，胃肠道蠕动减弱，严重心脏病、发热病例暂缓用药；妊娠期、冠心病及有严重溃疡的动物慎用 ②与噻嘧啶和甲噻嘧啶拮抗，不可同用；不宜与泻药同用；与氯丙嗪合用可诱发癫痫发作 ③休药期：牛、羊 28d，猪 21d，禽 14d

（续）

名称	别名	剂型与规格	作用及用途	用法及剂量	注意事项
伊维菌素[典]	害获灭、杀虫丁、伊福丁、伊力佳	注射液：1%　预混剂：0.6%　滴耳液：1mL∶0.1mg　浇泼剂：1%	大环内酯类抗生素驱虫药。促使虫体突触前神经元释放GA-BA，干扰神经肌肉间信号传递，使虫体松弛麻痹，导致虫体死亡或被排出体外。本类药物还可使蜱产卵减少，反刍动物线虫虫卵异常和丝状线虫不育。吸虫和绦虫不以GABA为神经递质，故本品对之无效。对畜禽的消化道线虫（猪毛首线虫除外）、呼吸道线虫、猪肾虫及动物体表寄生节肢昆虫有很强的驱杀作用。用于防治家畜胃肠道线虫、肺线虫和寄生节肢昆虫，犬肠道线虫、心丝虫、微丝蚴、螨虫病家禽胃肠道线虫和体外寄生虫	sc：牛、羊0.2mg/kg；猪0.3mg/kg。qw×2~3次　po：牛、马0.2mg/kg；羊、猪0.3mg/kg。qw　混饲：猪每千克饲料2mg，连用7d　浇注或涂搽：家畜0.1mL/kg，用专用浇泼器定量吸取药液，将浇泼器喷头贴皮肤沿牛、猪的背中线由肩胛起向后一直浇淋至荐部，或在羊头顶两角之间或颈部的皮肤上浇淋即可，犬、兔在两耳耳背内侧涂搽	①本品超剂量应用会中毒，应按推荐剂量用药　②肌内注射局部反应较重，且肌内注射和静脉注射易引起中毒。每个皮下注射点剂量不可超过10mL　③泌乳期牛、羊禁用　④牧羊犬（柯利犬等）对本品超敏（0.1mg/kg以上即中毒），禁用　⑤伊维菌素对虾、鱼及水生生物剧毒，残存药液及药物包装不可污染水源　⑥休药期：预混剂，猪5d；注射液，牛、羊21d，猪20d；弃奶期20d
阿维菌素[典]	阿福丁、虫克星、阿力佳	注射液：1%　胶囊剂：2.5mg　片剂：2.5mg或5mg　透皮剂：5%　预混剂：1%或2%　滴耳液：1mL∶0.1mg	具有广谱、高效、低毒等优点，为新型大环内酯类驱虫药。作用及应用同伊维菌素，但毒性略强。对马、牛、羊、猪、犬胃肠道主要线虫和肺丝虫成虫及其幼虫有效，对马胃蝇和牛皮蝇蚴以及疥螨、痒螨、毛虱、血虱等外寄生虫亦有良效	po：猪、羊0.3mg/kg，qw；牛、犬、猫0.2mg/kg，qw　sc：牛、羊、犬、猫0.2mg/kg；猪0.3mg/kg；兔0.2~0.4mg/kg。螨病严重的动物每7d用药1次，连用2~3次　滴耳：治疗耳螨，每患耳0.1mL　浇泼剂外用：牛、猪、羊、犬、兔0.1mL/kg，操作参见伊维菌素	①本品对光线敏感，易失效，注意贮存条件　②牛、羊泌乳期禁用　③一些品种的犬（如苏格兰牧羊犬、喜乐蒂犬等）超敏感，易引起中毒，慎用　④休药期：透皮剂牛、猪42d；其他剂型羊35d，猪28d

（续）

名称	别名	剂型与规格	作用及用途	用法及剂量	注意事项
乙酰氨基阿维菌素[典]		注射液：1%	作用及应用同阿维菌素，但活性略强，毒性较小。主要用于治疗牛体内寄生虫和虱、螨、蜱、蝇蛆等外寄生虫病	sc：牛 0.2mg/kg	①与乙胺嗪合用可引发严重的或致死性脑病 ②不可肌内注射或静脉注射 ③对虾、鱼及水生生物剧毒，残存药液及药物包装不可污染水源 ④休药期：肉牛 1d；弃奶期 24h
双羟萘酸噻嘧啶[典]	抗蠕灵、抗虫灵	片剂：0.3g	为广谱抗线虫药，作用机制为对敏感虫体产生一种去极化型的神经肌肉阻断作用，使虫体麻痹。本品具有烟碱样特性，作用类似乙酰胆碱，也能抑制乙酰胆碱酯酶。用于治疗家畜胃肠道线虫病	po：马 7.5～15mg/kg；犬、猫 5～10mg/kg	①与甲噻嘧啶或左旋咪唑同用时毒性增强；与有机磷、乙胺嗪同用不良反应增强；与哌嗪拮抗，不可同用 ②小动物使用时可发生呕吐 ③严重衰弱动物慎用，忌与肌肉松弛药、抗胆碱酯酶药和有机磷杀虫剂合用
多拉菌素[典]		注射液：1% 浇泼剂：250mL：125mg	为大环内酯类体内外杀虫剂，其作用机制、抗虫谱等与伊维菌素相似，但作用活性略强，毒性略小。对胃肠道线虫及节肢动物高效，对吸虫和绦虫无效。除可驱杀宿主动物已感染的内外寄生虫外，由于有效血药浓度持续时间较长，可以在一定时间内保护宿主不受环境中寄生虫的再感染，故有较好的预防作用	im 或 sc：猪 0.3mg/kg；牛 0.2mg/kg；犬、猫 0.6mg/kg。qw×5 次 外用：浇泼剂 0.5mg/kg，背部浇泼，用后 6h 内牛不能淋雨、犬不能洗澡	①对伊维菌素敏感的犬种不宜使用 ②与乙胺嗪合用可引发严重的或致死性脑病 ③本品对虾、鱼及水生生物剧毒，残存药液及药物包装不可污染水源 ④对光敏感，应避光保存 ⑤休药期：猪 56d
赛拉菌素	西拉菌素	溶液：0.75mL：45mg 或 1mL：120mg/管	作用与应用同伊维菌素，但抗虫时间较长，对动物也比较安全。用于治疗犬、猫蛔虫、钩虫、疥螨、蚤和虱的感染	外用：滴于皮肤。犬、猫 6～12mg/kg，q2～4w	对伊维菌素敏感的犬种不宜使用；禁用于 6 周龄以下的犬和 8 周龄以下的猫

（续）

名称	别名	剂型与规格	作用及用途	用法及剂量	注意事项
越霉素A[典]	得利肥素	预混剂：2%、5%或10%	属氨基糖苷类抗生素，对猪蛔虫、结节虫、鞭虫和鸡蛔虫等的排卵有抑制作用，对成虫有驱除作用，还具有一定的抗菌作用，故被用作促生长剂。主要用于驱除猪蛔虫、猪鞭虫和鸡蛔虫	混饲：猪、鸡每千克饲料5～10mg	①蛋鸡产蛋期禁用 ②休药期：猪15d，鸡3d
潮霉素B[典]	效高素	预混剂：100g：1.76g	与越霉素A互为立体异构体，内服很少吸收，对阿米巴、蛔虫、鞭虫、蛲虫、圆线虫有效，对某些G⁺菌和G⁻菌有抗菌活性。用于驱除猪蛔虫和鞭虫	混饲：猪每千克饲料10～13mg，育成猪连用8周，母猪产前8周使用至分娩	①种猪慎用 ②长期使用可使猪听力和视力减退 ③避免与人皮肤、眼睛接触 ④休药期：猪3d
美贝霉素肟		片剂：2.3mg、5.75mg、11.5mg或23mg	专用于犬的抗寄生虫药。对体内线虫和外寄生虫螨有高效。用于犬、猫肠道线虫和疥螨、蠕形螨、耳螨等	po：控制犬、猫内寄生虫，犬0.5mg/kg；猫2mg/kg。q30d。犬蠕形螨2mg/kg，q30d×2～4次；犬疥螨0.5～2mg/kg，q1～2w×3～5次	①对伊维菌素敏感的犬种不宜使用 ②不足4周龄及体重小于1kg的幼犬禁用
硫双二氯酚[典]	别丁、硫氯酚	片剂：0.25g或0.5g	广谱驱吸虫和绦虫药。对牛羊的肝片吸虫、前后盘吸虫、莫尼茨绦虫、无卵黄腺绦虫，猪姜片吸虫、绦虫和禽绦虫等有效。此外，对马叶状裸头绦虫、犬猫带绦虫也有效。用于治疗肝片吸虫病、前后盘吸虫病、姜片吸虫病和绦虫病	po：马10～20mg/kg；牛40～60mg/kg；猪、羊75～100mg/kg；犬、猫200mg/kg；鸡100～200mg/kg；鸭30～50mg/kg。qod×2次	①多数动物用药后可出现短暂拟胆碱样效应，有腹泻症状，衰弱和腹泻动物慎用 ②马属动物较敏感，慎用 ③不宜与四氯化碳、吐酒石、吐根碱、六氯乙烷、乙醇等联合应用，否则毒性增强 ④为减轻毒性，可减少剂量，连用2～3次

（续）

名称	别名	剂型与规格	作用及用途	用法及剂量	注意事项
吡喹酮[典]		片剂：0.1g、0.2g或0.5g	广谱驱绦虫和抗血吸虫药。对犬猫各种绦虫，特别是细粒棘球绦虫有显著疗效，对寄生于其他动物体内多种绦虫的成虫和未成熟虫体也有良效，还可杀灭绦虫蚴，如猪囊虫。对人、畜的多种血吸虫病也有效。用于人、畜血吸虫病，犬猫绦虫病及其他动物绦虫病和绦虫蚴病的治疗	po：治疗绦虫或绦虫蚴病：牛、羊、猪10～35mg/kg；犬、猫2.5～5mg/kg；家禽10～20mg/kg。qd×3d治疗血吸虫病：牛30mg/kg；羊 60mg/kg；治疗华支睾吸虫病，犬 75mg/kg；猫50～75mg/kg	①皮下或肌内注射可能引起局部炎症，有疼痛表现，如个别牛倒地，但对各系统无明显影响②绦虫蚴宜选择大剂量③不推荐用于4周龄以下犬和6周龄以下猫④休药期：28d；弃奶期7d
丁萘脒		片剂：100mg或200mg	专用于驱杀犬猫绦虫。其杀绦虫作用可能与抑制虫体对葡萄糖摄取及使绦虫外皮破裂有关。由于丁萘脒具有杀绦虫作用，死亡的虫体通常已在宿主肠道内被消化，因而粪便中不见虫体。但当绦虫头节在寄生部位为黏液覆盖（患肠道疾病时）而受保护时，则影响药效而不能驱除头节，降低疗效。此外，本品对动物无致泻作用	po：犬、猫25～50mg/kg，2d后重复给药一次	①本品适口性差，加之犬饱食后会影响驱虫效果，因此用药前应禁食3～4h，用药3h后进食②盐酸丁萘脒片剂不可捣碎或溶于液体中，因为药物广泛接触口腔黏膜可使吸收加速，甚至中毒③肝病患犬禁用。用药后，部分犬出现肝损害以及胃肠道反应，但多能耐受④心室纤维性颤动是应用丁萘脒致死的主要原因，因此用药后的军犬和牧羊犬应避免剧烈运动
伊喹酮		片剂：25mg、50mg或100mg	犬、猫的驱绦虫药	po：犬6mg/kg；猫3mg/kg。qd×2d	7周龄以下犬、猫禁用
氯硝柳胺[典]	灭绦灵、育末生、贝螺杀、杀螺胺、血防-67、清塘净、耐克螺、杀鳗剂	片剂：0.5g	高效低毒灭绦虫药，通过抑制绦虫葡萄糖的吸收，对绦虫线粒体中氧化磷酸化过程的解偶联，阻断三羧酸循环，导致乳酸蓄积，从而杀死虫体。本品对畜禽多种绦虫有驱杀作用，对牛羊前后盘吸虫及其幼虫、牛双口吸虫和日本血吸虫的中间宿主钉螺也有驱杀作用。用于防治畜禽绦虫病及反刍动物前后盘吸虫病	po：牛40～60mg/kg；羊 60～70mg/kg；犬、猫 80～100mg/kg；禽 50～60mg/kg。qd×2～3d	①犬、猫稍敏感，二倍治疗量时，会出现暂时性下痢②鱼类敏感，易中毒死亡，应予重视③与左旋咪唑合用，治疗犊和羔的线虫和绦虫混合感染④动物给药前应禁食12h⑤休药期：牛、羊28d

（续）

名称	别名	剂型与规格	作用及用途	用法及剂量	注意事项
氢溴酸槟榔碱[典]		片剂：5mg或10mg	通过兴奋M-胆碱受体，对绦虫肌肉产生较强的松弛作用，使虫体失去攀附肠壁的能力，加之药物还能兴奋宿主消化道，可促使麻痹虫体的排出。用于驱除犬细粒棘球绦虫	po：犬 2mg/kg	①马属动物和猫敏感，不宜使用 ②严重中毒时可用阿托品解救 ③用药前应禁食12h ④与拟胆碱药物合用可增加毒性
双酰胺氧醚[典]	可的苯、肝蛭灵、地芬尼泰	混悬剂：10%	新型抗肝片吸虫药。特点是对肝片吸虫的幼虫有高效，而对成虫效果较差。临床主要用于驱除家畜肝片吸虫童虫	po：羊 0.1g/kg或1mL混悬剂/kg	①对10周龄以上虫体效果下降，预防用药时可间隔8周再用药一次 ②放牧绵羊较舍饲绵羊耐受性好 ③须按推荐剂量用药
硝氯酚[典]	拜耳9015、羊肝酯	片剂：0.1g	驱除牛羊片形吸虫药。具有高效、低毒、用量小等特点。抗虫机制为抑制虫体琥珀酸脱氢酶，从而影响片形吸虫能量代谢。对未成熟片形吸虫也有效，但须增加剂量，临床应用中不安全。主要用于牛、羊片形吸虫病	po：黄牛、牦牛3～7mg/kg；水牛 1～3mg/kg；奶牛 5～8mg/kg；羊 3～4mg/kg；梅花鹿 3～7mg/kg；猪 3～6mg/kg；犬 1mg/kg。qd×3d im：牛、羊 0.5～1mg/kg，qod×2次	①牛治疗后5～8d内的奶不能饮用 ②过量引起中毒症状（发热、呼吸困难、窒息），可根据症状选用尼可刹米、毒毛花苷K或维生素C等对症治疗，禁用钙制剂静脉注射 ③休药期：28d
硝碘酚腈[典]	氰碘硝基苯酚、克虫清	注射液：100mL：25g或250mL：62.5g	本品通过对绦虫线粒体中氧化磷酸化过程的解偶联，阻断三羧酸循环，减少细胞分裂所需的能量，导致虫体死亡。对牛、羊片形吸虫成虫有驱杀效果，对未成熟虫体效果差，对伊维菌素和苯并咪唑类药物耐药的羊捻转血矛线虫仍然有效。主要用于羊肝片吸虫病、胃肠道线虫病	sc：羊 10mg/kg	①药液能使羊毛染成黄色 ②重复用药应间隔4周以上 ③不能与其他药液混合注射 ④休药期：羊 30d；弃奶期 5d

（续）

名称	别名	剂型与规格	作用及用途	用法及剂量	注意事项
三氯苯咪唑[典]	三氯苯达唑、肝蛭净、三氯苯唑	片剂:0.1g 颗粒:10g:1g 混悬液:10%	为苯并咪唑类驱虫药,主要用于治疗牛、羊片形吸虫病。对牛、羊肝片吸虫成虫、幼虫均具有高效。优于目前使用的硝氯酚、双醋胺苯氧。口服安全、副作用少,为治疗肝片吸虫病首选药物	po:片剂和颗粒剂,牛 12mg/kg;羊、鹿 10mg/kg。qd×2d,过 8~10 周后再用药一次。混悬液,牛 6~12mg/kg;羊 5~10mg/kg。治疗急性肝片吸虫病时,5 周后应重复给药一次	①与左旋咪唑合用安全有效 ②泌乳期禁用 ③对鱼类毒性大,残留药物及容器不可污染水源 ④休药期:牛、羊 56d
硝硫氰胺	7505、硝二苯胺异硫氰	片剂:100mg	广谱驱虫药,对日本血吸虫的成虫和虫卵均有效,对童虫无效。另对钩虫、姜片吸虫亦有效。因毒性大,使用受限制	po:牛 60mg/kg;猪 20~40mg/kg;犬 50~100mg/kg。qd×2~3d	
氯氰碘柳胺[典]	氯生太尔	片剂:0.5g 注射液 5% 混悬液 5%	抗虫机制是通过增加寄生虫线粒体渗透性,对氧化磷酸化进行解偶联作用,从而发挥驱虫作用。对肝片吸虫、胃肠道线虫及节肢动物的幼虫均有驱杀作用,对其他药物有抗药性的虫株仍有效。主要用于防治牛、羊肝片吸虫、胃肠道线虫及羊鼻蝇蛆	po:牛 5mg/kg;羊 10mg/kg。qd×2~3d sc 或 im:牛 2.5~5mg/kg;羊 5~10mg/kg。qd×2~3d	①可与苯并咪唑类合用,也可与左旋咪唑合用 ②注射剂对局部组织有刺激性 ③休药期:28d;弃奶期 28d
溴酚磷[典]	蛭得净	粉散剂:1g:0.24g 片剂:0.24g	用以驱除牛、羊肝片吸虫,不仅对成虫有效,而且对肝实质内移行期幼虫也有良效,但对寄生于瘤胃中的前后盘吸虫无效。用于防治牛、羊肝片吸虫病	po:牛 12mg/kg;羊 12~16mg/kg	①与胆碱酯酶抑制剂合用时使毒性增强 ②休药期:牛、羊 21d;弃奶期 5d
碘醚柳胺[典]	氯碘醚苯胺	混悬液:2%	通过对虫体线粒体氧化磷酸化过程进行解偶联,减少 ATP 产生,影响虫体能量产生,致使虫体死亡,是驱杀牛羊肝片吸虫、大片吸虫成虫和幼虫的高效药物,对血矛线虫、仰口线虫和羊鼻蝇蛆各期幼虫亦有较好作用	po:牛、羊 7~12mg/kg	①泌乳期禁用 ②不可超量使用 ③休药期:牛、羊 60d

（续）

名称	别名	剂型与规格	作用及用途	用法及剂量	注意事项
磺胺喹噁啉[典]	磺胺喹沙啉、SQ	预混剂：SQ 20％与DVD 4％ 可溶性粉（钠盐）：10％ 复方可溶性粉：SQ 53.65％与TMP 16.5％	为治疗球虫病专用磺胺药，有较好的抗虫和抑菌作用，而且不影响宿主对球虫的免疫力。对寄生于鸡小肠的艾美耳球虫效果好，但对盲肠球虫需要高浓度才有效。主要用于治疗鸡、火鸡球虫病，对家畜（兔、羔羊、犊牛）球虫病亦有效，亦用于鸡住白细胞原虫病	混饲：鸡每千克饲料0.5g预混剂 混饮：鸡每升3～5g可溶性粉以上连用不可超过5d 混饮：鸡每升0.4g复方可溶性粉，连用5～7d，用药期不可超过14d	①不适用于产蛋鸡，蛋鸡产蛋期禁用 ②宜与其他抗球虫药（如氨丙啉等）和DVD并用 ③超剂量和超时应用可损害肾脏并干扰正常凝血机制 ④休药期：鸡10d
磺胺氯吡嗪钠[典]	三字球虫粉、Esb3	可溶性粉：30％	磺胺类抗球虫药，临床上多用于球虫病暴发的治疗，不影响宿主对球虫的免疫力，也用于畜禽大肠杆菌病、伤寒和巴氏杆菌病的治疗	混饮：肉鸡、火鸡每升1g可溶性粉，连用3d 混饲：肉鸡、火鸡每千克饲料2g可溶性粉，连用3d；兔每千克饲料2g可溶性粉，连用5～10d 内服：将本品配成10％水溶液，羊1.2mL/kg，连用3～5d	①不得作饲料添加剂长期应用 ②毒性低于SQ，按推荐剂量混饮不可超过5d ③蛋鸡产蛋期禁用 ④休药期：火鸡4d，肉鸡1d
氯羟吡啶[典]	克球粉、可爱丹、康乐安、氯吡醇、氯吡多	预混剂：25％	本品抗球虫的作用峰期是子孢子期，即感染后的第1天，对鸡的8种艾美耳球虫和鸭球虫均有效，对柔嫩艾美耳球虫作用最强。易产生耐药性，且能明显抑制机体对球虫的免疫力，适用于预防用药，对球虫治疗无意义。另对鸡的住白细胞虫病也有效	混饲：禽每千克饲料125mg；兔每千克饲料200mg	①肉鸡用于全育雏期，后备鸡群可用至16周龄 ②本品能抑制鸡的免疫力，停药过早会导致球虫病暴发 ③蛋鸡产蛋期禁用 ④球虫对本品耐药时，不宜再选用喹啉类抗球虫药，如癸氧喹酯等 ⑤休药期：鸡、兔5d
复方氯羟吡啶[典]		预混剂：氯羟吡啶89％与苄氧喹甲酯7.3％	用于预防鸡球虫病	混饲：鸡每千克饲料500mg预混剂	参考氯羟吡啶 休药期：鸡7d

（续）

名称	别名	剂型与规格	作用及用途	用法及剂量	注意事项
盐酸氨丙啉[典]	安普罗铵、安宝宁、氨丙基嘧吡啶	可溶性粉：20% 复方预混剂：氨丙啉20%、乙氧酰胺苯甲酯1%及磺胺喹噁啉12%	本品竞争性抑制球虫对硫胺素（维生素B₁）的摄取，作用于球虫第一代裂殖体，阻止其形成裂殖子，作用峰期在感染后的第3天。此外，对有性生殖周期配子体和孢子体也有抑制作用。对鸡柔嫩、堆型艾美耳球虫作用最强，对其他小肠球虫作用较弱。国内外多将本品与乙氧酰胺苯甲酯、磺胺喹噁啉等并用，以弥补不足。对哺乳动物的球虫也有抑制作用。与金霉素合用增效明显	混饮：鸡每升1.2g可溶性粉，连用5～7d 复方预混剂混饲：鸡每千克饲料500mg预混剂	①饲料中硫胺素（维生素B₁）含量超过10mg/kg时，能减弱本品的抗球虫效应 ②蛋鸡产蛋期禁用 ③能妨碍硫胺素吸收，大剂量连续使用可引起多发性神经炎，给予维生素B₁可预防 ④休药期：复方预混剂，鸡为7d
盐酸氨丙啉·乙氧酰胺苯甲酯[典]	加强安宝乐	预混剂：氨丙啉25%＋乙氧酰胺苯甲酯1.6%	抗原虫药。用于禽球虫病。其中乙氧酰胺苯甲酯阻断球虫四氢叶酸的合成，对巨型、布氏等其他小肠艾美耳球虫活性较强，弥补了氨丙啉对这些球虫作用不强的弱点，与氨丙啉和磺胺喹噁啉合用有协同作用	混饲：鸡每千克饲料500mg预混剂	①蛋鸡产蛋期禁用 ②饲料中维生素B₁含量超过10mg/kg时，可对本品的抗球虫作用产生明显的拮抗作用 ③休药期：鸡3d
癸氧喹酯[典]	苄氧喹甲酯	预混剂：6% 溶液：3%	属喹啉类抗球虫药，抑制球虫子孢子发育，作用峰期为球虫感染后第1天。本品明显抑制宿主对球虫的免疫力，故肉鸡整个生长期均需连续用药。因球虫易对本品产生耐药性，所以应定期轮换用药。本品颗粒愈细，抗球虫作用愈强，常制成直径1.8μm左右的微粒供使用。用于预防鸡球虫病	混饲：肉鸡每千克饲料453mg预混剂，连用7～14d 混饮：肉鸡每升0.5～1mL溶液，连用7d	①不能用于含皂土的饲料中 ②休药期：鸡5d

（续）

名称	别名	剂型与规格	作用及用途	用法及剂量	注意事项
盐酸氯苯胍[典]	罗本尼丁	片剂 10mg 预混剂 10%	具有广谱、高效、低毒、适口性好的优点，对畜禽的多种球虫和弓形虫有效，并且对其他药产生耐药的虫株仍有效。干扰虫体内质网，影响虫体蛋白质代谢，作用峰值在感染后的第3天。主要用于防治畜禽球虫病	po：禽、兔 10～15mg/kg。qd×3d 混饲：禽每千克饲料 30～60mg；兔每千克饲料 100～150mg	①长期高浓度（每千克饲料超过 60mg）使用会使肉、蛋产生异味，低于每千克饲料 30mg 时无此现象 ②蛋鸡产蛋期间禁用 ③防治某些球虫病时，停药过早会导致球虫病复发，故应连续给药 ④休药期：鸡 5d，兔 7d
妥曲珠利[典]	甲基三嗪酮、百球清、托曲珠利	溶液剂 2.5%	本品为三嗪类广谱抗球虫药，对鸡及火鸡各种艾美耳球虫各发育阶段均有杀灭作用，且不影响雏鸡的生长发育及免疫力的产生。主要用于防治家禽球虫病	po：犬 5～10mg/kg，qd×2～6d 混饮：禽 25mg/L，连用 2d	①药液如沾污眼或皮肤，应及时冲洗 ②稀释后的药液超过 48h 不宜再饮用 ③休药期：鸡 8d
地克珠利[典]	杀球灵、球必清、球佳、二氯嗪苯乙腈	预混剂 0.2% 或 0.5% 溶液剂 0.5%	本品为三嗪类广谱抗球虫药，不仅对鸡的多种主要球虫感染有效，同时对鸭球虫病和兔肠、肝球虫病也有明显防治效果。临床上主要用于预防禽、兔球虫病	混饲：鸡、鸭、兔每千克饲料 1mg 混饮：鸡 0.5～1mg/L	①由于用药浓度极低，药料必须充分拌匀 ②长期应用球虫易产生耐药性 ③产蛋鸡禁用。避免接触操作人员的眼睛和皮肤 ④现用现配 ⑤休药期：鸡 5d
莫能菌素钠[典]	牧宁菌素、莫能星、瘤胃素	预混剂 5%、10% 或 20%	聚醚类广谱抗球虫药，干扰球虫细胞内 K^+、Na^+ 的正常渗透，使大量 Na^+ 进入细胞内，球虫细胞破裂死亡。球虫不易产生耐药性。本品还具有对肉牛和猪的促生长作用。主要用于鸡、火鸡球虫病的预防及肉牛和猪的促生长	po：牛每头 200～360mg（效价）/d；奶牛每头 0.15～0.45g（效价）/d 混饲：禽每千克饲料 90～110mg；羔羊每千克饲料 10～30mg；犊牛每千克饲料 17～30mg；兔每千克饲料 20～40mg	①鸡产蛋期禁用，超过 16 周龄鸡禁用 ②马属动物禁用，并禁与泰妙菌素、竹桃霉素合用 ③拌料时应防止本品与皮肤或眼睛接触 ④10 周龄以上火鸡、鹌鹑、珍珠鸡敏感，慎用 ⑤休药期：5d

（续）

名称	别名	剂型与规格	作用及用途	用法及剂量	注意事项
二硝托胺[典]	球痢灵、二硝苯甲酰胺	片剂：100mg 预混剂：25％	对球虫作用的峰期是感染后的第3天，主要用于杀灭鸡球虫第一代和第二代裂殖体。对多种球虫有抑制作用。不影响鸡对球虫产生免疫力，故适用于蛋鸡和肉用种鸡。主要用于鸡、兔和火鸡球虫病	po：兔30～50mg/kg，qd×3d 混饲：每千克饲料鸡125mg	①蛋鸡产蛋期禁用 ②停药过早易导致球虫病复发，故肉鸡宜连续使用 ③0.0125％球痢灵与0.005％洛克沙肿联用有增效作用 ④其粉末大小影响效果，宜使用其极细微粉末 ⑤用量超过每千克饲料250mg，连续使用超过15d，可抑制雏鸡增重 ⑥休药期：鸡3d
尼卡巴嗪[典]	力更生、球净、双硝苯脲二嘧啶醇	预混剂：20％ 复方预混剂：尼卡巴嗪25％＋乙氧酰胺苯甲酯1.6％	主要用于预防肉鸡和火鸡的球虫病。作用峰期在感染后第4天，主要杀灭第二代裂殖体，抑制机体对球虫免疫力的作用不明显。球虫对本品产生耐药性较慢	混饲：每千克饲料鸡200mg 复方预混剂混饲每千克饲料500mg复方预混剂	①高温季节慎用，会增加鸡的死亡率 ②会造成生长抑制，使蛋壳颜色变浅，受精率下降，因此产蛋鸡产蛋期或种鸡禁用 ③休药期：肉鸡4d；复方预混剂为9d
马杜霉素铵[典]	加福、抗球王、马杜拉霉素胺、马度米星胺	预混剂：1％	为一价单糖苷离子载体抗球虫药，抗球虫谱广，活性较其他聚醚类抗生素强，主要用于肉鸡球虫病，据试验对鸡巨型、毒害、柔嫩、堆型和布氏艾美耳球虫均有良好抑杀效果，其抗球虫效果优于莫能菌素、盐霉素、甲基盐霉素等抗球虫药	混饲：每千克饲料肉鸡5mg	①本品毒性较大，牛、羊、猪等动物敏感，易中毒，还可引起鸡瘫痪。仅用于肉鸡，产蛋期禁用，其他动物禁用 ②用药时必须精确计量，并充分拌匀，高剂量（超过每千克饲料6mg）可引起鸡中毒，甚至死亡 ③喂马杜霉素的鸡粪，切不可再加工作动物饲料，否则会引起其他动物中毒死亡 ④休药期：鸡7d
盐霉素钠[典]	沙里诺霉素钠、优素精	预混剂：10％	为聚醚类离子载体抗球虫药，抗球虫效应与莫能菌素相似，对艾美耳球虫均有明显效果；同时也有促生长作用。主要用于预防鸡球虫病，促进畜禽生长	混饲：每千克饲料禽60mg；牛每千克饲料10～30mg；猪每千克饲料25～75mg	①对成年火鸡、鸟类、雏鸭及马属动物毒性较大，禁用 ②蛋鸡产蛋期禁用 ③禁与泰妙菌素、竹桃霉素及其他抗球虫药物合用 ④安全范围窄，应控制剂量 ⑤休药期：牛、猪、鸡5d

（续）

名称	别名	剂型与规格	作用及用途	用法及剂量	注意事项
甲基盐霉素[典]	那拉菌素	预混剂：10% 复方制剂：100g：甲基盐霉素8g与尼卡巴嗪8g	为单价聚醚类离子载体抗球虫药，对肉鸡的堆型、布氏、巨型、毒害艾美耳球虫的预防效果有明显差异，通常40mg/kg药料浓度即对堆型、巨型艾美耳球虫产生良好效果，毒害艾美耳球虫需用每千克药料60mg浓度才能有效，而布氏艾美耳球虫必须用每千克药料80mg浓度才有效。常与尼卡巴嗪混用可提高抗球虫效力	混饲：肉鸡每千克饲料60～80mg；猪（体重20kg以上）每千克饲料15～30mg 复方制剂混饲：鸡每千克饲料375～625mg复方制剂	①本品毒性比盐霉素更强，对鸡的安全范围较窄，用药时必须精确计量，并应根据用药效果调整用药浓度 ②马属动物对甲基盐霉素极敏感，应禁用；火鸡及其他鸟类亦较敏感而不宜应用 ③本品限用于肉鸡 ④本品对鱼类毒性较大，喂药鸡粪及装有残留药物的用具不可污染水源 ⑤禁止与泰妙菌素和竹桃霉素合用 ⑥应用时禁与操作人员的眼和皮肤接触 ⑦复方制剂不宜在高温季节使用 ⑧休药期：鸡5d，猪3d
拉沙洛西钠[典]	拉沙菌素、拉沙诺菌素、球安	预混剂：25%、20%或45%	为二价聚醚类离子载体抗生素，是这类药物中毒性最小的一种，有广谱高效抗球虫特点，作用峰期在球虫生命周期的第2天，疗效超过莫能菌素。可用于治疗鸡、火鸡、羔羊、犊牛球虫病和动物促生长	混饲：禽每千克饲料75～125mg；肉牛每千克饲料10～30mg（肉牛每头每天100～300mg，放牧牛每头每天60～300mg，羔羊40～60mg）	①蛋鸡和马属动物禁用 ②饮水量增加，引起垫料潮湿 ③严格按推荐浓度用药，饲料中药物浓度超过150mg/kg时可导致鸡生长抑制和中毒 ④拌料时注意操作人员保护，避免与眼和皮肤接触 ⑤休药期：鸡3d，肉牛0d
海南霉素钠[典]	鸡球素	预混剂：1%	为单价糖苷聚醚类广谱抗球虫药，对鸡的柔嫩、毒害、堆型、巨型及和缓艾美耳球虫有高效，还能促进鸡的生长，提高饲料利用率。主要用于预防鸡的球虫病	混饲：鸡每千克饲料5～7.5mg	①本品毒性大，喂药鸡粪不可加工成动物饲料，否则会引起其他动物中毒 ②仅用于鸡。蛋鸡产蛋期及其他动物禁用 ③禁与其他抗球虫药合用 ④休药期：鸡7d

（续）

名称	别名	剂型与规格	作用及用途	用法及剂量	注意事项
赛杜霉素钠[典]	禽旺	预混剂：5％	为单价糖苷聚醚类抗球虫药，对子孢子和第一、二代裂殖体都有抑杀作用，作用峰期为感染后第2天，对多种球虫有良效，对其他非离子载体类抗球虫药产生耐药性的虫株亦有效。本品还具有提高饲料利用率的作用。主要用于预防鸡球虫病	混饲：鸡每千克饲料鸡25mg	①仅用于鸡。其他动物及蛋鸡产蛋期禁用 ②休药期：鸡5d
氢溴酸常山酮[典]	卤夫酮、速丹	预混剂：0.6％	常山酮对多种球虫均有抑杀作用，尤其对鸡柔嫩、毒害、巨型艾美耳球虫特别敏感，甚至每千克饲料1～2mg浓度即有良效。对堆型、布氏艾美耳球虫，以及火鸡的小艾美耳球虫、腺艾美耳球虫、孔雀艾美耳球虫等，必须用3mg/kg的推荐药料浓度才能阻止卵囊排泄。对兔球虫亦有效。主要用于防治鸡球虫病，也用于家畜球虫病和牛、羊泰勒焦虫病	混饲：禽每千克饲料3mg	①常山酮安全范围较窄，珍珠鸡最敏感，禁用；可抑制鸭、鹅生长，应慎用 ②由于鱼及水生生物对本品极敏感，故喂药鸡粪及盛药容器切勿污染水源 ③治疗浓度能影响健康雏鸡增重率，并使火鸡血液凝固加快，以及影响火鸡对球虫的免疫力 ④禁与其他抗球虫药并用 ⑤12周龄以上火鸡，8周龄以上雉鸡，蛋鸡产蛋期及水禽禁用 ⑥饲料中浓度超过6mg/kg时可影响适口性，因此药料要充分拌匀 ⑦休药期：肉鸡5d，火鸡7d
三氮脒[典]	贝尼尔、血虫净	粉针剂：0.25g或1g	新型抗梨形虫药，作用机制是选择性地阻断锥虫动基体的DNA合成或复制，并与细胞核产生不可逆性结合，从而使锥虫动基体消失且不能分裂繁殖。本品对家畜血孢子虫病和锥虫病均有治疗效果，预防作用较差。对马、牛的多种焦虫效果显著。另外，对马媾疫锥虫、水牛伊氏锥虫也有一定治疗作用	im：马3～4mg/kg；牛、羊3～5mg/kg；犬3.5mg/kg。qd×2d。临用前用注射用水或生理盐水配成5％～7％溶液深部肌内注射	①本品安全范围较小，不可随意增加剂量。治疗量有时也会出现一些副作用，但短时间内能自行恢复。骆驼禁用，马、水牛忌用 ②对局部疼痛刺激反应马较牛稍重，但仍可在数月内恢复；宜分点注射 ③水牛用药一次即可，不可连用；其他家畜必要时可连用，但须间隔24h，不得超过3次 ④休药期：食品动物28～35d；弃奶期7d

（续）

名称	别名	剂型与规格	作用及用途	用法及剂量	注意事项
硫酸喹啉脲[典]	阿卡普林、抗焦虫素	注射液：10mL：0.1g 或 5mL：0.05g	本品对马、牛、羊等动物的血孢子虫病有效。可用于治疗上述动物的血孢子虫病。一般用药后12～36h患畜体温下降，临床症状改善，外周血液中虫体消失。如与其他药物合用，可提高疗效	sc 或 im：马 0.6～1mg/kg；牛 1mg/kg；猪、羊 2mg/kg；犬 0.25mg/kg	①本品安全范围较小，一般治疗量时有副作用出现，主要表现为胆碱能神经兴奋症状，如流涎、盗汗、站立不稳、肌肉震颤、疝痛、血压下降、呼吸困难等，可将总剂量分成2～3份，间隔几小时应用，或用药前注射小剂量阿托品或肾上腺素以防止或减轻副作用 ②中毒时可用阿托品解毒 ③禁止静脉注射
双脒苯脲	咪唑苯脲、双脒唑苯基脲	丙二酸盐注射液：10%或5%或 1mL：85mg	治疗和预防多种动物的巴贝斯焦虫病和锥虫病	sc 或 im：马 2.2～5mg/kg；牛、羊 1～2mg（锥虫病 3mg）/kg；犬 6mg/kg。qd×2d，2～3 周重复用药一次	①本品不能静脉注射，否则可能引起死亡 ②休药期：28d
间脒苯脲		注射液：5%	疗效和安全范围优于三氮脒，而逊于双脒苯脲。能根治马努巴贝斯虫病，但对马巴贝斯虫病无效	sc 或 im：马、牛 5～10mg/kg，qd×3d	
青蒿琥酯[典]		片剂：50mg	具有抗牛、羊泰勒焦虫和双芽巴贝斯虫作用，亦能杀灭红细胞配子体，减少细胞分裂及虫体代谢产物的致热原作用。主要用于牛、羊泰勒焦虫病	po：牛 5mg/kg，首次量加倍，bid×2～4d	①产蛋期禁用 ②对实验动物有明显的胚胎毒性，提示孕畜慎用
盐酸吖啶黄[典]	盐酸吖啶黄素、锥黄素	注射液：0.5%	对马巴贝斯虫、驽巴贝斯虫、牛双芽巴贝斯虫、牛巴贝斯虫和羊巴贝斯虫均有作用。但对泰勒虫和无浆体无效。静脉注射12～24h后患病动物体温下降，外周血中虫体消失。在梨形虫流行季节，可每月注射一次，具有良好预防效果。用于家畜梨形虫病	iv：马、牛 3～4mg/kg（极量 2g）；羊、猪 3mg/kg（极量 0.5g），必要时可间隔1～2d重复给药一次	①毒性强，注射后常出现心跳加快、不安、呼吸迫促、肠蠕动音增强等不良反应 ②对组织有强烈刺激性，缓慢静脉注射，勿使漏出血管

（续）

名称	别名	剂型与规格	作用及用途	用法及剂量	注意事项
台盼蓝[典]	台盼兰	粉针剂：0.5g 或 1g	对牛双芽巴贝斯虫、弩巴贝斯虫、牛巴贝斯虫等均有作用，用药后 1h 虫体变形，核形状改变，最后崩解。本品不能消除家畜体内全部虫体，但在体内可维持药效 15～20d，故可作预防给药。因其毒性大，现已少用	iv：家畜 5mg/kg。临用前用注射用水或生理盐水配成 1％的溶液，现用现配	①毒性强，注射后动物表现不安、呼吸困难等不良反应。宜缓慢注射，体弱及重症家畜可将一次量分为 2 次注射，间隔时间 12～24h ②静脉注射时切勿漏出血管外，以免引起静脉周围炎
萘磺苯酰脲	苏拉明、那加诺、拜尔 205	原粉	为传统上使用的作用最强而毒性最小的抗锥虫药。临床用于治疗马、骆驼、牛、犬等动物的伊氏锥虫病，也可用于预防	iv：马 10～15mg/kg；牛 15～20mg/kg；骆驼 20～30mg/kg；犬 30～50mg/kg。临用前用灭菌水或生理盐水溶解配制成 10％溶液	①注射液必须新鲜配制并缓慢静脉注射 ②治疗时用药 2 次（间隔 7d）；疫区预防性用药，在发病季节用药每 2 个月 1 次
喹嘧胺[典]	安锥赛	粉针剂：500mg：其中喹嘧氯胺 286mg 与甲硫喹嘧胺 214mg	喹嘧胺抗锥虫范围较广，对伊氏锥虫、马媾疫锥虫、刚果锥虫、活跃锥虫作用明显，但对布氏锥虫作用较差。临床主用于防治马、牛、骆驼伊氏锥虫病和马媾疫。甲硫喹嘧胺主要用于治疗锥虫病，而喹嘧氯胺（局部吸收缓慢）则适用于预防给药。喹嘧胺多在流行地区作预防性给药，通常用药一次，可获得有效预防期：马 3 个月，骆驼 3～5 个月	im 或 sc：马、牛、骆驼 4～5mg/kg，临用时用注射用水配成10％水悬液，现用现配	①该药品应用时，常出现毒性反应，尤以马属动物最敏感，通常注射后 0.25～2h，动物出现兴奋不安、呼吸急促、肌肉震颤、心率增数、频排粪尿、腹痛、全身出汗等，通常能自行耐过，但严重者可致死。因此，用药后必须注意观察，必要时可注射阿托品并依情实施其他支持、对症疗法 ②严禁静脉注射。皮下或肌内注射时，通常出现肿胀，甚至引起硬结，经 3～7d 消退。用量太大时，宜分点注射

（续）

名称	别名	剂型与规格	作用及用途	用法及剂量	注意事项
氯化氮氨菲啶盐酸盐[典]	锥灭定、沙莫林	粉针剂：0.125g、1g或10g	牛、羊抗锥虫药，作用于锥虫DNA和RNA聚合酶，阻碍核酸合成。通常对牛的刚果锥虫作用最强，但对活跃锥虫、布氏锥虫以及在我国广为流行的伊氏锥虫也有较好的防治效果。给药24h后患病动物症状明显改善，21d后临床症状基本消失，血清生化指标逐渐恢复正常。主要用于防治牛伊氏锥虫病	im：牛 1mg/kg，临用前加灭菌用水配成2%溶液，现用现配	①用药后，至少有半数牛群出现兴奋不安、流涎、腹痛、呼吸加速，继而出现食欲减退、精神沉郁等全身症状，但通常自行消失。用药前后，应加强动物护理，以减少不良反应发生。对反应严重者可肌内注射阿托品对症治疗 ②本品对组织的刺激性较大，在注射局部形成的硬结通常需1～3周消失，严重者还伴发局部水肿，甚至延伸至机体下垂部位。为此，必须深层肌内注射，并防止药液漏入皮下
新胂凡纳明[典]	914	粉针剂：0.45g或1g	对伊氏锥虫和马媾疫锥虫有效，感染早期用药效果更好。对慢性病例可减轻症状，但不能根治。一般认为，914在动物体内氧化成氧苯胂型化合物，后者可与锥虫中含巯基酶相结合，影响锥虫代谢过程，最后依靠机体的防御机能消除病原体，因此治疗中要加强患畜护理，充分调动动物机体的抵抗力。主要用于家畜锥虫病，也可用于兔螺旋体病、传染性胸膜肺炎等	iv：马 10～15mg/kg（极量6g）；牛、羊 10mg/kg（牛极量4g，羊极量0.5g）；兔 60～80mg/kg。连续使用的间隔时间应为3～5d。临用前加注射用水或生理盐水配成10%的溶液	①用药后，马、骡会出现兴奋不安、全身出汗、脉搏加快、肌肉震颤、后肢无力及腹痛等不良反应，通常会在1～2h后消失。为减轻不良反应，可在用药前30min注射强心针，同时须加强护理。若发生中毒，可用二巯基丙醇、二巯基丙磺酸钠解毒 ②注射时勿漏出血管 ③本品易氧化，高温时氧化加速，应现用现配，禁止加温或振荡；变色禁用
甲硝唑	甲硝咪唑、灭滴灵	片剂：0.2g或0.25g 注射液：10mL：50mg或20mL：100mg或100mL：500mg	除具有抗滴虫和抗阿米巴原虫外，对大多数厌氧菌具有很强的作用。用于治疗阿米巴原虫感染所致猪痢疾、毛滴虫病、贾第氏鞭虫病、小袋纤毛虫病等	po：猪 10mg/kg；犬 15～25mg/kg；猫 8～10mg/kg；兔 40mg/kg。qd×2～3d iv或sc：牛 10mg/kg；犬 15～25mg/kg，qd×3～5d 混饮：禽 0.1～0.5g/L 拌料：禽每千克饲料0.5～1g	①剂量过大可出现肌肉震颤、抽搐、共济失调、惊厥等为特征的神经症状 ②蛋鸡和孕畜禁用 ③所有食品动物禁作促生长用 ④休药期：猪 4d

（续）

名称	别名	剂型与规格	作用及用途	用法及剂量	注意事项
地美硝唑	二甲硝咪唑、达美索	预混剂：20%	作用及应用与甲硝唑相似。除具有一定的抗菌作用外，对家禽组织滴虫和猪螺旋体均有明显的抑杀作用，是目前家禽盲肠肝炎最有效的防治药物之一。临床主要用于猪痢疾和家禽的组织滴虫病	po：猪 50～100mg/kg，qd 混饲：猪每千克饲料 500mg；鸡每千克饲料 400～500mg	①禽连用不可超过 10d ②禁用于食品动物促生长 ③产蛋鸡、水禽禁用 ④休药期：3d
葡甲胺锑酸盐	锑酸甲葡胺、葡甲胺锑酸盐	注射液：1mL：300mg	利什曼原虫病的首选治疗药	sc 或 im：犬 100mg/kg，qd×30d，停药 10～15d，再连用 10d	肝、肾功能障碍者禁用
巴龙霉素	巴母霉素、巴罗姆霉素、PRM	胶囊剂：250 mg	对 G⁺菌、G⁻菌及肠道阿米巴原虫有良效。用于控制犬、猫血液和肠道原虫病	po：犬、猫 125～165mg/kg，bid×5d	
阿的平	疟涤平	片剂：100mg	用于治疗犬猫的贾第氏鞭虫病、阿米巴原虫病及皮肤利什曼虫病	po：犬 6.6mg/kg，bid	
乙胺嘧啶	息疟定、达拉匹林	片剂：25mg	对疟原虫、弓形虫有抑制作用。用于预防疟疾和治疗弓形虫	po：犬 0.25～1mg/kg，qd×14～28d 混饲：鸡、火鸡、鹅每千克饲料 5～50mg	
二嗪农[典]	地亚农、敌匹硫磷	溶液剂：25%或60% 项圈：100g：15g	有机磷杀虫剂，具有触杀、胃毒和熏蒸内吸作用。外用具有极佳的杀虱、杀蜱及杀螨作用，亦杀蚊、蝇，一次用药能保持药效 6～8周。临床上主要用于驱杀家畜体表的疥螨、痒螨、蜱和虱等	喷淋与药浴：猪 250mg/L；牛初液 600～625mg/L，补充液 1 500mg/L；羊初液 250mg/L，补充液 750mg/L（以上均按二嗪农计） 外用：2.5%溶液进行环境喷洒 项圈：犬、猫每只每次 1 条，使用期 4 个月	①须精确计算药量，动物全身浸泡 1min 为宜，为提高猪疥癣病治疗效果，可用软刷助洗 ②项圈戴于犬猫颈部用于杀虱、杀螨及杀蜱 ③虽对家畜毒性较小，但猫和家禽较敏感，须慎用，中毒时可用阿托品解毒；对蜜蜂有剧毒，禁用 ④禁与有机磷类及胆碱酯酶抑制剂合用 ⑤休药期：牛、羊、猪 14d；弃奶期 72h

（续）

名称	别名	剂型与规格	作用及用途	用法及剂量	注意事项
巴胺磷[典]		溶液剂：40%	有触杀和胃毒杀虫作用，对蚊、螨、蜱、臭虫等有杀灭作用，还能杀灭卫生害虫，如蝇、蚊等。绵羊药浴（20mg/L），螨虫一般于2d后全部死亡。用于驱杀绵羊体表螨、蜱、虱等	喷淋与药浴：每升0.5mL溶液剂	①对家禽和鱼类毒性大，应予注意。畜禽中毒可选用阿托品解毒 ②严重感染的羊，药浴时可辅以人工擦洗，数日后再药浴一次，以保证效果 ③其他注意事项参考二嗪农 ④休药期：羊14d
蝇毒磷[典]	皮蝇磷、芬氯磷	溶液剂：16% 可溶性粉剂：25%	专供兽用的有机磷杀虫剂，是唯一可用于泌乳奶牛的杀虫剂。对双翅目昆虫有特效，内服或皮肤给药有内吸杀虫作用，主要用于牛皮蝇蛆。喷洒用药对牛羊蝇蛆、蝇、蜱、虱、螨等均有良好效果	外用：配成0.02%~0.05%溶液，喷淋杀蝇蛆、虱、螨、蜱	①禁止与其他有机磷或胆碱酯酶抑制剂合用 ②母牛产犊前10d内禁用 ③其他参考二嗪农 ④休药期：28d
倍硫磷[典]	百治屠、蕃硫磷	溶液剂：50% 浇泼剂：2% 注射液：100mL	有机磷杀虫剂，具有触杀、胃毒和内吸杀虫作用。为杀灭牛皮蝇蚴的特效药，一次用药（po或im）后可持续药效2个月左右。对人、牲畜毒性较低，是防治牲畜外寄生虫病的良药。国外多在背部泼淋给药。本品还可杀灭马胃蝇蚴、虱、蜱、蚤、蚊、蝇等	外用：浇泼剂1mg/kg，泼背时（自肩后至尾根），沿脊背泼洒在皮肤上。0.25%乳剂喷洒环境杀虫。2%溶液外用喷洒畜体，q14d×2~3次 im：牛4~6mg/kg，间隔3个月再用药一次	
精制马拉硫磷[典]	马拉松、四零四九、马拉赛昂	溶液剂：45%或70% 粉剂：5%	高效、低毒、安全的杀虫药，有触杀、胃毒和熏蒸杀虫作用。对蚊、蝇、蛆、螨、虱、蜱、臭虫等有杀灭作用。用于杀灭畜禽体外寄生虫	外用：药浴或体表喷淋，配成0.2%~0.3%的溶液	①本品不可与氧化剂和碱性物质接触 ②对眼睛、皮肤有刺激性，对蜜蜂有剧毒，对鱼类毒性大。中毒可用阿托品解毒 ③禁用于1月龄内的动物 ④家畜用药后数小时内应避免日光照射和风吹，必要时隔2~3周再药浴或喷雾一次 ⑤休药期：28d

（续）

名称	别名	剂型与规格	作用及用途	用法及剂量	注意事项
敌百虫（作为杀虫剂）		片剂：100mg 或 500mg	除驱除家畜消化道各种线虫外，对动物外寄生虫亦有杀灭作用。用于杀灭蝇蛆、螨、蜱、蚤、虱等	外用：1%～3%溶液局部应用或0.2%～0.5%溶液药浴用于杀螨；0.1%～0.5%溶液喷淋杀灭虱、蚤、蜱、蚊和蝇	①加温或用酒精可助溶 ②不可与碱性药物，如小苏打同用，防止敌百虫转化为毒性更强的敌敌畏
敌敌畏[典]	DDVP	溶液剂 80%项圈	对各种外寄生虫及"三蝇蚴"的杀虫力比敌百虫高8～10倍。广泛用作环境杀虫剂，亦用于驱杀马胃蝇蚴、羊鼻蝇蚴和家畜体表寄生虫。敌敌畏项圈用于驱杀犬、猫蚤和虱	外用：配成0.2%～0.4%溶液喷洒或涂搽杀灭虱、蚤、蜱、蚊和蝇 po：猪 10～20mg/kg；犬 25～30mg/kg；马 30～40mg/kg；驹 20mg/kg。qd×2～3d	①鱼、蜜蜂和禽类敏感，慎用 ②孕畜和心脏病、胃肠炎患病动物禁用 ③中毒时可用阿托品和解磷定解救 ④其他参考二嗪农
辛硫磷[典]	肟硫磷、倍腈松、腈肟磷	溶液剂：82%～91% 浇泼剂：7.5%	为高效、低毒、广谱、残效期长的有机磷杀虫剂。对害虫有较强的触杀和胃毒作用，对人、畜毒性低。辛硫磷室内喷洒残效期较长，可达3个月。用于驱杀家畜体外寄生虫	浇泼外用：猪30mg/kg，沿猪脊背从两耳浇淋至尾根。耳部感染严重的，可在每侧耳内另外浇淋75mg	参考二嗪农 休药期：猪 14d
氧硫磷	蜱虱敌	溶液剂：50%	对各种外寄生虫均有杀灭作用，对蜱效果尤佳，一次用药对硬蜱杀灭效果可维持10～20周	外用：0.01%～0.02%溶液药浴、喷淋或浇淋	
甲基吡啶磷[典]	蝇必净、甲基吡噁磷	颗粒剂：1% 可湿性粉剂-10：10% 可湿性粉剂-50：50%	杀虫谱广，以胃毒为主，兼触杀作用，适用于公共卫生杀虫及控制草地、牧场、养殖场等地的蚊蝇，尤其对苍蝇和蟑螂有特效；对哺乳动物安全，属高效、低毒、残效期长、抗耐药性、低残留性的安全药剂，被世界卫生组织（WHO）列为推荐使用的有机磷杀虫剂。主要用于杀灭厩舍、鸡舍等处的成蝇，也用于居室、餐厅、食品工厂等地杀灭蝇、蟑螂、蚂蚁、臭虫、跳蚤等	甲基吡啶磷颗粒剂撒布于成蝇、蟑螂聚集处，用水调湿，每平方米投撒2g 甲基吡啶磷可湿性粉-10：喷雾，每200m² 厩舍取本品500g，充分混合于4L温水中喷雾。涂布，每200m²取本品250g充分与200mL温水充分混合，涂30点 甲基吡啶磷可湿性粉-50：涂布，每200m²取本品50g与糖200g加温水适量调成糊状，涂30点	①本品对哺乳动物的毒性属低毒类，对眼有轻微刺激性，喷雾时动物虽可留于厩舍，但不能向动物直接喷射，饲料亦应转移他处 ②本品对鲑鱼有高毒，对其他鱼类也有轻微毒性，使用过程中不要污染河流、池塘及下水道。对蜜蜂亦有毒性，禁用于蜂群密集处 ③药物加水稀释后应当天用完。混悬液停放30min后，宜重新搅拌均匀再用 ④使用时避免沾染皮肤、黏膜和眼睛，若沾染，应立即用大量水冲洗。应避免儿童接触。动物误食时，可用饮水洗胃，必要时加活性炭。出现中毒症状时可用阿托品解毒

（续）

名称	别名	剂型与规格	作用及用途	用法及剂量	注意事项
氯芬新[典]	虱螨脲、氯芬奴隆	片剂：100mg、200mg 或 400mg 混悬液 7.5%	为合成的苯甲酰脲衍生物，属昆虫生长调节剂。蚤通过血液摄取本品并转至虫卵，使幼虫壳质的形成受影响，从而使蚤的生长繁殖受阻。用于抑制犬、猫体表跳蚤幼虫的繁殖	po：犬用片剂，10mg/kg，q30d × 6次；猫用混悬液，30mg/kg，q30d sc：猫 10mg/kg，q180d	仅限用于宠物，有一定毒性，须严格控制剂量
双甲脒[典]	特敌克、虫螨脒、双虫脒、阿米曲士、螨克	溶液剂：12.5% 双甲脒项圈：9%	本品对牛、羊、猪、兔的外寄生虫各阶段虫体均有极佳杀灭效果，对蜂螨也有较强作用。主要为触杀作用，兼有胃毒和内吸毒作用。产生作用慢，但药效维持时间长，残效期可达6～8周。主要用于杀螨，也用于杀灭蜱、虱等外寄生虫	药浴、喷淋或涂搽：配成 0.025%～0.05%乳液 蜂螨：50mg/L，喷雾1～2次 双甲脒项圈仅供犬只使用：驱蜱可用4个月，驱毛囊虫可用1个月	①马较敏感，慎用；但对蜂安全 ②对皮肤、眼睛刺激性大，使用时须注意 ③对鱼类有剧毒，水生食品动物禁用，并注意勿将药液污染鱼塘、河流 ④牛、羊产奶期禁用 ⑤休药期：牛、羊21d，猪8d；弃奶期48h
氯菊酯	二氯苯醚菊酯、除虫精、扑灭司林	溶液剂：10% 气雾剂：100mL：1g 洗毛剂：100g：1g	对蚊、厩螫蝇、秋家蝇、螨、血虱、蜱和虱卵均有杀灭作用。一次用药能维持一个月左右	0.125%～0.5%乳剂喷淋与喷雾杀螨；0.1%～0.2%乳液喷洒杀虱、蜱、蝇等 气雾剂：对准害虫喷射，或在密闭空间喷完后封闭1min 洗毛剂：取适量在湿的犬、猫毛发上轻揉起泡，均匀涂遍全身后再用清水冲洗干净	
溴氰菊酯[典]	倍特、敌杀死	溶液剂：5%	有胃毒和接触毒作用，但无内吸及熏蒸作用。有击倒作用快、残效期长等特点。杀虫谱广，对有机磷和有机氯耐药的虫体对本品仍敏感。用于牛、羊体外寄生虫病的防治	药浴或喷淋：牛、羊5～15mg/L（即每1 000L水加本品100～300mL）	①对鱼有剧毒，蜜蜂、家蚕也敏感。残余药液勿倒入池或河中。家禽也敏感 ②本品对塑料制品有一定的腐蚀性，也不可接近火源 ③为保证杀虫药效，应在彻底打扫厩舍、场所后再以药物喷洒才能杀灭残留虫体

（续）

名称	别名	剂型与规格	作用及用途	用法及剂量	注意事项
溴氰菊酯[典]					④本品溶液对皮肤、黏膜、眼睛、呼吸道的刺激性比其他拟除虫菊酯类的更强，用时注意防护 ⑤本品在 0℃ 以下易析出结晶 ⑥本品急性中毒无特效解毒药，主要对症处理：用阿托品制止流涎，用镇静剂巴比妥拮抗其中枢兴奋作用；误服中毒的可用 4‰ 碳酸氢钠溶液洗胃 ⑦休药期：28d
氰戊菊酯[典]	速灭杀丁、速灭菊酯	溶液剂：20%	具有触杀和胃毒作用，有击倒作用快、残效期长等特点。兽医上用于牛羊的蜱、螨、虱、蚤等寄生虫病的防治。对牛羊疥螨以选用高浓度(500～1 000mg/kg)效果较好。因残效期长，通常用药一次即可杀死陆续孵化出的幼虫，无需重复用药。主要用于驱杀畜禽体表寄生虫，如蜱、虱和蚤等	药浴：40～100mg/L 喷洒：100～200 mg/L 喷雾后密闭 4h，可杀蚊、蝇、虱、蠓等害虫	①本品可用温水（不超过 25℃）稀释，但不可用 50℃ 以上热水或碱性水稀释，以防药物分解失效 ②本品对水生动物及蚕、蜜蜂有剧毒。使用时不可污染河流、池塘、桑园、养蜂场所等 ③休药期：28d
环丙氨嗪[典]	灭蝇胺	预混剂：1%或10% 可溶性粉：50% 可溶性颗粒：2%	为昆虫生长调节剂，可抑制双翅目幼虫的脱皮，使蝇蛆繁殖受阻，也可使蝇蛹不能蜕皮而死亡。当饲料中浓度达 1mg/kg 时，即能控制粪便中多数蝇蛆发育；5mg/kg 时，足以控制各种蝇蛆。一般在用药后6～24h 发挥药效，可持续1～3周。是广泛用于畜牧与养殖业的环保型杀虫剂。兽医临床上主要用于控制动物厩舍内蝇蛆的生长繁殖，杀灭粪池内蝇蛆，以保护环境卫生。	混饲：鸡每千克饲料 5mg，连喂 4～6 周 可溶性粉：喷洒每 20m² 用 10g，加水 15L；喷雾每 20m² 的环境用10g，加水 5L 可溶性颗粒：干撒，每 10m² 用 5g；洒水，每 10m² 用 2.5g，加水 10L；喷雾，每 10m² 用 5g，加水 1～4L	①过量使用可影响动物食欲 ②防止儿童触及 ③混饲浓度 25mg/kg 以上时，饲料消耗量增加；500mg/kg 以上时，饲料消耗量减少；1 000mg/kg 以上长期饲喂家禽，可能因摄食过少而死亡 ④用药后所产鸡粪以每公顷土地施用 1～2t 为宜，超过 9t 可能对植物生长不利 ⑤休药期：3d

（续）

名称	别名	剂型与规格	作用及用途	用法及剂量	注意事项
烯啶虫胺		片剂：11.4mg 或 57mg	主要用于控制犬、猫跳蚤，口服后30min 即可杀死成年蚤。常与氯芬新配合使用	po：犬、猫 1mg/kg，qd×2～3d	
比普塞芬	吡丙醚	滴剂：12mg 或 30mg	接触性昆虫生产调节剂，能阻止蚤卵及幼虫的发育，对成年蚤几乎无作用。可用于控制蚤过敏性皮炎	外用：猫 10mg/kg；犬 2mg/kg。qw×2～3 次	1 月龄以下的幼犬及妊娠犬、猫禁用
非泼罗尼[典]	氟虫腈	滴剂：10% 喷剂：0.25%	本品通过干扰 GABA 调控的氯离子通道，导致昆虫和蜱中枢神经系统紊乱直至死亡。通过胃毒和触杀起作用，也有一定的内吸毒作用。对多种农业、畜牧、卫生害虫和螨类均有杀灭作用。对拟除虫菊酯类、氨基甲酸酯类杀虫剂产生耐药性的害虫对本品仍有极高的敏感性，且药残期可长达 4～6 周。用于驱杀犬、猫体表跳蚤和犬蜱	滴剂：外用，滴于皮肤，每只动物，猫0.5mL；犬体重 10kg以下用 0.67mL，体重10～20kg 用 1.34mL，体重 20～40kg 用2.68mL，体重 40kg 以上用 5.36mL 喷剂：喷雾，犬、猫 3～6ml/kg	①本品对人、畜有中等毒性，对鱼有高毒，使用时应防止残药或废弃物污染河流、湖泊及鱼塘 ②仅限犬、猫外用，滴于犬、猫舔不到的部位 ③12 周龄以下幼猫或10 周龄以下幼犬禁用 ④使用前后 48h 内不得用洗毛精给动物洗澡
复方非泼罗尼滴剂（猫用）[典]		滴剂：0.5mL：非泼罗尼 50mg 与甲氧谱烯 60mg	用于驱杀猫体表的成年跳蚤、跳蚤卵和幼虫	外用：滴于皮肤，每只猫 0.5mL	参考非泼罗尼
复方非泼罗尼滴剂（犬用）[典]		滴剂：每管0.67mL、1.34mL、2.68mL 或4.02mL	用于驱杀犬体表成年跳蚤、跳蚤卵、幼虫和蜱	外用：滴于皮肤，每只动物，犬体重10kg 以下用 0.67mL，体重 10～20kg 用1.34mL，体重 20～40kg 用 2.68mL，体重 40～60kg 用4.02mL，体重 60kg 以上用 4.02mL 加另一多出体重相应的小管	参考非泼罗尼

（续）

名称	别名	剂型与规格	作用及用途	用法及剂量	注意事项
氯苯脒	杀虫脒	溶液剂：500mL ：125g	为高效、低毒、内吸、残效长的甲脒类杀虫剂。用于防治各种螨病，并有较强的杀螨卵作用	擦洗、喷淋或药浴，配成 0.1%～0.2%的溶液	
烟叶		煎剂:2%～5%	外用有杀虫作用，具有触杀、熏蒸、胃毒作用，煎剂可杀灭虱、蚤、螨等	外用：2%～5%煎剂，qd×7d	
西维因	胺甲萘、甲萘威	粉剂：5%	用于防治稻飞虱、叶蝉、蓟马、豆蚜、大豆食心虫、棉铃虫及果树害虫、林业害虫等，亦可用于杀灭牛羊硬蜱	粉剂涂搽：5%西维因，硬蜱活动季节，牛、羊每次 30g，q7～10d 药浴：1%乳剂，用于羊药浴	
升华硫黄[典]	升华硫	软膏：10%	有杀虫、杀螨和抗菌（包括真菌）作用。硫黄接触皮肤后生成硫化氢和五硫黄酸，能溶解皮肤角质，使表皮软化并呈现灭螨杀菌作用。主要用于治疗疥螨及痒螨病	外用：10%硫黄软膏局部涂搽 药浴：配成石灰硫黄液（硫黄 2%、石灰 1%）	①长期大量使用对皮肤有刺激性，可引起接触性皮炎，注意防护 ②硫制剂在配制过程中勿与铜、铁制品接触，以防变色 ③与药用皂、含酒精制剂、清洁剂共用时，可增加皮肤刺激性和干燥感

　　注：1）表中剂量未作特别注明者，均指纯品本身的量，如尼卡巴嗪混饲：鸡每千克饲料 125mg，是指每千克饲料中加入尼卡巴嗪 125mg。

　　2）本表休药期及弃奶期引自《中华人民共和国兽药典兽药使用指南化学药品卷》2010 版，与本书附件三之附表一有出入，应以本表为准。

　　3）表中英文缩写详见表 1-1。

附　　录

附录一

中华人民共和国农业部公告
第 176 号

为加强饲料、兽药和人用药品管理，防止在饲料生产、经营、使用和动物饮用水中超范围、超剂量使用兽药和饲料添加剂，杜绝滥用违禁药品的行为，根据《饲料和饲料添加剂管理条例》《兽药管理条例》《药品管理法》的有关规定，现公布《禁止在饲料和动物饮用水中使用的药物品种目录》，并就有关事项公告如下：

一、凡生产、经营和使用的营养性饲料添加剂和一般饲料添加剂，均应属于《允许使用的饲料添加剂品种目录》（农业部第 105 号公告）中规定的品种及经审批公布的新饲料添加剂，生产饲料添加剂的企业需办理生产许可证和产品批准文号，新饲料添加剂需办理新饲料添加剂证书，经营企业必须按照《饲料和饲料添加剂管理条例》第十六条、第十七条、第十八条的规定从事经营活动，不得经营和使用未经批准生产的饲料添加剂。

二、凡生产含有药物饲料添加剂的饲料产品，必须严格执行《饲料药物添加剂使用规范》（农业部 168 号公告，以下简称《规范》）的规定，不得添加《规范》附录二中的饲料药物添加剂。凡生产含有《规范》附录一中的饲料药物添加剂的饲料产品，必须执行《饲料标签》标准的规定。

三、凡在饲养过程中使用药物饲料添加剂，需按照《规范》规定执行，不得超范围、超剂量使用药物饲料添加剂。使用药物饲料添加剂必须遵守休药期、配伍禁忌等有关规定。

四、人用药品的生产、销售必须遵守《药品管理法》及相关法规的规定。未办理兽药、饲料添加剂审批手续的人用药品，不得直接用于饲料生产和饲养过程。

五、生产、销售《禁止在饲料和动物饮用水中使用的药物品种目录》所列品种的医药企业或个人，违反《药品管理法》第四十八条规定，向饲料企业和养殖企业（或个人）销售的，由药品监督管理部门按照《药品管理法》第七十四条的规定给予处罚；生产、销售《禁止在饲料和动物饮用水中使用的药物品种目录》所列品种的兽药企业或个人，向饲料企业销售的，由兽药行政管理部门按照《兽药管理条例》第四十二条的规定给予处罚；违反《饲料和饲料添加剂管理条例》第十七条、第十八条、第十九条规定，生产、经营、使用《禁止在饲料和动物饮用水中使用的药物品种目录》所列品种的饲料和饲料添加剂生产企业或个人，由饲料管理部门按照《饲料和饲料添加剂管理条例》第二十五条、第二十八条、第二十九条的规定给予处罚。其他单位和个人生产、经营、使用《禁止在饲料和动物饮用水中使用的药物品种目录》所列品种，用于饲料生产和饲养过程中的，上述有关部门按照谁发现谁查处的原则，依据各自法律法规予以处罚；构成犯罪的，要移送司法机关，依法追究刑事责任。

六、各级饲料、兽药、食品和药品监督管理部门要密切配合，协同行动，加大对饲料生产、经营、使用和动物饮用水中非法使用违禁药物违法行为的打击力度。要加快制定并完善饲料安全标准及检测方法、动物产品有毒有害物质残留标准及检测方法，为行政执法提供技术依据。

七、各级饲料、兽药和药品监督管理部门要进一步加强新闻宣传和科普教育。要将查处饲料和饲养过程中非法使用违禁药物列为宣传工作重点，充分利用各种新闻媒体宣传饲料、兽药和人用药品的管理法规，追踪大案要案，普及饲料、饲养和安全使用兽药知识，努力提高社会各方面对兽药使用管理重要性的认识，为降低药物残留危害，保证动物性食品安全创造良好的外部环境。

中华人民共和国农业部
中华人民共和国卫生部
国家药品监督管理局
二○○二年二月九日

附件

禁止在饲料和动物饮用水中使用的药物品种目录

一、肾上腺素受体激动剂

1. 盐酸克仑特罗（Clenbuterol Hydrochloride）：中华人民共和国药典（以下简称药典）2000年二部P605。β2肾上腺素受体激动药。

2. 沙丁胺醇（Salbutamol）：药典2000年二部P316。β2肾上腺素受体激动药。

3. 硫酸沙丁胺醇（Salbutamol Sulfate）：药典 2000 年二部 P870。β2 肾上腺素受体激动药。

4. 莱克多巴胺（Ractopamine）：一种 β 兴奋剂，美国食品和药物管理局（FDA）已批准，中国未批准。

5. 盐酸多巴胺（Dopamine Hydrochloride）：药典 2000 年二部 P591。多巴胺受体激动药。

6. 西马特罗（Cimaterol）：美国氰胺公司开发的产品，一种 β 兴奋剂，FDA 未批准。

7. 硫酸特布他林（Terbutaline Sulfate）：药典 2000 年二部 P890。β2 肾上腺受体激动药。

二、性激素

8. 己烯雌酚（Diethylstibestrol）：药典 2000 年二部 P42。雌激素类药。

9. 雌二醇（Estradiol）：药典 2000 年二部 P1005。雌激素类药。

10. 戊酸雌二醇（Estradiol Valerate）：药典 2000 年二部 P124。雌激素类药。

11. 苯甲酸雌二醇（Estradiol Benzoate）：药典 2000 年二部 P369。雌激素类药。中华人民共和国兽药典（以下简称兽药典）2000 年版一部 P109。雌激素类药。用于发情不明显动物的催情及胎衣滞留、死胎的排除。

12. 氯烯雌醚（Chlorotrianisene）：药典 2000 年二部 P919。

13. 炔诺醇（Ethinylestradiol）：药典 2000 年二部 P422。

14. 炔诺醚（Quinestrol）：药典 2000 年二部 P424。

15. 醋酸氯地孕酮（Chlormadinone acetate）：药典 2000 年二部 P1037。

16. 左炔诺孕酮（Levonorgestrel）：药典 2000 年二部 P107。

17. 炔诺酮（Norethisterone）：药典 2000 年二部 P420。

18. 绒毛膜促性腺激素（绒促性素）（Chorionic Gonadotrophin）：药典 2000 年二部 P534。促性腺激素药。兽药典 2000 年版一部 P146。激素类药。用于性功能障碍、习惯性流产及卵巢囊肿等。

19. 促卵泡生长激素（尿促性素主要含卵泡刺激 FSHT 和黄体生成素 LH）（Menotropins）：药典 2000 年二部 P321。促性腺激素类药。

三、蛋白同化激素

20. 碘化酪蛋白（Iodinated Casein）：蛋白同化激素类，为甲状腺素的前驱物质，具有类似甲状腺素的生理作用。

21. 苯丙酸诺龙及苯丙酸诺龙注射液（Nandrolone phenylpropionate）：药典 2000 年二部 P365。

四、精神药品

22.（盐酸）氯丙嗪（Chlorpromazine Hydrochloride）：药典 2000 年二部 P676。抗精神病药。兽药典 2000 年版一部 P177。镇静药。用于强化麻醉以及使动物安静等。

23.盐酸异丙嗪（Promethazine Hydrochloride）：药典 2000 年二部 P602。抗组胺药。兽药典 2000 年版一部 P164。抗组胺药。用于变态反应性疾病，如荨麻疹、血清病等。

24.安定（地西泮）（Diazepam）：药典 2000 年二部 P214。抗焦虑药、抗惊厥药。兽药典 2000 年版一部 P61。镇静药、抗惊厥药。

25.苯巴比妥（Phenobarbital）：药典 2000 年二部 P362。镇静催眠药、抗惊厥药。兽药典 2000 年版一部 P103。巴比妥类药。缓解脑炎、破伤风、士的宁中毒所致的惊厥。

26.苯巴比妥钠（Phenobarbital Sodium）：兽药典 2000 年版一部 P105。巴比妥类药。缓解脑炎、破伤风、士的宁中毒所致的惊厥。

27.巴比妥（Barbital）：兽药典 2000 年版一部 P27。中枢抑制和增强解热镇痛。

28.异戊巴比妥（Amobarbital）：药典 2000 年二部 P252。催眠药、抗惊厥药。

29.异戊巴比妥钠（Amobarbital Sodium）：兽药典 2000 年版一部 P82。巴比妥类药。用于小动物的镇静、抗惊厥和麻醉。

30.利血平（Reserpine）：药典 2000 年二部 P304。抗高血压药。

31.艾司唑仑（Estazolam）。

32.甲丙氨脂（Meprobamate）。

33.咪达唑仑（Midazolam）。

34.硝西泮（Nitrazepam）。

35.奥沙西泮（Oxazepam）。

36.匹莫林（Pemoline）。

37.三唑仑（Triazolam）。

38.唑吡旦（Zolpidem）。

39.其他国家管制的精神药品。

五、各种抗生素滤渣

40.抗生素滤渣：该类物质是抗生素类产品生产过程中产生的工业三废，因含有微量抗生素成分，在饲料和饲养过程中使用后对动物有一定的促生长作用。但对养殖业的危害很大，一是容易引起耐药性，二是由于未做安全性试验，存在各种安全隐患。

附录二

中华人民共和国农业部公告
第 193 号

为保证动物源性食品安全，维护人民身体健康，根据《兽药管理条例》的规定，我部制定了《食品动物禁用的兽药及其他化合物清单》（以下简称《禁用清单》），现公告如下：

一、《禁用清单》序号1～18所列品种的原料药及其单方、复方制剂产品停止生产，已在兽药国家标准、农业部专业标准及兽药地方标准中收载的品种，废止其质量标准，撤销其产品批准文号；已在我国注册登记的进口兽药，废止其进口兽药质量标准，注销其《进口兽药登记许可证》。

二、截至2002年5月15日，《禁用清单》序号1～18所列品种的原料药及其单方、复方制剂产品停止经营和使用。

三、《禁用清单》序号19～21所列品种的原料药及其单方、复方制剂产品不准以抗应激、提高饲料报酬、促进动物生长为目的在食品动物饲养过程中使用。

附件

食品动物禁用的兽药及其他化合物清单

序号	兽药及其他化合物名称	禁止用途	禁用动物
1	β-兴奋剂类：克仑特罗 Clenbuterol、沙丁胺醇 Salbutamol、西马特罗 Cimaterol 及其盐、酯及制剂	所有用途	所有食品动物
2	性激素类：己烯雌酚 Diethylstilbestrol 及其盐、酯及制剂	所有用途	所有食品动物
3	具有雌激素样作用的物质：玉米赤霉醇 Zeranol、去甲雄三烯醇酮 Trenbolone、醋酸甲孕酮 Mengestrol，Acetate 及制剂	所有用途	所有食品动物
4	氯霉素 Chloramphenicol 及其盐、酯（包括：琥珀氯霉素 Chloramphenicol Succinate）及制剂	所有用途	所有食品动物
5	氨苯砜 Dapsone 及制剂	所有用途	所有食品动物
6	硝基呋喃类：呋喃唑酮 Furazolidone、呋喃它酮 Furaltadone、呋喃苯烯酸钠 Nifurstyrenate sodium 及制剂	所有用途	所有食品动物
7	硝基化合物：硝基酚钠 Sodium nitrophenolate、硝呋烯腙 Nitrovin 及制剂	所有用途	所有食品动物

（续）

序号	兽药及其他化合物名称	禁止用途	禁用动物
8	催眠、镇静类：安眠酮 Methaqualone 及制剂	所有用途	所有食品动物
9	林丹（丙体六六六）Lindane	杀虫剂	所有食品动物
10	毒杀芬（氯化烯）Camahechlor	杀虫剂、清塘剂	所有食品动物
11	呋喃丹（克百威）Carbofuran	杀虫剂	所有食品动物
12	杀虫脒（克死螨）Chlordimeform	杀虫剂	所有食品动物
13	双甲脒 Amitraz	杀虫剂	水生食品动物
14	酒石酸锑钾 Antimony potassium tartrate	杀虫剂	所有食品动物
15	锥虫胂胺 Tryparsamide	杀虫剂	所有食品动物
16	孔雀石绿 Malachite green	抗菌、杀虫剂	所有食品动物
17	五氯酚酸钠 Pentachlorophenol sodium	杀螺剂	所有食品动物
18	各种汞制剂包括：氯化亚汞（甘汞）Calomel，硝酸亚汞 Mercurous nitrate、醋酸汞 Mercurous acetate、吡啶基醋酸汞 Pyridyl mercurous acetate	杀虫剂	所有食品动物
19	性激素类：甲基睾丸酮 Methyltestosterone、丙酸睾酮 Testosterone Propionate、苯丙酸诺龙 Nandrolone Phenylpropionate、苯甲酸雌二醇 Estradiol Benzoate 及其盐、酯及制剂	促生长	所有食品动物
20	催眠、镇静类：氯丙嗪 Chlorpromazine、地西泮（安定）Diazepam 及其盐、酯及制剂	促生长	所有食品动物
21	硝基咪唑类：甲硝唑 Metronidazole、地美硝唑 Dimetronidazole 及其盐、酯及制剂	促生长	所有食品动物

注：食品动物是指各种供人食用或其产品供人食用的动物。

二〇〇二年四月九日

附录三

中华人民共和国农业部公告

第 278 号

兽药国家标准和部分品种的停药期规定

为加强兽药使用管理，保证动物性产品质量安全，根据《兽药管理条例》规定，我部组织制订了兽药国家标准和专业标准中部分品种的停药期规定（附件1），并确定了部分不需制订停药期规定的品种（附件2），现予公告。

本公告自发布之日起执行。以前发布过的与本公告同品种兽药停药期不一致的，以本公告为准。

附表 1. 兽药停药期规定
附表 2. 不需制订停药期的兽药品种

二〇〇三年五月二十二日

附表 1

兽药停药期规定

兽药名称	执行标准	停　药　期
乙酰甲喹片	兽药规范 1992 版	牛、猪 35 日
二氢吡啶	部颁标准	牛、肉鸡 7 日，弃奶期 7 日
二硝托胺预混剂	兽药典 2000 版	鸡 3 日，产蛋期禁用
土霉素片	兽药典 2000 版	牛、羊、猪 7 日，禽 5 日，弃蛋期 2 日，弃奶期 3 日
土霉素注射液	部颁标准	牛、羊、猪 28 日，弃奶期 7 日
马杜霉素预混剂	部颁标准	鸡 5 日，产蛋期禁用
双甲脒溶液	兽药典 2000 版	牛、羊 21 日，猪 8 日，弃奶期 48h，禁用于产奶羊
巴胺磷溶液	部颁标准	羊 14 日
水杨酸钠注射液	兽药规范 1965 版	牛 0 日，弃奶期 48h
四环素片	兽药典 1990 版	牛 12 日、猪 10 日、鸡 4 日，产蛋期禁用，产奶期禁用
甲砜霉素片	部颁标准	28 日，弃奶期 7 日

（续）

兽药名称	执行标准	停 药 期
甲砜霉素散	部颁标准	28 日，弃奶期 7 日，鱼 500 度日
甲基前列腺素 F2a 注射液	部颁标准	牛 1 日，猪 1 日，羊 1 日
甲硝唑片	兽药典 2000 版	牛 28 日
甲磺酸达氟沙星注射液	部颁标准	猪 25 日
甲磺酸达氟沙星粉	部颁标准	鸡 5 日，产蛋鸡禁用
甲磺酸达氟沙星溶液	部颁标准	鸡 5 日，产蛋鸡禁用
甲磺酸培氟沙星可溶性粉	部颁标准	28 日，产蛋鸡禁用
甲磺酸培氟沙星注射液	部颁标准	28 日，产蛋鸡禁用
甲磺酸培氟沙星颗粒	部颁标准	28 日，产蛋鸡禁用
亚硒酸钠维生素 E 注射液	兽药典 2000 版	牛、羊、猪 28 日
亚硒酸钠维生素 E 预混剂	兽药典 2000 版	牛、羊、猪 28 日
亚硫酸氢钠甲萘醌注射液	兽药典 2000 版	0 日
伊维菌素注射液	兽药典 2000 版	牛、羊 35 日，猪 28 日，泌乳期禁用
吉他霉素片	兽药典 2000 版	猪、鸡 7 日，产蛋期禁用
吉他霉素预混剂	部颁标准	猪、鸡 7 日，产蛋期禁用
地西泮注射液	兽药典 2000 版	28 日
地克珠利预混剂	部颁标准	鸡 5 日，产蛋期禁用
地克珠利溶液	部颁标准	鸡 5 日，产蛋期禁用
地美硝唑预混剂	兽药典 2000 版	猪、鸡 28 日，产蛋期禁用
地塞米松磷酸钠注射液	兽药典 2000 版	牛、羊、猪 21 日，弃奶期 3 日
安乃近片	兽药典 2000 版	牛、羊、猪 28 日，弃奶期 7 日
安乃近注射液	兽药典 2000 版	牛、羊、猪 28 日，弃奶期 7 日
安钠咖注射液	兽药典 2000 版	牛、羊、猪 28 日，弃奶期 7 日
那西肽预混剂	部颁标准	鸡 7 日，产蛋期禁用
吡喹酮片	兽药典 2000 版	28 日，弃奶期 7 日
芬苯达唑片	兽药典 2000 版	牛、羊 21 日，猪 3 日，弃奶期 7 日
芬苯达唑粉（苯硫苯咪唑粉剂）	兽药典 2000 版	牛、羊 14 日，猪 3 日，弃奶期 5 日
苄星邻氯青霉素注射液	部颁标准	牛 28 日，产犊后 4 日禁用，泌乳期禁用
阿司匹林片	兽药典 2000 版	0 日
阿苯达唑片	兽药典 2000 版	牛 14 日，羊 4 日，猪 7 日，禽 4 日，弃奶期 60h
阿莫西林可溶性粉	部颁标准	鸡 7 日，产蛋鸡禁用
阿维菌素片	部颁标准	羊 35 日，猪 28 日，泌乳期禁用

（续）

兽药名称	执行标准	停 药 期
阿维菌素注射液	部颁标准	羊 35 日，猪 28 日，泌乳期禁用
阿维菌素粉	部颁标准	羊 35 日，猪 28 日，泌乳期禁用
阿维菌素胶囊	部颁标准	羊 35 日，猪 28 日，泌乳期禁用
阿维菌素透皮溶液	部颁标准	牛、猪 42 日，泌乳期禁用
乳酸环丙沙星可溶性粉	部颁标准	禽 8 日，产蛋鸡禁用
乳酸环丙沙星注射液	部颁标准	牛 14 日，猪 10 日，禽 28 日，弃奶期 84h
乳酸诺氟沙星可溶性粉	部颁标准	禽 8 日，产蛋鸡禁用
注射用三氮脒	兽药典 2000 版	28 日，弃奶期 7 日
注射用苄星青霉素 （注射用苄星青霉素 G）	兽药规范 1978 版	牛、羊 4 日，猪 5 日，弃奶期 3 日
注射用乳糖酸红霉素	兽药典 2000 版	牛 14 日，羊 3 日，猪 7 日，弃奶期 3 日
注射用苯巴比妥钠	兽药典 2000 版	28 日，弃奶期 7 日
注射用苯唑西林钠	兽药典 2000 版	牛、羊 14 日，猪 5 日，弃奶期 3 日
注射用青霉素钠	兽药典 2000 版	0 日，弃奶期 3 日
注射用青霉素钾	兽药典 2000 版	0 日，弃奶期 3 日
注射用氨苄青霉素钠	兽药典 2000 版	牛 6 日，猪 15 日，弃奶期 48h
注射用盐酸土霉素	兽药典 2000 版	牛、羊、猪 8 日，弃奶期 48h
注射用盐酸四环素	兽药典 2000 版	牛、羊、猪 8 日，弃奶期 48h
注射用酒石酸泰乐菌素	部颁标准	牛 28 日，猪 21 日，弃奶期 96h
注射用喹嘧胺	兽药典 2000 版	28 日，弃奶期 7 日
注射用氯唑西林钠	兽药典 2000 版	牛 10 日，弃奶期 2 日
注射用硫酸双氢链霉素	兽药典 1990 版	牛、羊、猪 18 日，弃奶期 72h
注射用硫酸卡那霉素	兽药典 2000 版	28 日，弃奶期 7 日
注射用硫酸链霉素	兽药典 2000 版	牛、羊、猪 18 日，弃奶期 72h
环丙氨嗪预混剂（1%）	部颁标准	鸡 3 日
苯丙酸诺龙注射液	兽药典 2000 版	28 日，弃奶期 7 日
苯甲酸雌二醇注射液	兽药典 2000 版	28 日，弃奶期 7 日
复方水杨酸钠注射液	兽药规范 1978 版	28 日，弃奶期 7 日
复方甲苯咪唑粉	部颁标准	鳗 150 度日
复方阿莫西林粉	部颁标准	鸡 7 日，产蛋期禁用
复方氨苄西林片	部颁标准	鸡 7 日，产蛋期禁用
复方氨苄西林粉	部颁标准	鸡 7 日，产蛋期禁用

（续）

兽药名称	执行标准	停 药 期
复方氨基比林注射液	兽药典 2000 版	28 日，弃奶期 7 日
复方磺胺对甲氧嘧啶片	兽药典 2000 版	28 日，弃奶期 7 日
复方磺胺对甲氧嘧啶钠注射液	兽药典 2000 版	28 日，弃奶期 7 日
复方磺胺甲噁唑片	兽药典 2000 版	28 日，弃奶期 7 日
复方磺胺氯达嗪钠粉	部颁标准	猪 4 日，鸡 2 日，产蛋期禁用
复方磺胺嘧啶钠注射液	兽药典 2000 版	牛、羊 12 日，猪 20 日，弃奶期 48h
枸橼酸乙胺嗪片	兽药典 2000 版	28 日，弃奶期 7 日
枸橼酸哌嗪片	兽药典 2000 版	牛、羊 28 日，猪 21 日，禽 14 日
氟苯尼考注射液	部颁标准	猪 14 日，鸡 28 日，鱼 375 度日
氟苯尼考粉	部颁标准	猪 20 日，鸡 5 日，鱼 375 度日
氟苯尼考溶液	部颁标准	鸡 5 日，产蛋期禁用
氟胺氰菊酯条	部颁标准	流蜜期禁用
氢化可的松注射液	兽药典 2000 版	0 日
氢溴酸东莨菪碱注射液	兽药典 2000 版	28 日，弃奶期 7 日
洛克沙肿预混剂	部颁标准	5 日，产蛋期禁用
恩诺沙星片	兽药典 2000 版	鸡 8 日，产蛋鸡禁用
恩诺沙星可溶性粉	部颁标准	鸡 8 日，产蛋鸡禁用
恩诺沙星注射液	兽药典 2000 版	牛、羊 14 日，猪 10 日，兔 14 日
恩诺沙星溶液	兽药典 2000 版	禽 8 日，产蛋鸡禁用
氧阿苯达唑片	部颁标准	羊 4 日
氧氟沙星片	部颁标准	28 日，产蛋鸡禁用
氧氟沙星可溶性粉	部颁标准	28 日，产蛋鸡禁用
氧氟沙星注射液	部颁标准	28 日，弃奶期 7 日，产蛋鸡禁用
氧氟沙星溶液（碱性）	部颁标准	28 日，产蛋鸡禁用
氧氟沙星溶液（酸性）	部颁标准	28 日，产蛋鸡禁用
氨苯胂酸预混剂	部颁标准	5 日，产蛋鸡禁用
氨茶碱注射液	兽药典 2000 版	28 日，弃奶期 7 日
海南霉素钠预混剂	部颁标准	鸡 7 日，产蛋期禁用
烟酸诺氟沙星可溶性粉	部颁标准	28 日，产蛋鸡禁用
烟酸诺氟沙星注射液	部颁标准	28 日
烟酸诺氟沙星溶液	部颁标准	28 日，产蛋鸡禁用
盐酸二氟沙星片	部颁标准	鸡 1 日

（续）

兽药名称	执行标准	停药期
盐酸二氟沙星注射液	部颁标准	猪 45 日
盐酸二氟沙星粉	部颁标准	鸡 1 日
盐酸二氟沙星溶液	部颁标准	鸡 1 日
盐酸大观霉素可溶性粉	兽药典 2000 版	鸡 5 日，产蛋期禁用
盐酸左旋咪唑	兽药典 2000 版	牛 2 日，羊 3 日，猪 3 日，禽 28 日，泌乳期禁用
盐酸左旋咪唑注射液	兽药典 2000 版	牛 14 日，羊 28 日，猪 28 日，泌乳期禁用
盐酸多西环素片	兽药典 2000 版	28 日
盐酸异丙嗪片	兽药典 2000 版	28 日
盐酸异丙嗪注射液	兽药典 2000 版	28 日，弃奶期 7 日
盐酸沙拉沙星可溶性粉	部颁标准	鸡 0 日，产蛋期禁用
盐酸沙拉沙星注射液	部颁标准	猪 0 日，鸡 0 日，产蛋期禁用
盐酸沙拉沙星溶液	部颁标准	鸡 0 日，产蛋期禁用
盐酸沙拉沙星片	部颁标准	鸡 0 日，产蛋期禁用
盐酸林可霉素片	兽药典 2000 版	猪 6 日
盐酸林可霉素注射液	兽药典 2000 版	猪 2 日
盐酸环丙沙星、盐酸小檗碱预混剂	部颁标准	500 度日
盐酸环丙沙星可溶性粉	部颁标准	28 日，产蛋鸡禁用
盐酸环丙沙星注射液	部颁标准	28 日，产蛋鸡禁用
盐酸苯海拉明注射液	兽药典 2000 版	28 日，弃奶期 7 日
盐酸洛美沙星片	部颁标准	28 日，弃奶期 7 日，产蛋鸡禁用
盐酸洛美沙星可溶性粉	部颁标准	28 日，产蛋鸡禁用
盐酸洛美沙星注射液	部颁标准	28 日，弃奶期 7 日
盐酸氨丙啉、乙氧酰胺苯甲酯、磺胺喹噁啉预混剂	兽药典 2000 版	鸡 10 日，产蛋鸡禁用
盐酸氨丙啉、乙氧酰胺苯甲酯预混剂	兽药典 2000 版	鸡 3 日，产蛋期禁用
盐酸氯丙嗪片	兽药典 2000 版	28 日，弃奶期 7 日
盐酸氯丙嗪注射液	兽药典 2000 版	28 日，弃奶期 7 日
盐酸氯苯胍片	兽药典 2000 版	鸡 5 日，兔 7 日，产蛋期禁用
盐酸氯苯胍预混剂	兽药典 2000 版	鸡 5 日，兔 7 日，产蛋期禁用
盐酸氯胺酮注射液	兽药典 2000 版	28 日，弃奶期 7 日
盐酸赛拉唑注射液	兽药典 2000 版	28 日，弃奶期 7 日

（续）

兽药名称	执行标准	停　药　期
盐酸赛拉嗪注射液	兽药典 2000 版	牛、羊 14 日，鹿 15 日
盐霉素钠预混剂	兽药典 2000 版	鸡 5 日，产蛋期禁用
诺氟沙星、盐酸小檗碱预混剂	部颁标准	500 度日
酒石酸吉他霉素可溶性粉	兽药典 2000 版	鸡 7 日，产蛋期禁用
酒石酸泰乐菌素可溶性粉	兽药典 2000 版	鸡 1 日，产蛋期禁用
维生素 B_{12} 注射液	兽药典 2000 版	0 日
维生素 B_1 片	兽药典 2000 版	0 日
维生素 B_1 注射液	兽药典 2000 版	0 日
维生素 B_2 片	兽药典 2000 版	0 日
维生素 B_2 注射液	兽药典 2000 版	0 日
维生素 B_6 片	兽药典 2000 版	0 日
维生素 B_6 注射液	兽药典 2000 版	0 日
维生素 C 片	兽药典 2000 版	0 日
维生素 C 注射液	兽药典 2000 版	0 日
维生素 C 磷酸酯镁、盐酸环丙沙星预混剂	部颁标准	500 度日
维生素 D_3 注射液	兽药典 2000 版	28 日，弃奶期 7 日
维生素 E 注射液	兽药典 2000 版	牛、羊、猪 28 日
维生素 K_1 注射液	兽药典 2000 版	0 日
喹乙醇预混剂	兽药典 2000 版	猪 35 日，禁用于禽、鱼、35kg 以上的猪
奥芬达唑片（苯亚砜达唑）	兽药典 2000 版	牛、羊、猪 7 日，产奶期禁用
普鲁卡因青霉素注射液	兽药典 2000 版	牛 10 日，羊 9 日，猪 7 日，弃奶期 48h
氯羟吡啶预混剂	兽药典 2000 版	鸡 5 日，兔 5 日，产蛋期禁用
氯氰碘柳胺钠注射液	部颁标准	28 日，弃奶期 28 日
氯硝柳胺片	兽药典 2000 版	牛、羊 28 日
氰戊菊酯溶液	部颁标准	28 日
硝氯酚片	兽药典 2000 版	28 日
硝碘酚腈注射液（克虫清）	部颁标准	羊 30 日，弃奶期 5 日
硫氰酸红霉素可溶性粉	兽药典 2000 版	鸡 3 日，产蛋期禁用
硫酸卡那霉素注射液（单硫酸盐）	兽药典 2000 版	28 日
硫酸安普霉素可溶性粉	部颁标准	猪 21 日，鸡 7 日，产蛋期禁用
硫酸安普霉素预混剂	部颁标准	猪 21 日

（续）

兽药名称	执行标准	停 药 期
硫酸庆大—小诺霉素注射液	部颁标准	猪、鸡 40 日
硫酸庆大霉素注射液	兽药典 2000 版	猪 40 日
硫酸粘菌素可溶性粉	部颁标准	7 日，产蛋期禁用
硫酸粘菌素预混剂	部颁标准	7 日，产蛋期禁用
硫酸新霉素可溶性粉	兽药典 2000 版	鸡 5 日，火鸡 14 日，产蛋期禁用
越霉素 A 预混剂	部颁标准	猪 15 日，鸡 3 日，产蛋期禁用
碘硝酚注射液	部颁标准	羊 90 日，弃奶期 90 日
碘醚柳胺混悬液	兽药典 2000 版	牛、羊 60 日，泌乳期禁用
精制马拉硫磷溶液	部颁标准	28 日
精制敌百虫片	兽药规范 1992 版	28 日
蝇毒磷溶液	部颁标准	28 日
醋酸地塞米松片	兽药典 2000 版	马、牛 0 日
醋酸泼尼松片	兽药典 2000 版	0 日
醋酸氟孕酮阴道海绵	部颁标准	羊 30 日，泌乳期禁用
醋酸氢化可的松注射液	兽药典 2000 版	0 日
磺胺二甲嘧啶片	兽药典 2000 版	牛 10 日，猪 15 日，禽 10 日
磺胺二甲嘧啶钠注射液	兽药典 2000 版	28 日
磺胺对甲氧嘧啶，二甲氧苄氨嘧啶片	兽药规范 92 版	28 日
磺胺对甲氧嘧啶、二甲氧苄氨嘧啶预混剂	兽药典 90 版	28 日，产蛋期禁用
磺胺对甲氧嘧啶片	兽药典 2000 版	28 日
磺胺甲噁唑片	兽药典 2000 版	28 日
磺胺间甲氧嘧啶片	兽药典 2000 版	28 日
磺胺间甲氧嘧啶钠注射液	兽药典 2000 版	28 日
磺胺脒片	兽药典 2000 版	28 日
磺胺喹噁啉、二甲氧苄氨嘧啶预混剂	兽药典 2000 版	鸡 10 日，产蛋期禁用
磺胺喹噁啉钠可溶性粉	兽药典 2000 版	鸡 10 日，产蛋期禁用
磺胺氯吡嗪钠可溶性粉	部颁标准	火鸡 4 日、肉鸡 1 日，产蛋期禁用
磺胺嘧啶片	兽药典 2000 版	牛 28 日
磺胺嘧啶钠注射液	兽药典 2000 版	牛 10 日，羊 18 日，猪 10 日，弃奶期 3 日
磺胺噻唑片	兽药典 2000 版	28 日

（续）

兽药名称	执行标准	停药期
磺胺噻唑钠注射液	兽药典 2000 版	28 日
磷酸左旋咪唑片	兽药典 1990 版	牛 2 日，羊 3 日，猪 3 日，禽 28 日，泌乳期禁用
磷酸左旋咪唑注射液	兽药典 1990 版	牛 14 日，羊 28 日，猪 28 日，泌乳期禁用
磷酸哌嗪片（驱蛔灵片）	兽药典 2000 版	牛、羊 28 日，猪 21 日，禽 14 日
磷酸泰乐菌素预混剂	部颁标准	鸡、猪 5 日

附表 2

不需要制订停药期的兽药品种

兽药名称	标准来源
乙酰胺注射液	兽药典 2000 版
二甲硅油	兽药典 2000 版
三氯异氰脲酸粉	部颁标准
大黄碳酸氢钠片	兽药规范 1992 版
山梨醇注射液	兽药典 2000 版
马来酸麦角新碱注射液	兽药典 2000 版
马来酸氯苯那敏片	兽药典 2000 版
马来酸氯苯那敏注射液	兽药典 2000 版
双氢氯噻嗪片	兽药规范 1978 版
月苄三甲氯铵溶液	部颁标准
止血敏注射液	兽药规范 1978 版
水杨酸软膏	兽药规范 1965 版
丙酸睾酮注射液	兽药典 2000 版
右旋糖酐铁钴注射液（铁钴针注射液）	兽药规范 1978 版
右旋糖酐 40 氯化钠注射液	兽药典 2000 版
右旋糖酐 40 葡萄糖注射液	兽药典 2000 版
右旋糖酐 70 氯化钠注射液	兽药典 2000 版
叶酸片	兽药典 2000 版
四环素醋酸可的松眼膏	兽药规范 1978 版
对乙酰氨基酚片	兽药典 2000 版
对乙酰氨基酚注射液	兽药典 2000 版
尼可刹米注射液	兽药典 2000 版
甘露醇注射液	兽药典 2000 版

（续）

兽药名称	标准来源
甲基硫酸新斯的明注射液	兽药规范 1965 版
亚硝酸钠注射液	兽药典 2000 版
安络血注射液	兽药规范 1992 版
次硝酸铋（碱式硝酸铋）	兽药典 2000 版
次碳酸铋（碱式碳酸铋）	兽药典 2000 版
呋塞米片	兽药典 2000 版
呋塞米注射液	兽药典 2000 版
辛氨乙甘酸溶液	部颁标准
乳酸钠注射液	兽药典 2000 版
注射用异戊巴比妥钠	兽药典 2000 版
注射用血促性素	兽药规范 1992 版
注射用抗血促性素血清	部颁标准
注射用垂体促黄体素	兽药规范 1978 版
注射用促黄体素释放激素	部颁标准
注射用绒促性素	兽药典 2000 版
注射用硫代硫酸钠	兽药规范 1965 版
注射用解磷定	兽药规范 1965 版
苯扎溴铵溶液	兽药典 2000 版
青蒿琥酯片	部颁标准
鱼石脂软膏	兽药规范 1978 版
复方氯化钠注射液	兽药典 2000 版
复方氯胺酮注射液	部颁标准
复方磺胺噻唑软膏	兽药规范 1978 版
复合维生素 B 注射液	兽药规范 1978 版
宫炎清溶液	部颁标准
枸橼酸钠注射液	兽药规范 1992 版
毒毛花苷 K 注射液	兽药典 2000 版
氢氯噻嗪片	兽药典 2000 版
洋地黄毒苷注射液	兽药规范 1978 版
浓氯化钠注射液	兽药典 2000 版
重酒石酸去甲肾上腺素注射液	兽药典 2000 版
烟酰胺片	兽药典 2000 版
烟酰胺注射液	兽药典 2000 版
烟酸片	兽药典 2000 版

（续）

兽药名称	标准来源
盐酸大观霉素、盐酸林可霉素可溶性粉	兽药典 2000 版
盐酸利多卡因注射液	兽药典 2000 版
盐酸肾上腺素注射液	兽药规范 1978 版
盐酸甜菜碱预混剂	部颁标准
盐酸麻黄碱注射液	兽药规范 1978 版
萘普生注射液	兽药典 2000 版
酚磺乙胺注射液	兽药典 2000 版
黄体酮注射液	兽药典 2000 版
氯化胆碱溶液	部颁标准
氯化钙注射液	兽药典 2000 版
氯化钙葡萄糖注射液	兽药典 2000 版
氯化氨甲酰甲胆碱注射液	兽药典 2000 版
氯化钾注射液	兽药典 2000 版
氯化琥珀胆碱注射液	兽药典 2000 版
氯甲酚溶液	部颁标准
硫代硫酸钠注射液	兽药典 2000 版
硫酸新霉素软膏	兽药规范 1978 版
硫酸镁注射液	兽药典 2000 版
葡萄糖酸钙注射液	兽药典 2000 版
溴化钙注射液	兽药规范 1978 版
碘化钾片	兽药典 2000 版
碱式碳酸铋片	兽药典 2000 版
碳酸氢钠片	兽药典 2000 版
碳酸氢钠注射液	兽药典 2000 版
醋酸泼尼松眼膏	兽药典 2000 版
醋酸氟轻松软膏	兽药典 2000 版
硼葡萄糖酸钙注射液	部颁标准
输血用枸橼酸钠注射液	兽药规范 1978 版
硝酸士的宁注射液	兽药典 2000 版
醋酸可的松注射液	兽药典 2000 版
碘解磷定注射液	兽药典 2000 版

中药及中药成分制剂、维生素类、微量元素类、兽用消毒剂、生物制品类等五类产品（产品质量标准中有除外）

附录四

中华人民共和国农业部公告
第 560 号

为加强兽药标准管理，保证兽药安全有效、质量可控和动物性食品安全，根据《兽药管理条例》和农业部第 426 号公告规定，现公布首批《兽药地方标准废止目录》（见附件，以下简称《废止目录》），并就有关事项公告如下：

一、经兽药评审后确认，以下兽药地方标准不符合安全有效审批原则，予以废止。一是沙丁胺醇、呋喃西林、呋喃妥因和替硝唑，属于我部明文（农业部 193 号公告）禁用品种；卡巴氧因安全性问题、万古霉素因耐药性问题会影响我国动物性食品安全、公共卫生以及动物性食品出口。二是金刚烷胺类等人用抗病毒药移植兽用，缺乏科学规范、安全有效实验数据，用于动物病毒性疫病不但给动物疫病控制带来不良后果，而且影响国家动物疫病防控政策的实施。三是头孢哌酮等人医临床控制使用的最新抗菌药物用于食品动物，会产生耐药性问题，影响动物疫病控制、食品安全和人类健康。四是代森铵等农用杀虫剂、抗菌药用作兽药，缺乏安全有效数据，对动物和动物性食品安全构成威胁。五是人用抗疟药和解热镇痛、胃肠道药品用于食品动物，缺乏残留检测试验数据，会增加动物性食品中药物残留危害。六是组方不合理、疗效不确切的复方制剂，增加了用药风险和不安全因素。

二、本公告发布之日，凡含有《废止目录》序号 1～4 药物成分的所有兽用原料药及其制剂地方质量标准，属于《废止目录》序号 5 的复方制剂地方质量标准均予同时废止。

三、列入《废止目录》序号 1 的兽药品种为农业部 193 号公告的补充，自本公告发布之日起，停止生产、经营和使用，违者按照《兽药管理条例》实施处罚，并依法追究有关责任人的责任。企业所在地兽医行政管理部门应自本公告发布之日起 15 个工作日内完成该类产品批准文号的注销、库存产品的清查和销毁工作，并于 12 月底将上述情况及数据上报我部。

四、对列入《废止目录》序号 2～5 的产品，企业所在地兽医行政管理部门应自本公告发布之日起 30 个工作日内完成产品批准文号注销工作，并对生产企业库存产品进行核查、统计，于 12 月底前将产品批准文号注销情况（包括企业名称、批准文号、产品名称及商品名）及产品库存详细情况上报我部，我部将于年底前汇总公布。

　　五、列入《废止目录》序号 2～5 的产品自注销文号之日起停止生产，自本公告发布之日起 6 个月后，不得再经营和使用，违者按生产、经营和使用假劣兽药处理。对伪造、变更生产日期继续从事生产的，依法严厉处罚，并吊销其所有产品批准文号。

　　六、阿散酸、洛克沙肿等产品属农业部严格限制定点生产的产品，自本公告发布之日起，地方审批的洛克沙肿及其预混剂，氨苯肿酸及其预混剂不得生产、经营和使用。企业所在地兽医行政管理部门应在 12 月底前完成该类产品批准文号注销工作，并将有关情况上报我部。

　　七、为满足动物疫病防控用药需要并保障用药安全，促进新兽药研发工作，在保证兽药安全有效，维护人体健康和生态环境安全的前提下，各相关单位可在规定时期内对《废止目录》中的部分品种履行兽药注册申报手续。其中，列入《废止目录》序号 3 的品种 5 年后可受理注册申报，列入序号 2、4、5 的品种自本公告发布之日起可受理注册申报。

二〇〇五年十月二十八日

附件

兽药地方标准废止目录

序号	类别	名称/组方
1	禁用兽药	β-兴奋剂类：沙丁胺醇及其盐、酯及制剂 硝基呋喃类：呋喃西林、呋喃妥因及其盐、酯及制剂 硝基咪唑类：替硝唑及其盐、酯及制剂 喹噁啉类：卡巴氧及其盐、酯及制剂 抗生素类：万古霉素及其盐、酯及制剂
2	抗病毒药物	金刚烷胺、金刚乙胺、阿昔洛韦、吗啉（双）胍（病毒灵）、利巴韦林等及其盐、酯及单、复方制剂
3	抗生素、合成抗菌药及农药	抗生素、合成抗菌药：头孢哌酮、头孢噻肟、头孢曲松（头孢三嗪）、头孢噻吩、头孢拉啶、头孢唑啉、头孢噻啶、罗红霉素、克拉霉素、阿奇霉素、磷霉素、硫酸奈替米星（netilmicin）、氟罗沙星、司帕沙星、甲替沙星、克林霉素（氯林可霉素、氯洁霉素）、妥布霉素、胍哌甲基四环素、盐酸甲烯土霉素（美他环素）、两性霉素、利福霉素等及其盐、酯、单、复方制剂 农药：井冈霉素、浏阳霉素、赤霉素及其盐、酯，单、复方制剂

（续）

序号	类别	名称/组方
4	解热镇痛类等其他药物	双嘧达莫（dipyridamole 预防血栓栓塞性疾病）、聚肌胞、氟胞嘧啶、代森铵（农用杀虫菌剂）、磷酸伯氨喹、磷酸氯喹（抗疟药）、异噻唑啉酮（防腐杀菌）、盐酸地芬诺酯（止泻药）、盐酸溴己新（祛痰）、西咪替丁（抑制人胃酸分泌）、盐酸甲氧氯普胺、甲氧氯普胺（胃复安）、比沙可啶（bisacodyl 泻药）、二羟丙茶碱（平喘药）、白细胞介素-2、别嘌醇、多抗甲素（α-甘露聚糖肽）等及其盐、酯及制剂
5	复方制剂	1. 注射用的抗生素与安乃近、氟喹诺酮类等化学合成药物的复方制剂 2. 镇静类药物与解热镇痛药等治疗药物组成的复方制剂

附录五

中华人民共和国农业部公告
第 1519 号

为加强饲料及养殖环节质量安全监管，保障饲料及畜产品质量安全，根据《饲料和饲料添加剂管理条例》有关规定，禁止在饲料和动物饮水中使用苯乙醇胺 A 等物质（见附件）。各级畜牧饲料管理部门要加强日常监管和监督检测，严肃查处在饲料生产、经营、使用和动物饮水中违禁添加苯乙醇胺 A 等物质的违法行为。

特此公告。

附件：禁止在饲料和动物饮水中使用的物质

二〇一〇年十二月二十七日

附件

禁止在饲料和动物饮水中使用的物质

1. 苯乙醇胺 A（Phenylethanolamine A）：β-肾上腺素受体激动剂。
2. 班布特罗（Bambuterol）：β-肾上腺素受体激动剂。
3. 盐酸齐帕特罗（Zilpaterol Hydrochloride）：β-肾上腺素受体激动剂。
4. 盐酸氯丙那林（Clorprenaline Hydrochloride）：药典 2010 版二部 P783。β-肾上腺素受体激动剂。
5. 马布特罗（Mabuterol）：β-肾上腺素受体激动剂。
6. 西布特罗（Cimbuterol）：β-肾上腺素受体激动剂。
7. 溴布特罗（Brombuterol）：β-肾上腺素受体激动剂。
8. 酒石酸阿福特罗（Arformoterol Tartrate）：长效型 β-肾上腺素受体激动剂。
9. 富马酸福莫特罗（Formoterol Fumatrate）：长效型 β-肾上腺素受体激动

剂。

10. 盐酸可乐定（Clonidine Hydrochloride）：药典 2010 版二部 P645。抗高血压药。

11. 盐酸赛庚啶（Cyproheptadine Hydrochloride）：药典 2010 版二部 P803。抗组胺药。

附录六

常用抗生素的理论效价表

药物名称	理论效价 （U/mg）	药物名称	理论效价 （U/mg）
链霉素碱	1 000	多西环素盐酸盐	1 000
链霉素硫酸盐	798	四环素碱	1 082
新霉素	1 000	青霉素钠	1 670
庆大霉素	1 000	青霉素钾	1 598
阿米卡星	1 000	普鲁卡因青霉素	1 009
巴龙霉素	1 000	苄星青霉素	1 211
卡那霉素	1 000	红霉素碱	1 000
土霉素碱	1 000	红霉素碱 （含二分子结晶水）	935
土霉素碱 （含二分子结晶水）	927	红霉素乳糖酸盐	672
土霉素盐酸盐	927	黏菌素	30 000
金霉素盐酸盐	1 000	杆菌肽	42
四环素盐酸盐	1 000	制霉菌素	3 700

说明：1）抗生素一般以游离碱的重量作效价单位计算，如链霉素、庆大霉素、红霉素和四环素等，以 1μg 为一个效价单位（U），即 1mg 为 1 000U。青霉素另有规定，以青霉素钠盐 0.6μg 为 1U；

2）表中各抗生素的理论效价系折算的标准，各抗生素的盐类的理论效价是根据标准计算出来的；

3）单位——U。

参 考 文 献

陈桂先，邓玉英，杨柳，等．2011.兽医临床用药速览［M］.北京：化学工业出版社．

陈新谦，金有豫，汤光，等．1998.新编药物学［M］.14版.北京：人民卫生出版社．

陈新谦，金有豫，汤光，等．2003.新编药物学［M］.15版.北京：人民卫生出版社．

陈新谦，金有豫，汤光，等．2007.新编药物学［M］.16版.北京：人民卫生出版社．

陈新谦，金有豫，汤光，等．2011.新编药物学［M］.17版.北京：人民卫生出版社．

陈杖榴，朱蓓蕾，佟恒敏，等．2010.兽医药理学［M］.北京：中国农业出版社．

邓修玲，龙虎，闭兴明，等．1999.动物药物手册［M］.北京：中国农业出版社．

段文龙，梁先明，刘艳华，等．2012.兽药国家标准汇编：兽药地方标准上升国家标准（第三册）［M］.北京：中国农业出版社．

樊德厚，王永利，王丽莉，等．1998.中国药物大全（西药卷）［M］.2版.北京：人民卫生出版社．

冯祺辉，陈杖榴，夏安庆，等．1999.兽医药理学［M］.北京：中国农业出版社．

胡功政，张许科，齐胜利，等．2002.家禽用药指南［M］.北京：中国农业出版社．

凌树森，蔡卫民，施毅，等．1999.袖珍抗感染五手册［M］.北京：中国医药科技出版社．

刘丽萍，黄正明，万军，等．2010.抗菌药临床合理应用［M］.北京：人民军医出版社．

吕吉山，曲芬，李进，等．2011.多重耐药微生物及防治对策［M］.北京：人民军医出版社．

孟昭泉，谢颖光，张立环，等．2010.抗感染药物分类与用法［M］.北京：金盾出版社．

王峰，黄万象，陈安进，等．2004.感染病合理用药［M］.北京：人民卫生出版社．

王光雷．2012.羊寄生虫病的综合防治［M］.乌鲁木齐：新疆科学技术出版社．

王海生，于金龙，方增军，等．2009.抗感染药物合理应用［M］.2版.北京：人民卫生出版社．

王睿，栾复新，柴栋，等．2005.新编抗感染药物手册［M］.北京：人民军医出版社．

许景峰，黄祥，李继成，等．2003.抗感染药物临床使用原则［M］.北京：中国医药科技出版社．

阎继业，邓旭明，刘公玺，等．1990.畜禽药物手册［M］.北京：金盾出版社．

殷凯生，王彤，曹加，等．2011.实用抗感染药物治疗学［M］.北京：人民卫生出版社．

张安年，张慧颖，王垣芳，等．2010.临床常见非合理用药［M］.北京：人民卫生出版社．

张生皆，黄健，戴桂祥，等．2006.感染性疾病药物治疗指南［M］.北京：人民军医出版社．

张旭东，韩玉旋，王松花，等．2009.抗感染药物临床合理应用指南［M］.北京：科学技术出版社．

张永信，黄虑，周红霞，等．2005.合理应用抗菌药物手册［M］.上海：上海科技教育出版社．

郑继方，罗超应，杨锐乐，等．2006.兽医药物临床配伍与禁忌［M］.北京：金盾出版社．

参 考 文 献

郑继方，罗超应，杨志强，等.2007.常用兽药临床新用［M］.北京：金盾出版社.

中国兽药典委员会.2011.中华人民共和国兽药典兽药使用指南化学药品卷［M］.2010年
版.北京：中国农业出版社.

图书在版编目（CIP）数据

抗感染药物兽医临床应用／新疆畜牧科学院兽医研
究所组编；陈世军等主编．—北京：中国农业出版社，
2013.10
ISBN 978-7-109-18380-3

Ⅰ.①抗…　Ⅱ.①新…②陈…　Ⅲ.①兽用药—抗感
染药—临床应用　Ⅳ.①S859.79

中国版本图书馆 CIP 数据核字（2013）第 226950 号

中国农业出版社出版
（北京市朝阳区农展馆北路 2 号）
（邮政编码 100125）
责任编辑　黄向阳　周锦玉

北京中科印刷有限公司印刷　新华书店北京发行所发行
2014 年 1 月第 1 版　2014 年 1 月北京第 1 次印刷

开本：700mm×1000mm　1/16　印张：18.25
字数：320 千字
定价：39.00 元
（凡本版图书出现印刷、装订错误，请向出版社发行部调换）